ビジュアル
THE CAT ENCYCLOPEDIA
猫種百科図鑑

ビジュアル
THE CAT ENCYCLOPEDIA
猫種百科図鑑

監修・小島正記

A DORLING KINDERSLEY BOOK
www.dk.com

Original Title: The Cat Encyclopedia
Copyright © Dorling Kindersley Limited, 2014

Japanese translation rights arranged with
Dorling Kindersley Limited, London
through Fortuna Co., Ltd. Tokyo
For sale in Japanese territory only.

Printed and bound in China

Dorling Kindersley Limitedより出版された
The Cat Encyclopediaの日本語の翻訳・出版権は、
株式会社緑書房が独占的にその権利を有する。

CONTENTS

1 猫の世界への誘(いざな)い

ネコ科の動物	8
猫という生き物	10
ヤマネコから飼い猫へ	14
イエネコの広がり	18
野良猫	20

2 文化における猫

宗教と猫	24
神話と迷信	26
民話とおとぎ話	28
文学に登場する猫	30
美術に登場する猫	32
エンターテインメントに登場する猫	38

3 猫の生物学

脳と神経系	42
感覚器官	44
骨格と体型	48
皮膚と被毛	50
筋肉と動き	54
心臓と肺	58
消化器系と生殖器系	60
免疫システム	62
猫種を理解する	64
猫を選ぶ	66

4 猫種の解説

短毛種（ショートヘア）	71
長毛種（ロングヘア）	185

5 猫の飼い方

家に迎える準備	256
室内での生活	258
外の世界	260
そろえておくべきもの	262
家に猫を迎えたら	264
初めての動物病院	268
食餌について	270
猫とふれ合う	274
グルーミングと衛生管理	276
猫を理解する	280
社会性を身に着けさせる	282
遊びの大切さ	284
猫のしつけ	288
問題行動	290
責任のある繁殖	292
遺伝性疾患	296
健康な猫	298
病気のサイン	300
健康とケア	302
高齢の猫	308
用語解説	310
索引	312

第1章
猫の世界への誘(いざな)い

猫の世界への誘い｜ネコ科の動物

ネコ科の動物

優美で力強く、人の目にふれることのあまりない野生の猫の仲間には、ライオンのような声をあげる大型の動物もいれば、イエネコのようにのどを鳴らす小型の動物もいます。ネコ科の生き物はみな優れたハンターであり、乾燥した砂漠でも熱帯の深い森においても同じようにうまく生きられるように順応しています。

猫は、ネコ目（Carnivora／食肉目とも）に属する肉食動物です。他の肉食動物同様、獲物となる動物に忍び寄り、捕獲し、食べるのに適した体を持っています。大きな犬歯や力強い顎の筋肉は、その良い例でしょう。

ネコ目のひとつであるネコ科（Felidae）には、37種の猫の仲間が含まれます。そのすべてが、収納できる鉤爪、丸みを帯びた平たい顔、鋭い聴覚、夜に狩りをするための大きな目を持っています。草原のような開けたところで生きる猫は、砂のような色をしていることが多く、また森や林で生きる猫には目を見張るような体の模様があり、輪郭がぼやけて他の動物から見つかりにくくなっています。

ネコ科のグループはヒョウ亜科（Pantherinae）とネコ亜科（Felinae）の2つに大きく分けられます。ヒョウ亜科の仲間（ビッグ・キャット）は、低く太い声でうなる点が特徴的で、のどを鳴らす程度の小型の猫とは長く区別されてきました（下の囲み参照）。近年、遺伝学的研究が進んだことで、ネコ亜科の仲間はさらに7つの「系統」に分類されています。

野生の猫はかつて広い範囲に分布し、異なる生息域に存在していたことから、進化論的に見れば成功を収めたといえるでしょう。しかし現在では多くが絶滅の危機に瀕したり、存在が脅かされています。対照的に、イエネコは世界中で推定6億匹いると見られています。

世界の猫の分布
この世界地図は、ネコ亜科に属する7種の猫の分布を示している。それぞれが、解剖学的・遺伝学的分析で近年明らかになった7つの系統を代表する猫たちである。

ビッグ・キャット

ヒョウ亜科には7種の「ビッグ・キャット」が存在します。ライオン、ヒョウ、トラ、ユキヒョウ、ウンピョウ2種、そしてジャガーです。ライオンとヒョウが最も広範囲に分布しており、アフリカとアジアで見られます。トラ、ユキヒョウ、2種のウンピョウはアジアにのみ生息しています。ちなみに北米・南米で見られるビッグ・キャットは、ジャガーのみ。ビッグ・キャットは「ロアリング・キャット（うなり声をあげる猫）」とも呼ばれますが、うなることができるのは咽頭の声帯が複雑で柔軟なライオンなどの数種だけです（P59）。

ピューマ
学名：Puma concolor

ピューマは、南アメリカに生息するジャガランディ、アフリカやアジアに生息するチーターとともに、ピューマ系統を構成するネコ科動物の1種。驚くほど多様な環境で生きられる動物で、広範囲だけでなく標高4000mに及ぶ高地でも生息が確認されている。ただしピューマが繁栄するためには、シカなどの大型の獲物をつねに捕食する必要がある。

オセロット
学名：Leopardus pardalis

オセロットの系統には、7種のネコ科動物が属している。7種すべてがオセロット属に分類され、主に中央アメリカや南米に生息。そのなかの一部は、その生息域をさらに北に広げており、アメリカ合衆国テキサス州の南西部でも見られる。主に地上に住むげっ歯類を捕食するが、夜間、獲物が近くを通るのを静かに待って狩りを行う。

ネコ科の動物

オオヤマネコ
学名：Lynx lynx

オオヤマネコの系統には、3種のオオヤマネコとボブキャットが属している。ヨーロッパオオヤマネコはユーラシア大陸全体に広く分布し、スペインオオヤマネコ（イベリアオオヤマネコ）はスペインとポルトガル、カナダオオヤマネコとボブキャットは北米全体に生息している。飾り毛のある耳と短い尾が特徴的で、アナウサギやノウサギを餌にしているが、ヨーロッパオオヤマネコだけはカモシカなど小型の有蹄動物も捕食する。

分布
- ピューマ
- オセロット
- オオヤマネコ
- カラカル
- マーブルドキャット
- ベンガルヤマネコ
- ヤマネコ

ヤマネコ
学名：Felis Silvestris

イエネコ系統にはヤマネコとその他4種のネコ属（Felis）の動物が含まれる。イエネコ系統の猫はアフリカ大陸やユーラシア大陸に生息しているが、ヨーロッパヤマネコのみ西ヨーロッパまで分布。ヤマネコにはたくさんの亜種があり、大きさ、毛色、模様はそれぞれ異なる。ヤマネコは、他の小型の猫と同じようにげっ歯類を常食としているが、捕獲できればウサギ、は虫類、両生類も食べる。

ベンガルヤマネコ（アジアン・レオパード・キャット）
学名：Prionailurus bengalensis

ベンガルヤマネコ系統に分類される、5種のアジアの猫の1種。最も広範囲に分布し、小型のアジアネコのなかで最もよく見られる種類で、海抜3000mまでの森林環境に生息している。イエネコよりも小さいサイズで、げっ歯類、鳥類、は虫類、両生類、無脊椎動物などさまざまな小型の獲物を捕食している。

マーブルドキャット
学名：Pardofelis marmorata

同じボルネオヤマネコ系統に属するボルネオヤマネコやアジアゴールデンキャット同様、森に生息する猫。木登りの名人で鳥類を常食とするが、げっ歯類を捕食することもある。大きさはイエネコと同じくらいで、非常に長い尾でバランスを取りながら木の間を移動する。

カラカル
学名：Caracal caracal

アフリカや西アジアの乾燥した森林地帯やサバンナ、標高2500mまでの山岳地帯に生息。カラカル系統の3種で最も広範囲に分布する猫である。他2種のサーバルとアフリカゴールデンキャットはアフリカにしか存在しない。カラカルは耳の長い飾り毛と、赤（あるいは砂色）の毛皮が特徴。主に小型ほ乳類を食べるが、鳥類も捕食する。

猫の世界への誘い｜猫という生き物

猫という生き物

猫の祖先は、現在見られるネコ科の動物に比べるとはるかに多様性がありました。最初に明確なグループを形成したのは「ビッグ・キャット」と呼ばれる大型の猫たちです。小型の猫のグループは、後になって驚くべき速度で系統だっていきました。イエネコは、最も新しくネコ科に加わったグループです。

ネコ科の動物を含む肉食動物の祖先は、ツパイ（体長20cm程度のネズミに似たほ乳類）に似た動物で、昆虫を食べていたと考えられています。今から6500万年以上前の白亜紀には、すでに生息していました。「キモレステス」と呼ばれるこの動物は、ハサミのように物を切ることのできる歯をすでに持っていたとされます。この歯は、肉を切り骨を砕くために不可欠なもので、昆虫ではなくほ乳動物の肉を常食とする肉食動物への変化を可能にしました。この小さな動物から、すでに絶滅してしまった2つの肉食性ほ乳動物のグループが進化します。最初に現れたのは「肉歯類」という最も古い肉食動物であり、後の肉食動物と同じ生態的地位を占めていました。その後「ミアキス」が現れ、このミアキスのグループから真の肉食動物が生まれ、やがて猫が誕生したのです。

初期の先祖

ミアキスは、5580万年前～3390万年前の始新世の時代に生息していた動物です。もっぱら樹上に生息していた、イタチのような小型のミアキスもいれば、大半を地上で過ごす犬や猫に近いミアキスもいました。このミアキスが、およそ4800万年前に現れた最初の「真の肉食動物」へと進化し、2つのグループに分かれました。そのひとつは旧

猫の進化（初期）

この系統図は、初期の肉食性ほ乳動物がいかにして食虫動物から派生し、現代の猫へと進化する肉食動物が誕生したかを示しています。地質学的年表に重ねることで、それぞれのグループがどの時代にどんな順番で誕生し、また絶滅したのかが示されています。たとえば肉歯類は暁新世後期に誕生し、中新世中期から後期にかけて絶滅。ミアキスよりもかなり長く生息していました。現生ネコ科動物は単線で示されています。現在の猫のグループとグループ間の関係についての詳細はP12参照のこと。

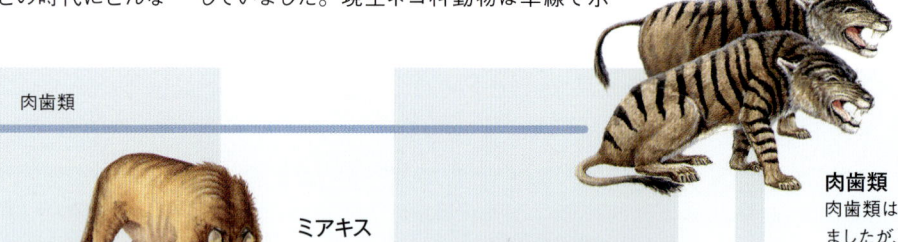

キモレステス
食虫性のほ乳動物で、横方向に平らでハサミのような働きをする臼歯を持つ最初の動物です。この臼歯が、後に食肉目の特徴となる裂肉歯になりました。

ミアキス
ミアキスのグループに入るほ乳動物は重要です。犬のような肉食動物の特徴を備えた種と、より猫に近くviverravinesに派生した種が含まれることが主な理由です。

ビベーラビネス
ビベーラビネスには、4つの肉食動物のグループが含まれます。ハイエナ、マングース、ジャコウネコとジェネット、そしてネコのグループです。十分な化石の記録がないためネコ（ネコ亜目）とニムラブスの関係は不明です（不明な場合は点線で示しています）。ここでは「真の」ネコと並行して進化したものとして示しています。

プセウダエルルス
プセウダエルルスの仲間には、イエネコとそれほど大きさに差のない種や、ピューマほどの大きさで大きな犬歯を持つ種もいました。後者の大型ネコからサーベルタイガーが生まれたのではないかと考えられています。

肉歯類
肉歯類はかつて肉食動物の祖先と考えられていましたが、現在では別に進化したことがわかっています。肉食動物が持つ小さな骨が結合した手根骨がなく、裂肉歯にも違いがあります。

現在の猫
アッティカはおよそ340万年前に出現しました。小型でオオヤマネコのようなアッティカは、フェリス・ルネンシスやフェリス・マヌルなどのネコ属の祖先と考えられています。

白亜紀後期（9960万～6650万年前） ｜ 暁新世（6650万～5580万年前） ｜ 始新世（5580万～3390万年前） ｜ 漸新世（3390万～2303万年前） ｜ 中新世（2303万～532万2000年前） ｜ 鮮新世（533万2000～180万6000年前） ｜ 更新世（180万6000～1万1700年前） ｜ 完新世（1万1700年前～現在）

ニムラブス

"偽の"サーベルタイガーとしても知られるニムラブスは、現在の猫の祖先と同時期に生息していた、猫に似たほ乳動物です。ニムラブスには収納できる爪がありましたが、本来の猫とは頭蓋骨の形が異なっていました。ニムラブスが最初に現れたのは、およそ3600万年前の始新世の時代で、北米大陸とユーラシア大陸はその大部分が森で覆われていました。中新世になって乾燥した気候になると、草原が森の木々に取って代わり、ニムラブスの数は減少。およそ500万年前の中新世後期に絶滅しました。

ニムラブスの頭蓋骨
ホプロフォネウスはニムラブスの属の1種で、漸新世の時代に生息していました。

世界のビベーラビネスで、後にニムラブスや「偽のサーベルタイガー（剣歯虎）」と呼ばれる動物と、ハイエナ、ジャコウネコ、マングースを含む猫の特徴を備えた動物へと進化します。もうひとつは新世界の「ミアキス」で、最終的に犬の特徴を持った肉食動物に進化しました。オオカミやクマはこちらに含まれます。

最初の猫

現在の猫の先祖の1種と考えられているプロアイルルスと呼ばれる肉食性のほ乳動物は、およそ3400万年～2300万年前の漸新世の時代に、現在のユーラシア大陸に現れました。プロアイルルスについてはほとんど知られていませんが、イエネコと比べてそれほど大きいわけではなく、短い肢、長い胴体に尾、そして多少は出し入れが可能な爪を持っていたことが、化石からわかっています。木登りが上手で、木々を伝って獲物を追いかけていたと考えられています。

およそ2000万年前、プロアイルルス（あるいはプロアイルルスによく似た別種の動物）から、シューダエルルスが生まれました。最初のネコ科動物と考えられている捕食動物です。先祖よりも多くの時間を地上で過ごしていたシューダエルルスは、長く柔軟な背中と前肢よりも長い後肢を持っていました。まず、シューダエルルスからは3グループのネコ科動物が生まれました。現在の猫の2つのグループ、ビッグ・キャットを含むヒョウ亜科、小型のヤマネコやイエネコを含むネコ亜科、そして現在では絶滅してしまったサーベルタイガーの3つです。そして、シューダエルルスは現在の北米大陸に移住した最初のネコだともいわれています。アラスカとシベリアがつながっていた時代に、ベーリングの陸の橋を渡ったのです。

より温暖で乾燥した気候の中新世（漸新世に続く2300万年前～530万年前の時代）になると、環境の変化がシューダエルルスの子孫にプラスに働きました。森林が減少し、草原のような開けた生息環境が広がったことにより、有蹄動物が多様性を増したのです。これは、有蹄動物を捕食するネコ科の動物の多様化にもつながりました。

サーベルタイガー（剣歯虎）

原始のネコの祖先である白亜紀後期のキモレステスの時代以降、サーベル状の犬歯を持つ肉食動物が、3つの時期に3つの異なる肉食動物のグループとして生まれました。最初に生まれたのが肉歯類で、続いてニムラブス、そして最後にスミロドンを含むサーベルタイガーが生まれます。いずれも、今日見られる猫の直接的な祖先とは考えられていません。

サーベルタイガーは中新世の初期に現れ、1万1000年ほど前まで生息していました。人間にもその存在が知られていたと思われます。後ろにカーブした見事な犬歯が上顎にあり、長いもので15cmほどあったため、口を閉じているときは犬歯が下顎の横に突き出すほどでした。この長い犬歯を効果的に使うため、サーベルタイガーは120度もの角度で大きく口を開けることができました。サーベル状の犬歯は、大きすぎるためか他の歯よりももろく、簡単に折れることもあったようですが、ノコギリのようなギザギザがあったため、硬い皮や肉の塊を切るのに使われたと考えられます。

サーベルタイガーがなぜ絶滅してしまったのかはわかっていませんが、獲物の減少が絶滅につながったと考える研究者もいますし、後に登場したヒョウやチーターと競合できなかったのではないかという説もあります。新しく生まれた猫のほうが敏捷なハンターで、サーベルタイガーの犬歯ほどもろくない犬歯を持っていました。

大きく開く口
ライオンほどの大きさのあるスミロドンは、北米に生息していたサーベルタイガーです。バイソンやマンモスのような動きの遅い大型の獲物を狙うハンターでしたが、およそ1万年前に絶滅しました。

枝分かれの過程

ネコ科の生き物は、肉食動物のなかで最も優れたハンターであり、解剖学的にも狩猟に適した体を持っています。自分たちより体の大きな獲物を仕留められる種類もいるほどです。ビッグ・キャットと呼ばれるヒョウ系統の動物は、少なくとも1800万年前には誕生していました。大きいながら俊足、そしてどう猛な生き物です。その後、940万年前にはアフリカでヒョウの系統からボルネオヤマネコの系統が誕生し、続いて850万年前には同じくアフリカでカラカルの系統が誕生しました。およそ800万年前に出現したオセロットの系統は、パナマから南米大陸に渡りました。陸続きになったことで、北米や中央アメリカに生息する小型のネコ（現在は化石で残るのみ）が南米に渡り、移住先で多様化することができたのです。現在生き残る南米の10種のネコ科動物のうち9種がオセロット系統に属しますが、これらの猫は36本の染色体を持ち、通常38本の染色体がある他のネコ科の動物とは異なっています。

オオヤマネコ系統とピューマ系統は、それぞれ720万年前、670万年前に誕生し、異なる大陸に由来する種が含まれます。これは移住が何度も起きたことを示しています。北米でピューマ系統から派生し、後にアジアとアフリカに移住して現在に至るチーターは、これらに含まれます。ベンガルヤマネコとイエネコのグループはネコ科に最も新しく加わった仲間で、いずれもユーラシア大陸にのみ生息します。

現在のネコ属で最初に登場したのはフェリス・ルネンシスで、およそ250万年前、鮮新世の時代のことです。そこから後にフェリス・シルベストリスと呼ばれるヤマネコが誕生します。ヤマネコの仲間ではヨーロッパ種が最も古く、その起源はさらに25万年ほどさかのぼります。ヤマネコは種が存続できるだけの獲物が生息し、適当な生息地となるあらゆるところに移住しました。リビアヤマネコは2万年ほど前に種として確立されますが、このリビアヤマネコからおよそ8000年前に誕生したのがイエネコです。

ホラアナライオン

ヨーロッパホラアナライオンは、これまでの歴史上で最も大きな猫でしょう。現在のライオンよりもさらにひと回り以上大きかったというおそるべきハンターは、肩までで125cmを超える体高を誇っていました。当時最もよく見られた捕食動物で、比較的長いその肢で、ウマ、シカ、その他の大きな有蹄動物を追いかけていました。ホラアナライオンはおよそ40万年前のヨーロッパに現れ、1万2000年ほど前まで、最後の氷河期の終わりにかけて生息していました。北米にも同じような大型のネコ科動物が生息していたことが知られていますが、ベーリングを渡ってアラスカに移ったヨーロッパホラアナライオンの子孫だと考えられています。

ネコ科の系統

小型・中型のネコ（ネコ亜科）は、わずか320万年ほどの間に、地質学的な観点から見ると急速に多様化しました。ビッグ・キャットと呼ばれるヒョウ系統は、さらに140万年ほど早く分岐しました。近年の遺伝子分析で、ネコ亜科は下の図が示すように7つの系統に分類できることが明らかになりました。最も最近派生したイエネコとベンガルヤマネコの系統がいちばん上に、最も早く分岐したボルネオヤマネコ系統はヒョウ系統のすぐ上に示されています。イエネコ系統とベンガルヤマネコ系統の関係は、どの系統との関係よりも密接です。340万年ほど前、フェリス・アッティカが出現しました。そのフェリス・アッティカから現在のネコ属の種が生まれ、イエネコの誕生につながったのです。

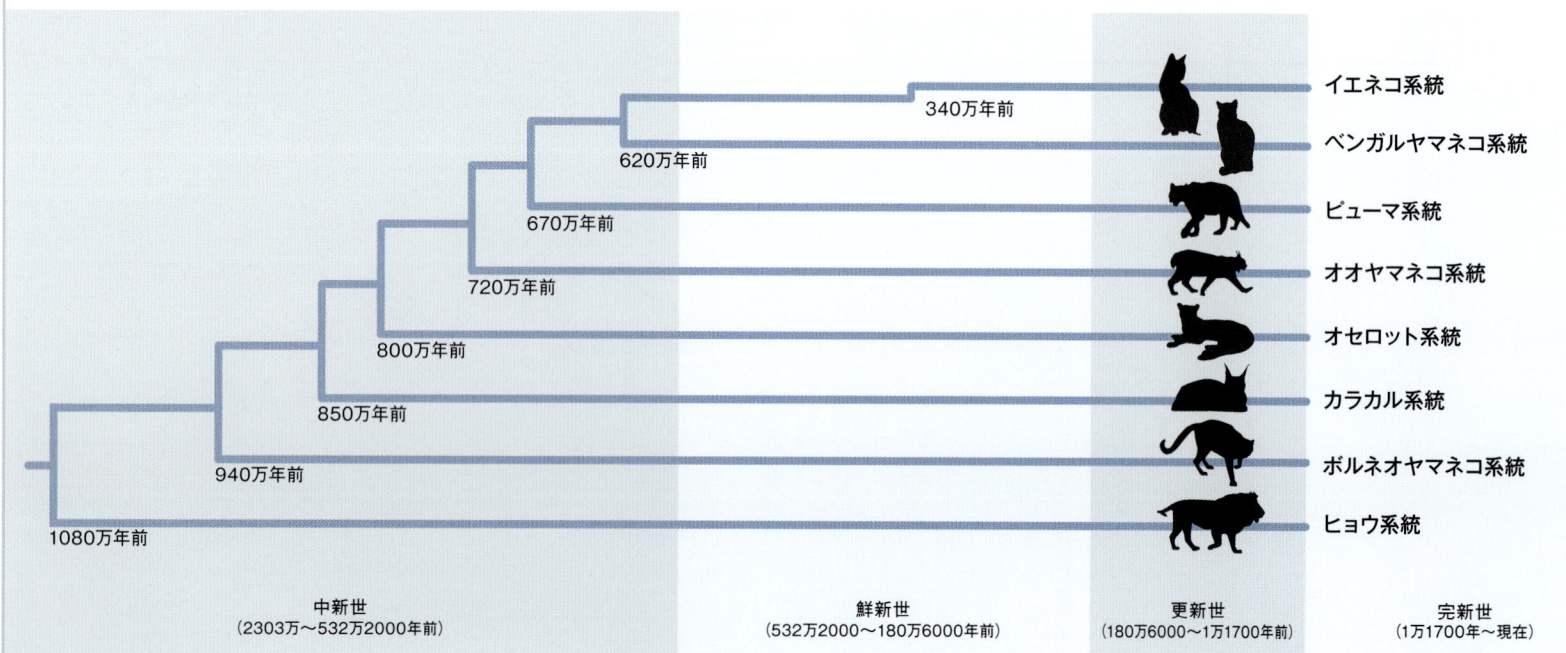

猫の祖先
草むらで身をかがめ、獲物を狙っているリビアヤマネコ。今では絶滅してしまった先史時代の先祖のネコと、イエネコをつなぐ最後の「種」といえます。

猫の世界への誘い｜ヤマネコから飼い猫へ

ヤマネコから飼い猫へ

猫が家畜化する過程は、人間と猫の相互理解によるものであり、一方が他方に服従したわけではありません。原始的な農業社会では猫のネズミ捕獲の技術が役に立ち、猫はその独立を失うことなく人間による保護と安全なすみかを手に入れたのです。

人と猫の関係は何千年もさかのぼることができますが、他の動物の家畜化の歴史に比べれば、猫の家畜化はどちらかといえば偶然によるものだったようです。人間は、実用性の観点から馬や牛、犬などを飼うことの利点をすぐに理解しました。最も優れた個体を選び、特定の資質を目的に慎重に繁殖することで、これらの動物は特定の目的のために改良され、ますます役立つ存在になりました。人間社会の近くに住むことが猫にとって好都合だったことから、猫が野生の世界から人の世界に初めて入り込んだとき、猫は優れた害獣ハンターとしての価値を証明しました。しかしそれ以外では、価値のあるものと見られませんでした。

猫は、食肉の供給源としては十分ではありません。また、飼い慣らすことは可能ですが、命令に従わせることやコマンドで仕事をさせることは難しい生き物です。初期の段階で、何らかの資質を意図した計画的な選別や、行動や外見を「改良」する試みがあったことを示す証拠はありません。本当の意味での最初のイエネコは、猫自らが人間に飼われることを選択した結果生まれたのです。他の猫よりも容易に人間を信じ、人間と同じ屋根の下で子どもを育てることが十分安全だと感じた猫が、自分から「家猫」になったのです。

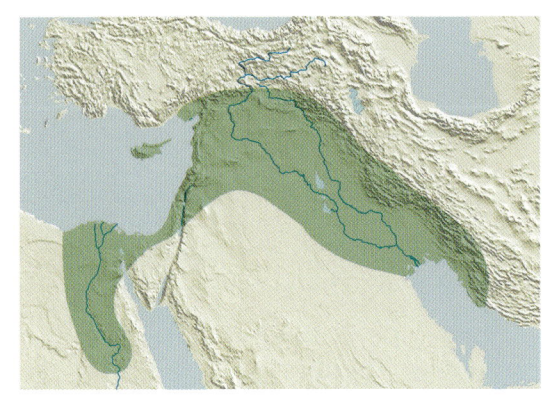

家畜化の起源
猫の家畜化は、肥沃な三日月地帯として知られた、ナイル川からペルシャ湾にかけて弓状に広がる地域に起源があると考えられています。この地域は、すべてのイエネコの祖先とされるリビアヤマネコの生息域の一部でもありました。

最初のつながり

飼い猫の歴史にまつわる資料を見ると、ネコ科の動物と人間が共生したことを示す最も古い証拠は、4000年ほど前の古代エジプトにあるということは、ごく最近まで一致した見解でした。しかし、ここ数年の発見は、人と猫のつながりがそれよりずっと前からあったことを示しています。

2000年代の初めに、キプロス島にある新石器時代の集落を発掘していた考古学者が、人骨の横に完全な猫の遺骨がある遺跡を発見しました。墓には石器や装飾品などさまざまな貴重品が一緒に埋葬されていたため、この人物の埋葬の際には何らかの儀式が行われたと考えられます。生後およそ8カ月と見られるその猫に何か特別な重要性があり、意図的に殺され埋葬されたのだろうと推察されています。もしそれが正

家族の一員として
古代エジプトの下級役人の墓にあった紀元前1350年ごろの壁画には、トラネコが描かれています。ナイルの湿地で狩猟をしている様子で、エジプトではこの時代までに、猫は家庭のペットとしてすっかり定着していたようです。

タビー模様の猫

しければ、ステータスシンボル（あるいはペット）として人間が猫を飼っていたことが、紀元前7500年まで大きくさかのぼることになります。キプロスの猫は、イエネコの祖先であるリビアヤマネコに近いと考えられていますが、もし本当にリビアヤマネコの仲間だとすれば土着の猫ではなく、誰かが島に持ち込んだということになります。

また近年、中国中央部にある5000年ほど前の農耕集落の遺跡から、考古学者が小型のネコ科動物の骨を発掘しました。骨を詳しく分析したところ、穀物を食べるげっ歯類を捕食していたことがわかりました。つまり、見つかった猫は明らかに人間社会と何らかの関連を持っていたということです。しかし、それが偶然によるものか、猫が飼い慣らされていたためなのかはわかりません。

こうした新しい発見の数々は興味深いものですが、猫の家畜化が従来考えられていたよりも前だったことの決定的な証拠としては不十分です。ただ、猫の家畜化が失敗を何度も繰り返しながら徐々に進んだということはいえるかもしれません。

家の中へ

猫が飼い猫としての一歩を踏み出したのは、、人間社会が狩猟採集型から農耕型に移行したときだと思われます。作物を育てれば穀物を貯蔵しなければならず、結果、作られた穀物蔵はそれらを狙うげっ歯類を大量に引きつけることになりました。土着のヤマネコにとっては、穀物蔵は簡単に仕留め

ネコ科大型動物の家畜化

ネコ科の大型動物のなかで多少なりとも家畜化できたのは、唯一チーターだけでした。古代エジプト人とアッシリア人は、いずれもチーターを飼い慣らし、狩猟に使いました。何世紀も後にインドに興ったムガル帝国の皇帝も同様です。この美しい動物を人に慣らすと驚くほど従順になることがあります。昔の狩猟家は、首輪とリードを受け入れ、狩りが終わったときには自分たちのところに戻って来るようにチーターを訓練したのです。しかし、チーターを飼える人々の間でさえも、チーターがペットとして広まることはありませんでした。ごく最近まで人間がチーターの繁殖行動を理解しておらず、飼育下のチーターを繁殖させられなかったことが原因でしょう。補充はつねに野生のチーターで行われ、何世代にもわたって人間に繁殖され育てられて家畜化されたペットが持つ性質を育てることはできなかったのです。

チーターを使って狩りを行う
ムガル帝国のアクバル大帝

られる上に尽きることのない獲物の供給源になったのです。

現在の飼い猫の起源は、まさに農業の発祥地にあります。ナイル渓谷から地中海東部を通り、そこから南下してペルシャ湾まで広がる「肥沃な三日月地帯」と呼ばれる大変豊かな農業地帯です（P14地図）。古代エジプトで知られている最古の農業社会がナイル川の岸沿いにできたときに、その新しい生息域に土着のリビアヤマネコは喜んで入っていったことでしょう。

肥沃な三日月地帯に留まるようになった猫の多くは、現在の飼い猫の多くに見られる小型のスポッテッド・タビー模様だったと考えられます。初めは猫が勝手に入り込んだのですが、やがて敷地内にネズミ捕獲の手段があることの恩恵を農家が理解するようになりました。人々は食べ残しで猫をおびき寄せ、穀物貯蔵庫に住みつくように働きかけたというのが通説です。その後、ますます人になつき社会的になった猫が家の中に入っていく過程は、

猫の魅力
やがては人への不信感がなくなり、猫は人の近くに住みつくようになりました。ペットとして、また遊び相手としてのその魅力は、家庭に入り込むのに大いに役立ったことでしょう。

想像に難くありません。

より大型の捕食動物を含む野生の危険から保護され、猫は今や多産になり、生まれた子猫たちが大人になるまで生き延びる可能性も高まりました。

人間の家で生まれ、小さなうちから人になでられて育った子猫たちは、ペットとしてすんなりと家庭に受け入れられたことでしょう。

古代エジプト文明の隆盛とともにエジプト猫の地位も高まり、最終的には家のネズミ捕りから神聖なものとして崇められる存在になったことは、絵画や銅像、ミイラ化した遺骸として数多く残されています（P24～25）。しかし、紀元前500年くらいに肥沃な三日月地帯の外に猫が広がり始めるまでは、猫を真に飼い慣らされた動物と見る考え方は、この地域を越えて広がることはありませんでした。

ヤマネコのきょうだい
この子猫たちはタビーのイエネコのように見えますが、「Felis Silvestris」という学名を持つインドサバクネコの幼いきょうだいで、真の野生種です。その生息域は中央アジアからインド北東部まで広がっています。

猫の世界への誘い｜イエネコの広がり

イエネコの広がり

北アフリカと地中海東部に起源のあるイエネコは、今や「世界市民」といえるほどに各地に広がっています。猫は国境など気にしないので、初期の飼い猫のなかには自主的に移動する猫もいたでしょうが、たいていのイエネコは人間に連れられて移動したと思われます。オーストラリアなど、野生の猫が一度も出現しなかった場所でさえ、イエネコは難なく新しい生態的地位を獲得したのです。

イエネコは2000年以上もの間、ほぼエジプト内にのみとどまっていました。エジプトでは猫が非常に崇拝され、他国への輸出は（少なくとも理論上は）厳しく禁じられていました。しかし独立心の強い猫のこと、自ら他の地域にさまよい出たこともあったでしょう。そうした猫が、地中海の交易路を通ってギリシャ、現在のイラク、そしてヨーロッパにまで到達したと考えられています。

"出エジプト"

イエネコが世界への旅を始めたのは、およそ2500年前だったと考えられていますが、肥沃な三日月地帯（なかでもエジプト）からは、主にフェニキアの商人が船で運び出しました。船乗りと開拓者の国であるフェニキアは、何世紀もの間、地中海東部の海上交易を支配していましたが、実はそのはるか以前に飼い猫かどうかを問わず、猫の輸送にかかわっていたのではないかともいわれています。

古代エジプトの猫は、貴重な商品でもありました。フェニキア人は物々交換や密輸、密航で猫を手に入れ、商品として売るために（あるいは交換品とするために）船に乗せ、スペインやイタリア、そして地中海諸島への海上交易の旅に出たのです。後にシルクロードができてアジアとヨーロッパの交易が始まると、猫は商人とともに西へ東へ移動しました。古代エジプトの人々が、中国の皇帝や当時北アフリカで勢力を拡大しつつあったローマ人への貴重な贈り物として、自ら猫を献上することもあったかもしれません。

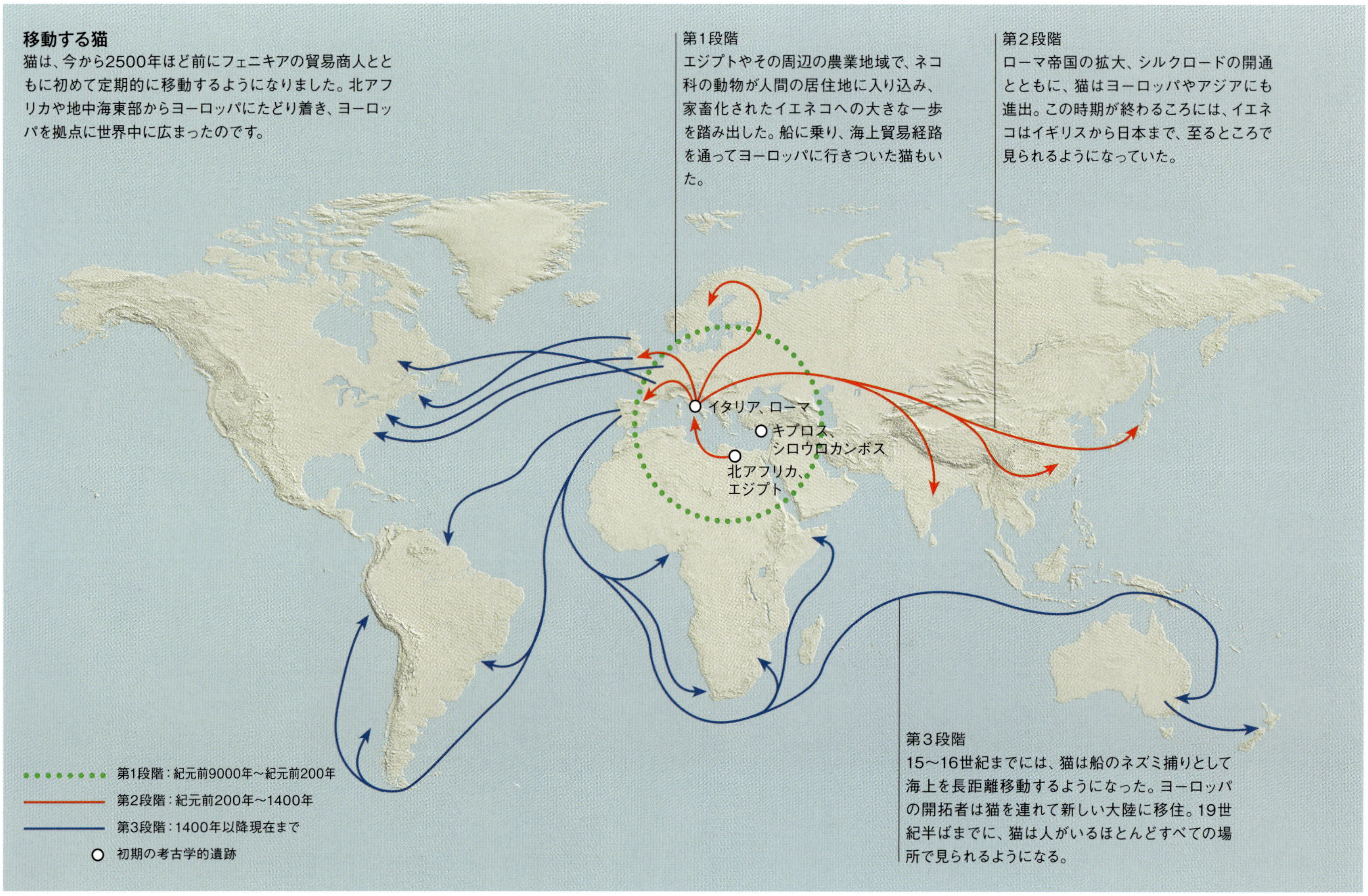

移動する猫

猫は、今から2500年ほど前にフェニキアの貿易商人とともに初めて定期的に移動するようになりました。北アフリカや地中海東部からヨーロッパにたどり着き、ヨーロッパを拠点に世界中に広まったのです。

第1段階

エジプトやその周辺の農業地域で、ネコ科の動物が人間の居住地に入り込み、家畜化されたイエネコへの大きな一歩を踏み出した。船に乗り、海上貿易経路を通ってヨーロッパに行きついた猫もいた。

第2段階

ローマ帝国の拡大、シルクロードの開通とともに、猫はヨーロッパやアジアにも進出。この時期が終わるころには、イエネコはイギリスから日本まで、至るところで見られるようになっていた。

第3段階

15〜16世紀までには、猫は船のネズミ捕りとして海上を長距離移動するようになった。ヨーロッパの開拓者は猫を連れて新しい大陸に移住。19世紀半ばまでに、猫は人がいるほとんどすべての場所で見られるようになる。

- 第1段階：紀元前9000年〜紀元前200年
- 第2段階：紀元前200年〜1400年
- 第3段階：1400年以降現在まで
- 初期の考古学的遺跡

○ イタリア、ローマ
○ キプロス、シロウロカンボス
○ 北アフリカ、エジプト

イエネコの広がり

船に乗る猫

世界中の猫は、主に船の旅で現在の生息地にたどり着きました。初めてエジプトを離れた太古の昔から、商人や開拓者、冒険家を乗せた船に乗って、猫は長い距離を移動してきたのです。時に商品として運ばれることもありましたが、たいていは害獣駆除のために船に乗せられたのです。新しい土地に人が上陸するたびに、猫も上陸を果たしました。猫を乗せるような船旅は、現在では個人的に行われるのみです。1940年代にはイギリス海軍の戦艦「ウォースパイト」に『ストライピー』という猫（写真）が乗っていましたが、現在は一般の商船や海軍艦艇に猫の乗船は認められていません。

ローマに到達すると、ローマ帝国の拡大とともにイエネコはさらに遠くに運ばれ、西ヨーロッパ中に広がりました。ローマ帝国末期には、イエネコはイギリスでも広まっており、中世になって宗教、神話や迷信などによって不幸な扱いを受ける時代まで何百年もの間、イギリスで人と平和に共存することになるのです（P24～27）。

新世界へ

15世紀のヨーロッパを起点とする大航海時代の幕開けで、ヨーロッパ人が発見と植民地獲得の航海に乗り出し、イエネコは初めて大西洋を渡りました。ネズミのまん延を防ぐべく船に乗せられたのですが、アメリカ大陸までの長い航路を進む間に船内でたくさんの子猫が生まれました。寄港地の港に入るたびにそれらの多くが船から逃げ出し、その土地で取引の対象となった猫もいたでしょう。開拓者について新世界に足を踏み入れた猫もいたはずです。

猫は囚人船に乗せられ、開拓者とともに逆方向のオーストラリアにも向かいました。オーストラリアに最初に到達した猫は、実は17世紀のオランダの難破船で生き延びた猫だったという、真偽の怪しい話も伝えられています。

「インターナショナル・キャット」の出現

19世紀半ばまでには、イエネコは世界中のほとんどすべての大陸で見られるようになり、多様化していくつかの明確なタイプが生まれました。ヨーロッパ及びアメリカ合衆国では珍しい外見のシャム猫やアンゴラ猫が輸入されて人々の興味をかき立て、農場のネズミ捕りやペットに過ぎなかった猫が、新しい観点から見られるようになりました。古代エジプトの時代以降初めて、猫は「とっておきの存在」になり、ステータスシンボルになろうとしていたのです。

同じような嗜好を持つ猫の飼い主が集まってキャット・クラブを作り、お気に入りの猫に熱中し、タイプごとの美点を議論するようになりました。こうした猫の愛好家が「キャット・ファンシャー」などと呼ばれるようになってキャット・ショーを組織し、その結果、熾烈な競争が生まれ、厳密なスタンダードに沿ってより質の高い猫が作り出されるようになったのです。

純血種の繁殖の極致ともいえる猫種のスタンダードは、猫が国際的に移動するという新たな局面をもたらしました。20世紀半ば以降には移動が容易になったために、熱烈な猫の愛好家のみならず、一般の観光者でさえ「新しい」猫種に出会うようになります。たとえば、ターキッシュ・バンや、日本原産で尾の短いジャパニーズ・ボブテイルなど、実際には何百年も前から生息していた猫が「発見」されたのです。こうした新種の猫がイギリスやアメリカに持ち込まれて繁殖が始まり、

突然変異の移動
米国東海岸でよく見られる多指症の猫は、17世紀に大西洋を渡ってボストンに入植したイギリス人清教徒が連れていた猫の子孫かもしれません。

大西洋をまたいで猫がやり取りされるようになりました。原産国内でも猫の移動が起こり、ある地域ではほとんど知られていない猫が国中の人気者になり、デボン・レックスやメインクーンのように、国際的にも知名度の高い猫が登場しました。

21世紀に入っても珍しい猫が次々と流行し、猫は相変わらず大西洋の両側を行き来しています。また珍しい猫同士の交配で、さらに新しい猫種が作り出されています。新しい種類の猫種のいくつかは（すべてというわけではないものの）原産国以外でも知られるようになり、猫の世界的な移動は続いています。初期のヤマネコの姿形への回帰は、特筆すべき最近の試みのひとつでしょう。4000年前に最初のペットになったネコ科の動物とほとんど変わらないようなスポッテッド・タイプの猫を、ブリーダーが作出しているのです。広範囲に及ぶ移動の結果、イエネコは出発点に戻りつつあるといえるかもしれません。

大西洋を横断した猫
国をまたぐ猫のやり取りの結果生まれたエルフキャットは、カナダで生まれオランダで発展したヘアレスのスフィンクスと、アメリカン・カールを交配して生まれた交雑種です。

野良猫

イエネコの子孫で、人間との接触がほとんどないまま暮らしてきた猫や、以前ペットとして飼われていたものの、何らかの理由で宿なしになってしまった猫は「野良猫」と呼ばれます。野良猫は野生の状態で生きていますが、本当の野生種である「ヤマネコ」とは関係ありません。

猫は才能あふれる動物であり、迷い猫や飼い主に捨てられて野良になってしまっても、しばしば自分の力で生き延びられるものです。多くはよく発達した狩猟本能を持ち、鳥やネズミなどの小型の獲物を捕まえて食糧とし、猫好きの人間がくれる食糧や残飯も手に入れられます。野良猫は通常人間を警戒しますが、家庭で暮らしたころの名残があるため、もう一度飼い猫に戻れるようリハビリをすることが可能な場合もあります。

野生で生まれ、人との生活を経験したことのない本当の野良の成猫を飼い猫にするのは、なかなか難しいでしょう。野良として生まれた子猫が早い段階で保護された場合は、忍耐強く時間をかけることで社会化できる可能性があります。しかし、たとえ生後2〜3週の猫であっても、生まれつき人に対する不信感があり、すでに克服可能な段階を過ぎてしまっている場合もあります。

協力し合う猫

飼い猫の多くは単独で飼われ、食べ物やなわばり、住みかをめぐる競合が起きれば憤慨し、また不安を感じるようになります。しかし、同じ家で暮らす2匹（あるいはそれ以上）の猫が、友達同士のように仲良く暮らすこともあります。一緒に生まれたきょうだいの場合はとくにそうでしょう。敵意がなくなり、互いに無関心のまま暮らしていくのがせいぜいという場合もあります。野良猫の間では、飼い猫に比べ高いレベルの社会性が見られます。食糧供給が乏しく安定しないので、地域で暮らす野良猫が、ゴミ置き場や猫の福祉団体が用意する餌場、ネズミがあふれる無人の建物など、同じ場所に集まる傾向があるのです。猫たちは必要性から互いに他の猫の存在を受け入れ、攻撃は最低限にして食糧源などを共有するのです。

数匹の野良猫が安全な住みかを見つけると群れができ、何年か経つと相互に関係のある何世代もの猫が大きな集団を作って暮らしていることがあります。不妊手術をしていないメス猫がいれば、去勢していないオス猫は引き寄せられ、頻繁に交尾を行うことで1匹のメス猫が年に2回、あるいはそれ以上子猫を生むことになります。

確立されて時間の経った群れは、とても親密な絆で結ばれた複数のメス猫を中心とする、完全な母系社会となります。メス猫は同じ場所で子猫を産み、協力して子育てを行い、母猫の1匹が狩りに出かけるときは交替で家族を守る様子が観測されてきました。あたりをうろつくオス猫を追い払うために野良のメス猫が共同で防衛線を張ることさえあるのも知られています。メス猫を再び発情させ交尾をするために子猫を殺そうとするオス猫は、群れにとってはつねに危険な存在なのです。

空腹からのつかの間の解放
ギリシャの港の岸辺に並ぶこの猫たちは、漁船から出る魚のくずや観光客がくれる餌、食べ残しなどで夏の間は元気に過ごせるようです。しかし冬になると、彼らの暮らしはかなり厳しくなります。

遺跡のなかで
現在のトルコ西部にある小アジアの古代都市・エフェソスの遺跡を背景にたたずむ野良猫。観光客が集まるこうした場所では食べ物がもらえるため、よく野良猫の群れが形成されます。

農場の安息所
納屋に住む野良猫たちはペットになりません。この猫たちの生活は、納屋という安全な住みかと人の気遣いに依存しています。人が最低限の世話をすることで、猫はここに留まり、ネズミ退治の手伝いをしてくれるのです。

野良の群れが拡大すると、内部の力関係も変わります。より強いオス猫が力の弱いライバルを追い出し、追い出された猫は群れの周辺をうろつくようになるか、あるいはより居心地の良いなわばりを求めて出ていくのです。群れで生まれたオス猫が先輩猫に受け入れられることはありますが、よそ者のオス猫がコロニーに入り込もうとすると、通常は激しい抵抗に遭うものです。

群れの支配権

群れでの野良猫の一生は過酷で、猫たちは短命になりがちです。ケアの行き届いたペットの猫は20年近く生きることもありますが、野良猫は3〜4歳を過ぎて生き残っていれば幸運といえるでしょう。病気はよく見られ、しかも急速に広がります。栄養はたいてい不十分で、群れが大きくなれば1匹あたりの食糧は減ってしまいます。何度も出産し体力の衰えたメス猫はとくに弱く、出産時に死んでしまうこともあるのです。すると病気の子猫や、親を失くした子猫が残されます。交通事故やオス同士のけんかでケガや感染症に見舞われても、治療は受けられません。

現在では、人道的な理由と環境問題防止の観点から、多くの国に野良猫を管理する法律があります。保護団体や動物福祉協会の多くは、大量処分よりも好ましい選択肢として、3段階の計画を実施しています。まずはケガをさせずに群れの猫を捕まえ、不妊手術を施し（同時に将来識別が可能なように耳に印を付ける）、群れに戻すのです。残念ながら、これは往々にして短期的な解決策になってしまいます。一時的に野良猫の数は減りますが、やがて不妊手術をされていない猫が加わると、繁殖可能なペアがたった一組であっても、1年もすればコロニーの数は元に戻ってしまうのです。

納屋の猫

田舎では、厩舎や納屋、飼料倉庫のネズミ捕りとして、農家や地主が野良猫を歓迎することがあります。これを利用して保護した猫を農家に提供する里親探しの団体もあります。これは適切に管理すれば、コロニーが大きくなりすぎた場合や健康上の問題でコロニーの移動が必要な場合の解決策になりえるでしょう。対象の猫はペットとはみなされませんが、こうした猫の「里親」になる場合、引き取り手は、猫が安全に暮らせる最低限の住みかを提供し、狩りをして得られる食糧を補うために毎日少量の食餌を与えることになります。さらに必要があれば獣医師に診せることにも合意しなければなりません。

環境上の脅威

世界でおよそ1億匹の野良猫がいると推定される現在、自然保護活動家は野良猫の群れがその土地の野生生物に及ぼす影響を心配しています。孤立した島はとくにリスクの高い環境です。地上営巣性の鳥が野良猫の餌食になり絶滅に追い込まれるようなことがあるのです。ニュージーランドの希少な固有種である「フクロウオウム（カカポ）」は、人が持ち込んだ猫やフェレットなどの家畜化された捕食動物によって、ほとんど根絶やしにされてしまったのです。現在も絶滅が危惧されていますが、わずかに残った個体は保護区に指定された猫がまったくいない島に移され、保護されています。

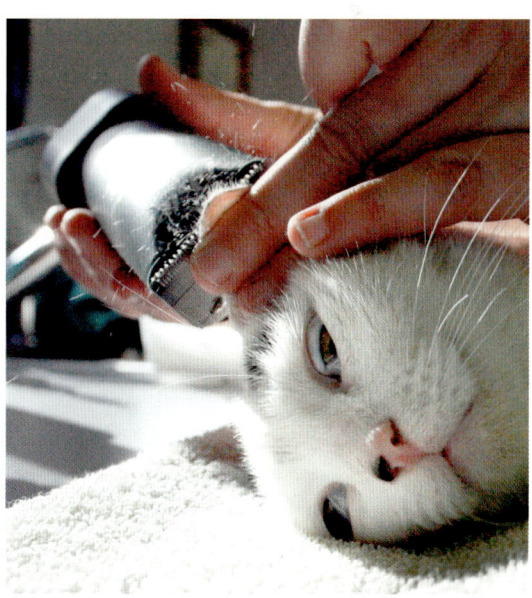

不妊手術の後に
鎮静剤を打ち手術の準備をしながら、獣医師はこの野良猫の耳の毛を剃り、不妊済みの証明となる小さな切り込みを入れます。手術が済んで回復すれば、この猫はもとのコロニーに戻されます。

第2章 文化における猫

文化における猫｜宗教と猫

宗教と猫

崇拝の対象、あるいは非難の対象になるなどして、宗教は猫にとってあまり良いものとはいえませんでした。大昔には神聖な動物とみなされ、神々と同格とされたこともありますが、それは多くの猫にとっては、いけにえになることでもあったのです。キリスト教が広まると、さらに猫にとっては危険が増しました。悪魔崇拝と結びつけられ、中世ヨーロッパでは迫害の対象となったため、根絶やしにされそうになったのです。

エジプトの女神

猫と信仰についての最初の記録は、古代エジプトまで何千年もさかのぼります。紀元前1500年ごろから、猫の女神バステト（バストとも呼ばれる）崇拝が広がりました。もとはライオンの神として崇拝されていましたが、猫の姿になるとより広く受け入れられるようになり、熱心な信奉者も増え、とくに女性に人気がありました。バステトは猫の頭を持つ女性の姿で表され、小さな猫や子猫に取り囲まれていることもあります。古代エジプト人の猫への崇拝は、バステト崇拝に起源があると考えられています。飼っている猫が死ぬと、飼い主は喪に服しました。裕福な飼い主は死んだ猫をミイラにし、装飾を施した大理石の棺に埋葬したのです。猫を殺せば、故意ではなくても死罪にされることさえありました。

紀元前1世紀ごろミイラにされた猫
猫の遺体を布でくるみ、頭部にマスクをかぶせたもの。猫の女神バステトへの捧げものとして古代エジプトの寺院でよく売られていました。

そのように崇拝されていたにもかかわらず、猫は宗教上の理由で大量に殺されることもありました。ミイラ化された何十万もの猫をたくさんの猫の小像と一緒に埋葬した猫の墓地が、古代エジプトの遺跡で見つかっています。いくつかをX線で分析したところ、みな子猫で、首を折られて死んでいることがわかりました。明らかにペットとして死んだのではなく、意図的に殺されていたのです。さまざまな調査で、これらの猫は寺院で飼われていたものと結論づけられました。いけにえにしたり、ミイラにして神への捧げものとして巡礼者に売るために、特別に育てられていたのでしょう。

聖なる象徴

古代エジプトほど猫が宗教的に重要とされたところはありませんでした。とはいえ、他のいくつかの信仰では補助的な役割で登場します。北欧神話の女神フレイヤは猫を愛し、雷神トールから贈られた2匹の巨大なグレーの猫に引かれた戦車に乗っていました。古代ローマの人々は猫をとても尊重しました。動物のなかで唯一神殿に入ることを許され、家の神や家庭と安全の象徴として特別に扱われることもあったといわれます。

コロンブスが「発見」する前のアメ

フレイヤの戦車を引く猫
北欧神話に登場する愛と豊穣の女神フレイヤは、猫に親近感を抱いていました。現代の猫のブリーダーは、ノルウェージャン・フォレスト・キャットと、フレイヤの戦車を引いていた2匹の猫とを好んで結びつけます。

宗教と猫

ライオンとの散歩
イギリスのヴィクトリア朝後期にウィリアム・ブレイク・リッチモンド卿が描いた絵画。ローマ神話の愛の女神ヴィーナスが、オスとメスのライオンと散歩をしています。ヴィーナスが通ったところは冬から春に変わっていきます。

リカ大陸には、イエネコはいませんでした。しかし、ビッグ・キャットと関連する神々は存在し、マヤ人もインカ人もジャガーの姿をした神を崇拝していたのです。今日の主要な宗教では、猫が聖なる象徴として扱われることはまれです。子どもの守護者であるヒンドゥー教の女神シャシュティは例外で、猫に乗る姿が描かれています。仏教のある宗派では、悟りを開いた人の魂は死後猫の体に入るといわれており、寺院の守護者として白い猫を飼う伝統もあります。

キリスト教における迫害

聖書には猫についての記載はありません。猫とキリスト教の結びつきを示す珍しい例は、7世紀にブリュッセル近くのベネディクト会修道院で修道院長をしていたゲルトルードです。彼は猫の守護聖人とされ、猫を抱く姿やネズミに囲まれる姿が絵画などに描かれました。当時はネズミが蔓延していたのですが、ゲルトルードの修道院には奇跡的にネズミがいないといわれていたことを示す証拠が見つかっています。猫とキリスト教の間のつながりがわかる話はもうひとつあります。イエスが生まれたとき、既に子猫を抱く猫がおり、聖母マリアがなでると、猫の額に「M」の印がついたという伝説です。額の「M」は、トラネコに見られる典型的な被毛のパターンです。

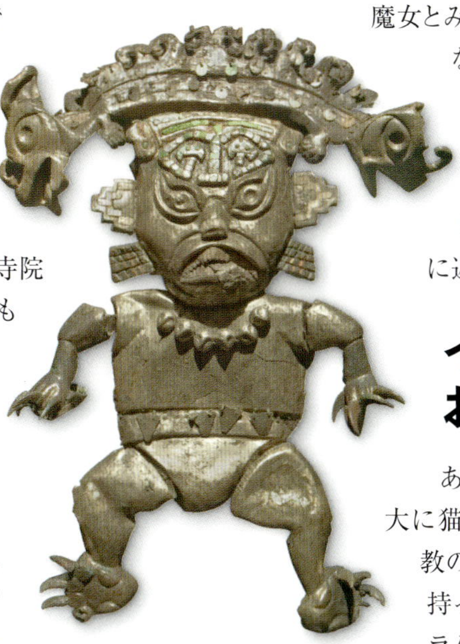

ペルーのピューマ
紀元100年〜800年にかけて栄えたペルーのモチェ文化の人々にとって、金でできたこの遺物は宗教的に重要なものでした。ピューマの姿をした神は、アメリカ大陸における初期の文化でよく見られました。

多くの文書にある数百年に及ぶ猫へのキリスト教の偏見は、それ以前の信仰の名残を一掃しようという強い意思によるものもあったでしょう。教会の権力者は猫を悪魔の使いと考えました。とくに魔女とみなされた人々の猫には容赦なく暴行や虐待を加え、首をつり、焼き殺すなどの残酷な制裁を加えました。猫への迫害は中世には頂点に達し、驚くことに近年まで続いていたのです。

イスラム教における幸運

あらゆる宗教のなかで最も寛大に猫を受け入れたのはイスラム教の文化でしょう。思いやりを持って動物に接することはイスラム教の教えの重要な要素です。7世紀に啓示を受けた予言者ムハンマドは、自ら手本を示しました。ムハンマドがペットに注いだ愛情と尊敬は、数多くの記録に残されています。イスラム教では、トラネコの額にある「M」のマークは、ムハンマドがふれたために付いたとされているほどです。

寺院の猫
仏教寺院にはよく街猫が群がります。写真は、タイのパタヤ近くの寺院、ワットプラヤイに住む猫。タイの僧侶は動物を敬い、食餌と住みかを提供しています。

文化における猫｜神話と迷信

神話と迷信

猫は謎めいていて魔術的であるとさえ称されますが、昔の人々にとって魔術はまさに現実のものでした。今日飼い主がおもしろく、時に悩ましいと感じる猫独特の行動や性質は、かつては害をなす気味が悪いものとされたのです。無数にある猫にまつわる神話や迷信は世界中に広がり、なかには現代まで続いているものもあります。また、ほとんどの国で黒猫は幸運（あるいは不吉）のしるしとされてきました。

魔女の使い

長い間、猫は幽霊や悪霊とともに夜に現れては消える魔物だと信じられていました。猫（とくに黒猫）を闇の力と結びつける考えは中世に広がって18世紀初頭まで続きましたが、数多くの猫を飼う老女が魔女の疑いをかけられたのです。

また魔女にはそれぞれ使い魔がいて、小さな動物の姿をしているといわれていました。ヒキガエルやノウサギ、フクロウの姿をしている場合もあったようですが、たいていは猫が使い魔だとされ、さらに魔女が動物に変装していることもあると考えられていたのです。このため、見たことのない猫がいるところでは口を慎むのが賢明だといわれるほどでした。中世のヨーロッパでは魔力を使うと疑われた人は拷問され、裁判で有罪になると生きたまま焼かれましたが、何百万の猫も同様の運命をたどったと思われます。

悪い評判
中世ヨーロッパでは、猫は変身した魔女か、使い魔として魔女につかえる魔物だと信じられていました。猫への恐怖と不信感は大量殺戮につながりました。

幸運のしるし

黒猫（白猫の場合も）を幸運または不幸の前ぶれとする迷信は、世界中に根強く存在します。国や地域によって違いがあり、矛盾や複雑なしきたりが見られるなどさまざまです。どのように遭遇したかによっても意味が異なり、たとえば目の前を右から左に横切ったのかその逆なのかで、その日が幸運な日にも不運な日にもなるのです。猫が近寄って来れば幸運を呼び寄せ、逆に離れると不幸を呼び込むと信じられています。

欧米の一部の迷信深い人にとっては、黒猫は現在でも不運の象徴です。そのためアメリカの保護施設では、黒猫の里親を探すのが難しいといわれています。一方イギリスでは、黒猫は幸運のしるしと考えられており、リボンを付けたお守りやちょっとした飾り物などが結婚式の記念品として人気があります。

日本でも黒猫は幸運を意味しますが、「招き猫」という三毛猫の置物にはかないません。人形のような顔をして片手を上げる陶製の猫は、土産物店にあふれていますし、出入口で来客を歓迎するために置かれている様子もよく見られます。通りかかった藩主を寺に招き入れた猫に由来するという伝説があり、招きに応じて寺に立ち寄ったところ雷雨を避けることができたとされています。

驚くべき魔力

猫と天気を結びつける話は数多くあり、猫が家具に爪を立てると嵐が来る、くしゃみをしたり耳の後ろを洗うと雨が降るなどといわれます。こうした話には船乗りから始まったものもあるでしょう。つねに天気に注意しなければいけませんし、昔から迷信深い人々でもあるからです。自然の脅威からのお守りとして猫は船に乗せられ、とくに日本ではさび猫（トータスシェル）を乗せていれば嵐に遭わないと考えられていました。ただし、扱いに気をつけないと災いになることもあります。航海中に猫の名前を呼ぶのは良くないとして、けっして口にしませんでした。さらに最悪なのは猫が船から落ちることで、その後、舟が突風や沈没などの悲劇に見舞われるとされたのです。

猫に9つの命があるという言い伝えは、16世紀からあります。1595年、シェイクスピアは『ロミオとジュリエット』のなかでマーキューシオの皮肉としてこの言い伝えを使っているので、よく知られている話です。また高いところから落ちても空中ですばやく体勢を立て直せる敏捷性に見られるように、猫には困難から抜け出す能力があるように思われます。それが昔の人には、猫に不思議な力があり致命的な事故に見舞われてもまた新しい命を始められるように思えたのでしょう。

幸運を呼ぶ招き猫
招き猫の置物は日本中で見られます。上がっている手が右手の場合は幸運を招き、左手の場合は来客を歓迎したり顧客を呼び込むといわれています。

26

魔法の絵

かつて中国では貴重なカイコの繭を守るために猫を利用する習慣がありました。魔力のあるものを描いた絵、とくにこの絵のように三毛猫や幸運のさび猫（トータスシェル）を描いたものにも同様の効果があると信じられていました。

飼い猫になってからもこのイメージはつきまといましたが、時には守り神とされることもありました。しかしこれは必ずしも猫にとって良いことではありませんでした。ヨーロッパでは、多くの古い建物からミイラ化した猫が発見されましたが、これはネズミよけのために壁に埋め込まれたものでした。

またヨーロッパや東南アジアでは、豊穣祈願のために田畑に生き埋めにされることもありました。中国では養蚕農家がカイコの繭を守るために猫や魔力のある猫の絵を使っていました。稲作地域では猫を籠に入れて運び、実りをもたらす雨が降るように猫に水をかける伝統がありました。

聖カドックと猫

ヨーロッパには、悪魔が新しい橋を最初に渡った生き物を要求するという伝説がありました。この絵では、ウエールズの聖カドックが、人間より先に橋を渡った猫を差し出し、悪魔の企みをくじいた様子が描かれています。

蠶花茂盛
五穀豐登

神話と迷信

文化における猫｜民話とおとぎ話

民話とおとぎ話

民話には、賢くて役に立つ猫と腹黒くてずるい猫が登場します。描写の仕方には、さまざまな国でイエネコがどのように理解されていたか、また誤解されていたかが映し出されているようです。猫とネズミについての話はさまざまな地方の文化の古い伝説や物語に登場し、長く語り継がれています。

普遍的な真理

猫についての初期の話は、古代ギリシャのイソップ（紀元前620年～紀元前560年ごろ）が創作した200ほどの寓話の中に登場します。普遍的真理を描写することの多いイソップの寓話ですが、『ヴィーナスと猫』では、人は本性を変えられないものだということを伝えています。必死に若い男性の心をつかもうとする猫が、愛の女神ヴィーナスに自分を美しい娘に変身させてほしいと懇願します。望みがかなえられた娘はその男と結婚しますが、結婚式の後に自分が人間であることを忘れてネズミに飛びかかってしまいます。怒ったヴィーナスは娘を猫に戻しました。「猫の首に鈴」という古いことわざ（とても困難な仕事を引き受けること）も、イソップ寓話の中にある『ネズミの相談』に由来します。この話の教訓は長老猫が指摘しているとおり、「危険を伴う企ては提案することは簡単でも、実行する人を見つけることが難しい」ということでしょう。

イソップ寓話に登場する猫
簡単な詩の形式で語られる1887年版のイソップ寓話には、猫が登場する2つの有名な話（「ヴィーナスと猫」と「ネズミの相談」）があります。イギリスの有名なイラストレーターであるウォルター・クレイン（1845～1915年）がデザインを手がけました。

猫の仲間たち

ドイツの学者であり民話収集家でもあるヤーコプ＆ヴィルヘルム・グリムが19世紀の初めに編纂した『グリム童話』には、猫が登場する話がたくさんあります。『猫とねずみとお友だち』では、猫とネズミのカップルが一緒に暮らしています。ネズミが家の仕事をしているときに、猫は冬に備えて蓄えた食糧を食べてしまいました。「みんななくなってしまった」と嘆いたネズミも、疑いを持ったときに猫に丸ごと食べられてしまいます。「世の中はそうしたものだ」という教訓です。猫とロバと犬とニワトリが協力する別のグリム童話『ブレーメンの音楽隊』は、相互尊重に基づいた話です。仲間が協力して違う声を持つ4人が一斉に吠え、同時に猫は爪を立て、犬は噛みつき、ロバは足で蹴ることで泥棒の一味を追い払い、居心地の良い家で仲良く暮らしました。

19世紀末期まで猫は主にネズミ退治のために飼われていたため、多くの民話に猫とネズミが登場するのは自然なことでしょう。ヨーロッパ、アフリカ、中東にわたる広い地域に、猫がネズミを出し抜く（あるいはネズミに出し抜かれる）昔話が数多く存在します。

運命の猫

おとぎ話のなかでは猫は上手に人をだまします。悪賢いペテン師といえば『長靴をはいた猫』に登場する猫が思い浮かぶでしょう。クリスマスのおとぎ芝居の題材として人気がありますが、もとはシャルル・ペローが書いた古いフランスの話で、1697年に出版されました。ずる賢い猫が貧しい主人を「カバラ公爵」に成りすまさせて、王様の娘と結婚させるという物語です。最後には猫も貴族となり、裕福に暮らしました。

音楽仲間
ブレーメン市庁舎の外にあるブロンズ像では、グリム兄弟が編纂した『ブレーメンの音楽隊』に登場する猫は、下から3番目。彫刻家のゲルハルト・マルクスによるこの像は、1953年に建てられました。

同じく、おとぎ芝居で人気があるディック・ホイッティントンの物語は14世紀半ばに生まれたもので、何度かロンドン市長になった実在のディック・ホイッティントンの話をもとに作られました。ホイッティントンが実際に猫を飼っていたという記録はありませんが、話のなかではネズミを退治する猫を飼っており、その猫に助けられて名声を得て、富を手に入れるのです。ロンドンのハイゲート・ヒルの猫の銅像がある場所は、夢破れ重い足取りで家に向かっていたディックが教会の鐘の音を聞いたところだとされています。その鐘の音が、引き返してもう一度がんばるよう語りかけているように聞こえたのです。

その他の猫の話

伝説のなかには猫の姿や行動を解説しているものがあり、「ノアの箱舟」では猫の起源が説明されています。増え続けるネズミを退治してほしいとノアが神に懇願すると、神はライオンにくしゃみをさせ、ライオンの鼻の穴から最初の猫が飛び出しました。「ノアの箱舟」ではそれ以外に、到着が遅れたマンクス（P164〜165）の話があります。船に飛び乗ったときにノアが扉を閉めたため、尾が挟まってマンクスは尾を失くしてしまったというのです。

シャム（現在のタイ）の寓話では、シャム猫の尾についての物語があります。かつて、多くのシャム猫には曲がった尾と内斜視が見られました（後にこれらは計画的な繁殖によって取りのぞかれま

『長靴をはいた猫』の切手
1997年発行のフランスの郵便切手に描かれた、長靴を履いた猫。ギュスターヴ・ドレが挿絵を描いた19世紀発行の書籍から取られたものです。

した）。伝説によれば、王のために金のゴブレットを守っていた1匹のシャム猫が、宝物をしっかりと尾で巻き付けて長時間じっと見守っていたことで、尾が曲がり斜視になったのだそうです。

猫と犬が長年対立している理由は、ユダヤ人の古い民話にあります。世界が始まったころに創られた猫と犬は、もともとは仲の良い友達でした。しかし冬になると猫はアダムの家に避難して雨風を避けました。犬と住みかを共有することを拒否したのです。アダムはこれに憤慨し、猫と犬が再び仲良く過ごすことはないだろうと予言したそうです。

ホイッティントンの猫
19世紀半ばに出版された『ディック・ホイッティントン物語』にあるこの挿絵では、バーバリーの王と王妃が見ている前で、ディックが飼い猫のネズミ捕りの技術を披露しています。

文学に登場する猫

大人向けの文学ではたいてい脇役ですが、児童文学では猫は重要な役割で登場することがあります。比較的実物に近い猫も登場しますが、かなり空想的なものでもすぐに猫とわかる特徴を備えています。往々にして、作者は自分のペットから作品に登場させる猫の着想を得ているようです。

古典文学に登場する猫

猫の物語や詩の多くは、数多くの翻訳や重版を経ても魅力を失うことなく、古典として受け入れられてきました。ルイス・キャロルの『不思議の国のアリス』(1865年)に登場するチェシャ猫は、最も有名な猫といえるでしょう。口が耳まで届くようなニヤニヤ笑いをする不気味な猫が現れたり消えたりするために、アリスは目まいを覚えます。「チェシャ猫のように笑う」という表現はルイス・キャロルが作り出したわけではなく、アリスが生まれる半世紀以上も前から存在します。続編の『鏡の国のアリス』(1871年)の猫たちは、それほど重要ではない役で登場しますが、いたずら好きの黒猫キティは、危険な冒険の原因をつくったと責められます。

ビアトリクス・ポターの物語に登場する猫たちは、イギリス湖水地方にある作者の農場の周辺に住む猫がモデルになっていますが、猫たちの性格は知り合いの子どもたちにヒントを得たようです。『こねこのトムのおはなし』(1907年)に登場する『トム』とトムの姉妹は、とっておきのよそいきの服を台無しにしてひんしゅくを買ってしまいます。『ひげのサムエルのおはなし』(1908年)でトムはもっとひどい目に遭い、練り粉でくるまれ「猫巻団子」にされて、ネズミの夫婦の夕食になるところでした。ポターの話に登場する猫たちの『トム』、『タビタ』、『モペット』、『シンプキン』(『グロースターの仕立て屋』〔1903年〕に登場する)、『ジンジャー』(役に立たない雑貨屋の経営者)などの名前は、今でもたくさんのペットにつけられています。

ラドヤード・キプリングの『ゾウの鼻が長いわけ——キプリングのなぜなぜ話』(1902年)の「ネコが気ままに歩くわけ」に登場する猫は、抜け目なく自信たっぷりです。しっぽを振り気ままに歩き

チェシャ猫のニヤニヤ笑い
ジョン・テニエルが描いた『不思議の国のアリス』の挿絵のなかで、アリスは「チェシャ猫」とややこしい話をしています。自分はおかしいのだと宣言してニヤニヤ笑うこの猫は、児童向けフィクションに登場する存在感のある猫の一例でしょう。

まわるこの猫は、囲炉裏のそばを自分の場所とするために、人間の家族を巧みに説得します。野生の犬と馬と牛を飼い慣らしていた家族ですが、この猫だけは友達にも召使いにもならず、牛のようにミルクを取ることもできません。しかし約束を守ることは知っており、ひとり気ままに歩き続けるのです。

イギリスとアメリカにおいて古典に準じる現代の物語は、バーバラ・スレイの『黒猫の王子カーボネル』（1955年）でしょう。これは、魔女に魔法をかけられて王の座を奪われた猫の王子の話です。王の座を取り戻す手助けをする2人の子どもは、カーボネルの傲慢さと気難しさを、時に腹立たしく思ってしまいます。スレイはカーボネルの子どもの冒険を続編として2冊出版しましたが、最初のものほどは評価されませんでした。

ドクター・スースのペンネームで有名なセオドア・ガイゼルの『キャット・イン・ザ・ハット——ぼうしをかぶったへんなねこ』という愉快な物語では、たくさんの子どもたちが本の読み方を学びました。アメリカで最初に出版されたのは1950年代ですが、いまだに人気を誇っています。この作品には、擬人化されたやせこけた猫がスカーフを巻き、高さのあるしま模様の帽子をかぶって登場。「ロード・オブ・ミスルール（無法状態の王）」ともいえるこの猫が、雨の日に退屈した2人の子どもを楽しませるために大騒ぎをして家をめちゃめちゃにしてしまう様子が、テンポよく語られています。

悪魔と探偵猫

大人向けのフィクションで、猫が主要な役で登場することはまれです。数少ない例のなかで最も恐ろしい猫だと思われるのは、ミハイル・ブルガコフの風刺的小説『巨匠とマルガリータ』（1967年、ブルガコフの死後に出版）に登場する、巨大で凶暴で銃が大好きな黒猫『ベヘモート』でしょう。また、エドガー・アラン・ポーの短編小説『黒猫』（1843年）以上に戦慄させられるものはありません。酒乱の飼い主に殺された黒猫が、死後、飼い主を追い詰めていくという恐ろしい作品です。

猫が登場する探偵小説はこの数十年で非常に人気のあるジャンルになりました。「キャット・ミステリー」といわれるシリーズものが、犯罪小説とともに書店の棚に大量に並んでいます。ほとんどは、賢明な猫のパートナーを持つ小さな町の探偵を主人公にしたシリーズです。

詩に登場した猫

小説家よりもむしろ詩人のほうが、猫に創造的な何かを見出してきたといえるかもしれません。トマス・グレイは『Ode on the Death of a Favourite Cat, Drowned in a Tub of Gold Fishes（金魚鉢で溺れたお気に入りの猫の死に寄せるオード）』（1748年）でペットの死を悲しみ、ジョン・キーツは、よぼよぼで喘息を患う老猫に愛情を込めて『Sonnet to a Cat（猫にささげる詩）』（1818年ごろ）を捧げ、ウィリアム・ワーズワースは子猫が木の葉で遊ぶ光景から詩を作りました。しかし、最も多く引用されるのは、エドワード・リアのナンセンス詩『ふくろうとこねこちゃん』（1871年）でしょう。T・S・エリオットの『キャッツ—ポッサムおじさんの猫とつき合う法』（1939年）には魅力的な猫が何匹も登場します。リアと同様、エリオットも子ども向けにこの話を書いたのですが、鋭くおもしろい猫の性格描写は、年齢を問わず愛されています。

創作の源泉

エリオットをはじめとする多くの作家が、その孤独な創作活動の友として猫を飼っていました。『英語辞典』（1755年）の編集で知られるサミュエル・ジョンソンのお気に入りは、『ホッジ』という猫でしたが、ロンドンにある家の外には、ホッジの像があります。チャールズ・ディケンズの作品では、良からぬ登場人物の仲間として猫が登場することがありますが、自身は猫好きで机の上には愛猫の足のはく製を置くほどだったようです。アーネスト・ヘミングウェイが6本指の愛猫スノーボールの足をはく製にすることはありませんでしたが、現在、ヘミングウェイ博物館となっているフロリダ州キーウェストの家では、スノーボールの子孫にあたる猫たちが観光客を楽しませています。

ヘミングウェイの猫
愛猫家としても知られるアーネスト・ヘミングウェイは、フロリダ州キーウェストの家で多指症の猫を飼っていました。その猫の子孫が40〜50匹ほど現在もこの家に住んでいますが、その多くはやはり多指症です。

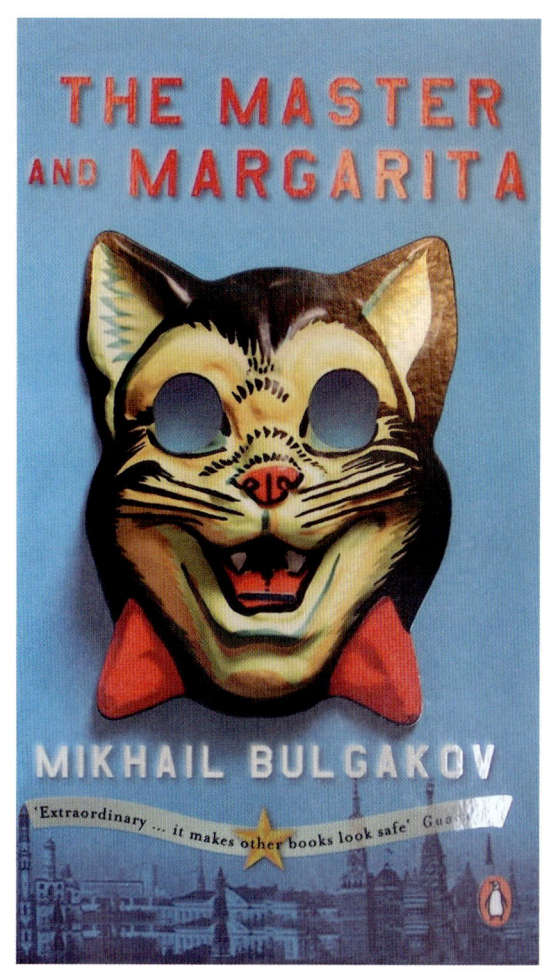

邪悪な巨大猫
ブルガニコフの風刺的小説『巨匠とマルガリータ』に登場する、2本足で歩く巨大な黒猫の『ベヘモート』は、仲間内で最も軽蔑される悪魔の召使いです。ベヘモートという名は、旧約聖書のヨブ記に描かれている怪物に由来します。

ジョンソン博士の飼い猫『ホッジ』
サミュエル・ジョンソン博士のお気に入りの猫だったホッジ。ロンドンの閑静な一画にある家の外で、いつもカキの貝殻を足もとに散りばめて座っていたといわれています。

文化における猫｜美術に登場する猫

美術に登場する猫

古代エジプトの時代から、猫は象徴主義的芸術や宗教芸術に登場しますが、飼い猫が描かれるようになるのは18世紀になってからのことです。西洋の画家は、長い間猫の本質を素描や絵画で表現しようともがいたものの、ほとんどは失敗してきました。西洋に先んじて猫をありのままに描くことに成功したのは東洋美術です。現代美術では、猫についての解釈は芸術家の想像力と同じくらい多様なものだといえるでしょう。

中世に邪悪なものと関連づけられたことで、最も嫌われる動物のひとつとなった猫。その描写は、かなり悲惨なもので、それは近代の初めまで続きました。初期の猫の姿は中世の彫刻に見られ、それらはネズミを捕食する猫がいた教会の大聖堂にあります。中世で最も美しい猫の絵は、動物寓意集という現実にいる動物や架空の動物を描写した彩飾写本にあります。こうした文書は博物学を教える野外観察図鑑ではなく、道徳を教えるために使われました。また、中世の聖書の詩編（讃美歌などを集めた書物）や祈祷書（祈祷文を集めた書物）の欄外の挿絵にも猫が描かれています。

ルネッサンス時代

ルネッサンス期の芸術家は、重要でない部分に猫を描くことがありました。オランダのヒエロニムス・ボスが描いた三連祭壇画の『快楽の園』には、口にネズミをくわえて運ぶ斑点のある猫が描かれています。ボスの別の作品『聖アントニウスの誘惑』では、魚を捕まえようする猫がカーテンの下から姿を見せていますが、その大きく開けられた口ととがった耳からは、小さな悪魔のような印象を受けます。

動物の動きに魅せられたレオナルド・ダ・ヴィンチ（1452～1519年）は、小さなドラゴンを含むさまざまな動物のスケッチに、遊ぶ猫、ケンカをする猫、顔を洗う猫、獲物を追い詰める猫、そして眠る猫の素描を入れています。また、習作として描かれたであろう聖母子の素描にも猫を加えています。この素描では、母親の膝に座る幼いキリストが、逃げ

ルネッサンス期の猫
ドメニコ・ディ・バルトーロによるフレスコ画「病人の看護」（1440年ごろ）は、ルネッサンス期の典型的な絵画で、登場する猫は重要な意味を持ちません。この絵の犬と猫は今にもケンカを始めそうですが、シエナのサンタ・マリア・デッラ・スカラ病院の医師も患者もまったく気に留めていません。

ようともがく猫をつかんでいます。

中世の宗教絵画に登場する猫（椅子の脚の後ろでコソコソ動いていたり、テーブルの下に隠れていることが多い）は、貪欲さやずるさや罪の象徴とされます。しかし現代的な目で見ると、画家が絵のなかに猫を加えたのは日常的に見られたものだからだろうと考えざるを得ません。愛情を込めて目を向けたわけではないかもしれませんが、モデルとして身近に存在していたのです。キリストの奇跡をもとに描かれたパオロ・ヴェネローゼ（1528～1588年）による絵画『カナの婚礼』で壺にじゃれつく様子は、悪魔的というよりただ遊びに夢中になっているような無邪気な印象を受けます。

日本の木版画
最も有名な浮世絵師のひとり、歌川國芳（1798～1861年）は、浮世絵にしばしば猫を描いています。日本の画家は現代に至るまで、いきいきした猫の特徴をつかみ、すばらしい作品を残しています。

美術に登場する猫

『猫の昼食』
ロココ美術の有名な画家ジャン・オノレ・フラゴナールの義理の姉妹にあたるマルグリット・ジェラール（1761〜1837年）が描いた作品。猫の毛の1本1本まで細かく描写されていますが、同時代の他の画家同様、猫に命を吹き込むことはできなかったようです。

コンパニオン猫

18世紀になると、猫は単なる害獣ハンターではなくペットとして広まり始めます。描く対象としては犬や馬には及ばないものの、イギリスではわずかながら画家の目に留まるようになりました。ウィリアム・ホガース（1697〜1764年）は、『グラハム家の子供たち』と題した家族の肖像画にペットのトラ猫を描きました。また、ロンドンの風景を描いたホガースの他の作品には、街灯に2匹の猫をしっぽでつるし、どちらが長く生きるかを賭けて興じる人々の様子が描かれており、当時は残酷な行為が受け入れられていたことがわかります。田舎の風景画を得意としたジョージ・モーランド（1763〜1804年）は、たっぷり食べさせてもらっている自身の猫を描きました。動物画の巨匠ジョージ・スタッブス（1724〜1806年）が描いた子猫の絵は、21世紀になってから大変な人気となっています。フランスの上流階級で人気を博した画家ジョン・オノレ・フラゴナール（1732〜1806年）は、若い女性の肖像画を描く際に猫をアクセサリーとして使うこともありました。

18世紀には無名の画家による肖像画にも猫が多く描かれました。たいていは子どもたちの遊び相手としてですが、人形の洋服を着せられたり踊らされたりと、ユーモアたっぷりに描かれています。雪のように白くふわふわでアンゴラに似た猫は、最も人気のあったモデルのひとつでしょう。これらの多くの絵では、外見的特徴はそれなりに表現しているものの性質や動きなどの機微はうまくとらえられておらず、動きには優雅さも美しさもありませんでした。

東洋的表現

東洋美術では、何世紀も前から猫は重要視されていました。アジア以外の地域で不信の対象として嫌われていた時代でも、アジアにいた猫は大切に扱われ、思いやりと理解をもって描かれていたのです。なかでも18世紀から19世紀にかけて活躍した日本の画家による絵画や版画には、非常に優れた作品が数多く見られます。絹や和紙に描かれた水彩画や木版画のなかの猫は、花で遊んでいたり、前足でおもちゃを叩いていたりします。いたずらに興じている猫や、美しい女性になでられている猫、しかられている猫も見られます。起きていても眠っていてもまさに本当の姿が描かれており、同時代の西洋美術には見られない猫本来のいきいきした姿や神秘的な特徴が、余すところなく表現されているのです。

実物そっくり
素朴ながら非常に写実的で、満足げな様子をとらえられたトラ猫。19世紀半ばごろに描かれ、東洋美術における印象的な絵のひとつです。

ボスの猫
寓話を描いた『快楽の園』（1550年ごろ）には、ネズミをくわえて逃げ去ろうとする猫が描かれています。ヒエロニムス・ボスが描いた空想の世界に、ほんの少しだけ日常的なタッチを加えています。

文化における猫｜美術に登場する猫

『3匹の猫』（1913年）
表現主義画家フランツ・マルクによる作品。猫の力強い幾何学的なラインといきいきした色づかいは背景にも用いられ、全体が融合しています。大胆で印象的なこの絵画は、変化のある猫の体つきと動きを見事に描写しているといえるでしょう。

印象派の猫

19世紀の中ごろから芸術家の猫に対する見方に徐々に変化が見られ、その毛皮やひげなどの見た目より個性に注目していきいきと描かれるようになりました。フランス印象派で最も有名な画家のひとり、ルノワール（1841〜1919年）は、見事な猫を何度も描きました。ルノワールが描いた猫は『眠る猫』のトラ猫のようにほとんどが眠そうにしていますが、生来持っている性質を表現できているのです。印象主義と写実主義の両方の要素が作品に含まれるフランス人画家のマネ（1832〜1883年）は、自身の飼い猫を作品に登場させました。妻を描いた『女と猫』で心地良さそうに眠る猫はそのひとつですが、大切に扱い起こさないように気遣われる様子が表現されています。一方『オランピラ』の黒猫は、まったく異なるイメージで描かれています。この絵が1863年に発表されると物議を醸しましたが、裸でベッドに横たわる女性の足元で背中を丸めて立つ黒猫の姿は、猫を性欲の象徴とする時代への回帰を示しています。

1890年代に入りポスト印象派が勢いを増すなか、画家は猫の性質と魔力に魅了され続けました。解釈はそれぞれ個性的でしたが、有名な絵画のいくつかには普通の猫が描かれています。ぽっちゃりとした幼児が赤褐色と白の猫と遊ぶゴーギャン（1846〜1903年）の『ミミとねこ』はその一例です。アンリ・ルソー（1844〜1910年）が描いたのは、狂気の目をしたライオンやトラなど、エキゾチックな空想の世界のジャングルにすむ大型のネコ科動物がほとんどでしたが、もう少し家庭的な猫もいました。『ピエール・ロティの肖像』に描かれた、目を大きく開けたペットのトラ猫はそのひとつでしょう。

現代美術の猫

20世紀に入ると、猫を描く画家の手法はさらに大きく変わります。ピエール・ボナール（1867〜1947年）の『白い猫』には、安心感を覚える飼い猫の印象はありません。いたずらっぽく奇妙なこの生き物は、竹馬のように長い足を伸ばして体を縮め、目を不吉なほど細めています。ドイツの表現主義画家フランツ・マルク（1880〜1916年）は猫の外見と動きを見事にとらえていますが、鮮烈な青と黄色と赤を使い、曲線的で幾何学的な輪郭で描きました。パブロ・ピカソ（1881〜1973年）は猫好きで作品に繰り返し登場させましたが、ハンターとしての本能が鳥を引き裂く残忍な姿に表現されています。捕食者としての猫は、その他の現代美術画家も追求したテーマでした。パウル・クレー（1879〜1940年）はそのひとりで、彼の作品『猫と鳥』では、明らかに鳥のことを考えているとわかる猫が、キャンバスからこちらをにらみつけています。

1960年代のポップ・アートの旗手、アンディ・ウォーホル（1928〜1987年）は、たくさんの猫を飼う（どの猫も『サム』と呼ばれていた）猫愛好者でした。ウォーホルも明るい色を好みましたが、写真をもとに描いた多様なポーズのさまざまな色の猫の絵は、彼の作品のなかでもとくに人気があります。

現代美術に描かれた猫のすべてがデフォルメされた斬新なものだというわけではありません。それでもいくつかは心穏やかでいられない情景として描かれています。たとえばフランスの画家バルテュス（1908〜2001年）の絵では、思春期の少女のそばで普通にくつろぐ猫や歩き回る猫がエロティックな印象を高める効果を生んでいます。また、バルテュスの自画像『猫の王』では、くだけた姿勢で傲慢にポーズをとる若きバルテュスの足に大きなトラ猫がすり寄り、すぐそばにサーカスでライオンの調教師が使う鞭が置かれています。しかし、ルシアン・フロイド（1922〜2011年）の『Girl with Kitten（女と子猫）』以上に見るものの心を乱す猫の絵はないかもしれません。最初の妻キティ・ガーマンがモデルになっているこの肖像画の女性は緊張で固くなり、うつろな目をして無抵抗な子猫の首

「ピエール・ロティの肖像」（1891年）
独学の画家アンリ・ルソー独特のスタイルは、フランスの作家ピエール・ロティと彼の愛猫を描いたこの肖像画で、人物と猫両方の性質を見事にとらえている。

美術に登場する猫

「黒猫」（1896年）
テオフィル・スタンランによるこの広告は、芸術家のサロンでもあったパリのナイトクラブの雰囲気そのものです。ポスター芸術として、この広告は21世紀の現在もその魅力を失っていません。

を締めるように抱えていることには気づいていないかのようです。

そうした挑発的なものと比べれば、デイヴィッド・ホックニー（1937年～）による『クラーク夫妻と猫のパーシー』に描かれた、一時的に『パーシー』と名づけられた白猫がクラーク氏の膝の上にちょこんと座る姿は、安心して見ていられるように思います。しかし、この猫が不倫を示唆していると象徴的な意味を持たせる評論家もいました。

ポスターの猫

猫の絵や素描は、けっして芸術的絵画に限定されるものではありません。ポスターやグリーティング・カードなどの絵を手がけるイラストレーターにも、素材として好まれてきました。ヴィクトリア時代後期に猫を数多く描いた画家に、ルイス・ウェイン（1860～1939年）がいます。カードや本や雑誌用に彼が描いた愉快で空想的、かつ膨大な数の猫や子猫の絵は、今でもコレクターに大変な人気を誇ります。ウェインの最も有名な作品に登場する猫の多くは擬人化され、洋服を着てゲームに興じ人間のような生活を満喫しているのです。

スイス生まれの画家テオフィル・スタンラン（1859～1923年）の人気は、100年以上も続いています。スタンランはしばしば猫を描いており、作品には精巧なスケッチもありますが、最も有名なのはポスターです。芸術家が集まる19世紀のパリのナイトクラブ「黒猫」のために描いたアール・ヌーヴォーの作品『黒猫』は、トートバッグやポストカードやTシャツなどでよく知られています。

21世紀の"詩神"

21世紀となった現在も、猫は芸術家のインスピレーションとしての役割を果たしています。そして抽象的、キッチュ、超自然的、風変りなどさまざまなスタイルで、絵画や印刷物、写真、動画などにも登場します。画廊では「キャット・アート」を集めた展示会が開かれることもあり、飼い主は動物肖像画家にお気に入りのペットを好みのスタイルで描いてもらうことができるでしょう。有名な絵画をコンピューターで猫と合成して楽しませてくれるネットユーザーもいます。巨大な茶トラの猫を加えて「改良された」傑作は、レオナルド・ダ・ヴィンチの『モナ・リザ』やボッティチェッリの『ヴィーナスの誕生』からサルヴァドール・ダリの『ヴィーナスの夢』にまで及び、『ヴィーナスの夢』でダリが描いた、飛び跳ねうなり声をあげるトラがずいぶん穏やかになっています。

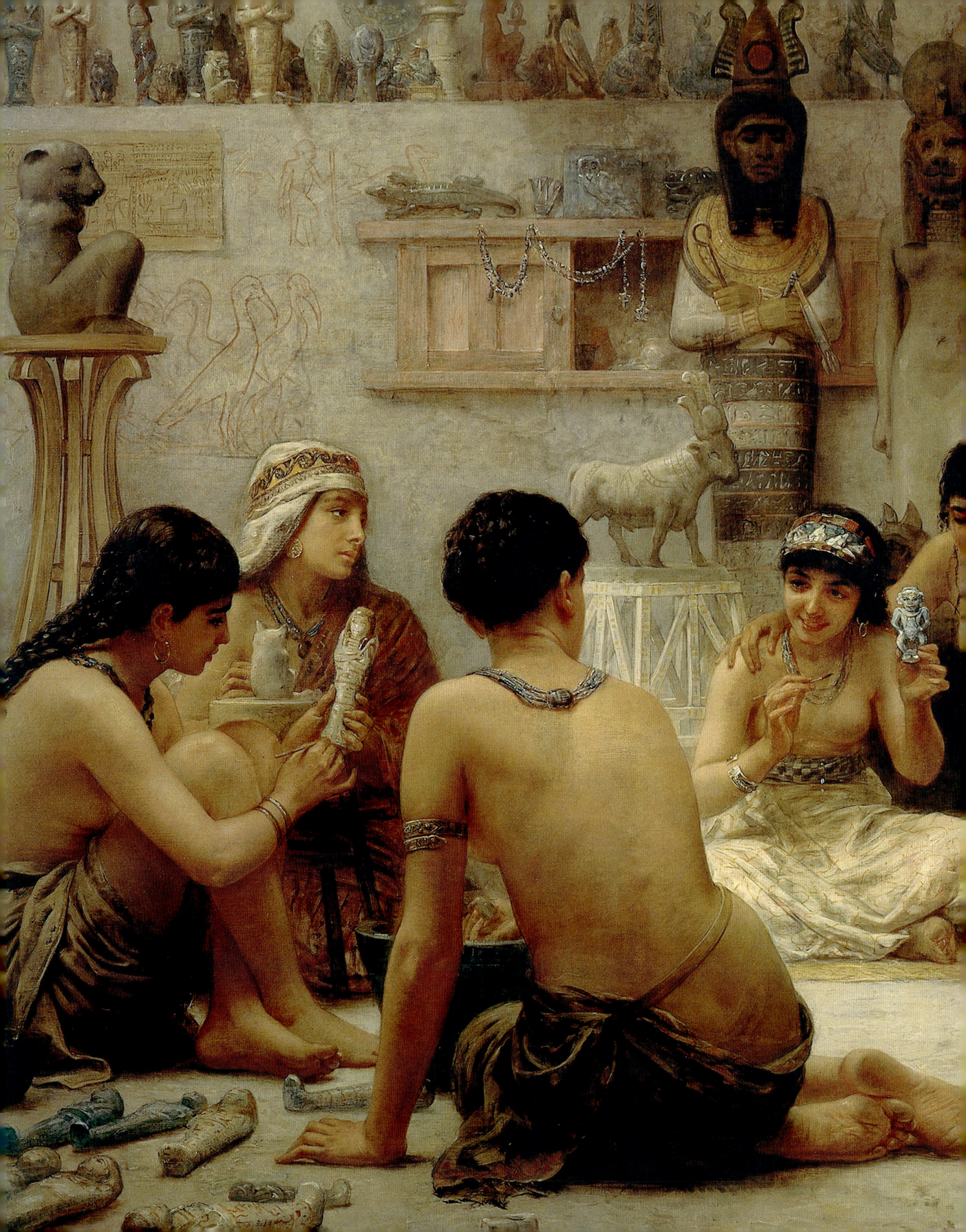

モデルとしての猫

ヴィクトリア朝の画家エドウィン・ロングによる『The Gods and their Creators（神々と神々を創る人々）』（1878年）。古代エジプトの彫刻家が不安がる猫をモデルにして猫神バステトの像を作っています。

文化における猫｜エンターテインメントに登場する猫

エンターテインメントに登場する猫

豊富な魅力を持ちながら、エンターテインメントの世界では猫は犬のようなスーパースターの座を得ていません。撮影などにおいて犬ほど社交的でないことも一因でしょうが、猫はしばしば風刺漫画の素材になっているものの、広告制作者は猫の魅力を十分には生かせていないのです。しかし、「インターネット・キャット」という新しい形での広がりは、21世紀の猫のサクセス・ストーリーといえるかもしれません。

映画に登場する猫

命令に従って行動することは猫の性格上難しいことです。映画制作者は「あるがままでいる」という才能を生かす機会を見過ごさなかったため、多くの俳優が猫と競演しては人気をさらわれてきました。『ティファニーで朝食を』(1961年)で、オードリー・ヘップバーン演じる娼婦ホリー・ゴライトリーが飼っていた茶トラの猫は典型的な例でしょう。最近ではハリー・ポッター・シリーズに登場する、毛がふわふわで鼻ぺちゃの『クルックシャンクス』という名の赤茶の猫が人気になりました。最初に登場したのは『ハリー・ポッターとアズカバンの囚人』(2004年)で、この役は2匹の猫が演じました。猫の俳優はたいていひとつの役を複数匹で演じますが、時には4～5匹で演じることもあるようです。

猫と悪役の組み合わせは、使い古されたお決まりのものです。『007は二度死ぬ』(1967年)や『007ダイヤモンドは永遠に』(1971年)を含む「ジェームズ・ボンド」シリーズに登場するサディスティックな悪役エルンスト・ブロフェルドは、美しい白のペルシャ猫をなでながら世界制覇を企てます。猫と悪役のテーマはスパイ映画「オースティン・パワーズ」シリーズ(1997、1999、2002年)では、パロディーにされています。『オースティン・パワーズ』では、ヘアレス・キャット、スフィンクスの『ミスター・ビグルスワース(けっして怒らせてはいけない猫)』が、同じく毛のない誇大妄想狂ドクター・イーブルのペットとして登場します。

マンガに登場する猫

本物の猫のスターは珍しいですが、漫画に登場する猫の多くが映画でスターの座を獲得してきました。その代表格は『フィリックス・ザ・キャット』ですが、1920年代の無声アニメで有名になった小さなキャラクターで、マンガやテレビでは今でも人気があります。フィリックスに続くのは、ブラック・アンド・ホワイトのおどけた猫『シルベスター・キャット』でしょう。1930年代～1960年代の終わりにかけてワーナー・ブラザーズが製作した、短編アニメシリーズ『ルーニー・テューンズ』に登場しました。うねる頬ひげと舌足らずな話し方が特徴で、カナリアの『トゥイーティー』を狙っていますが毎回捕まえられずに終わります。シルベスターと同じくらいドジなのが、1940年代に始まった『トムとジェリー』のトムでしょう。これまで数えきれないほど放映されてきましたが、ネズミの『ジェリー』にいつも出し抜かれてしまいます。アニメに登場する猫のなかで最も有名なのは、『わんわん物語』(1955年)

名前のない猫
映画『ティファニーで朝食を』でオードリー・ヘップバーンが演じるホリー・ゴライトリーと同居する野良猫には名前がありません。実際は『オレンジー』と呼ばれるこの愛すべきトラ猫は、ベテラン俳優で多くの役を演じました。

美女と野獣
007シリーズに登場する悪役エルンスト・ブロフェルド(写真は『007 ダイヤモンドは永遠に』でチャールズ・グレイが演じたもの)は、冷血で狂気の殺人者ながら熱心な猫愛好家でもありました。彼のトレードマークは、華やかな白のペルシャ猫でした。

に登場するいたずら好きな双子のシャム猫かもしれません。この双子は見せ場となるシーンでリビングルームをめちゃめちゃにしますが、叱られたのは後に残されたスパニエル犬の『レディー』でした。あまりに政治的かつ性的な内容のため成人限定でしたが、大成功を収めた『フリッツ・ザ・キャット』(1972年)は、ニューヨークで自由に生きる猫のダークな世界を描いたコメディタッチのマンガです。また、『長ぐつをはいたネコ』(2011年)は子供向けの古いおとぎ話(P28)を現代風にしたもので、向こう見ずな猫がハンプティ・ダンプティやジャックと豆の木のジャックなどの他の物語のキャラクターに遭遇するという話です。

舞台に登場する猫

映画同様、舞台でも猫が主役になることはほとんどありません。しかし、アンドリュー・ロイド・ウェバーによるトニー賞受賞ミュージカル『キャッツ』では、猫がいきいきと表現され、1981年にロンドンで初演されて以来多くのファンを魅了してきました。T・S・エリオットの『キャッツ―ポッサムおじさんの猫とつき合う法』(P31)をもとにしたこのミュージカルは、世界中で上演され絶賛されています。

意味は異なりますが、「舞台の猫」には長い伝統があります。かつては、ほとんどの主要な劇場ではネズミ退治用の猫が飼われていました。俳優にも舞台のスタッフにも愛された猫たちは、ゴミがまき散らされたホールに集まるネズミの数を抑えるのに役立ちました。本番の最中に何気なく舞台に出てライトを浴びながら身づくろいをしたり、道具部屋で大暴れをしたりする話はたくさんあります。今日では劇場のネズミ駆除に猫が使われることはなく、劇場猫として場内を歩き回るベテラン猫でさえも舞台に近づくことはけっして許されません。

このところ議論になっている猫のショー・ビジネスですが、巡回公演を行う「キャット・サーカス」がアメリカとロシアで人気上昇中です。ロシアで最大級のキャット・サーカス会社では、120匹の猫を訓練し曲芸を披露させています。サーカスの演目にはさまざまなテーマがあり、猫が綱渡りをしたり木馬に乗ったりボールの上でバランスをとったりするのです。猫の扱いがどれほど人道的だとしても、娯楽のために猫に芸をさせることについては大きな議論が巻き起こっています。

バレエに登場する猫

しなやかな体と優雅な身のこなしを考えれば、クラシックバレエにも現代バレエにも猫の登場があまりないことは驚きかもしれません。数少ない例としてはチャイコフスキーの『眠れる森の美女』(1890年初演)で、おとぎ話のキャラクターに混じって2匹の猫が最終幕に登場します。眠りから覚めたオーロラ姫の婚礼のお祭りで長靴を履いた猫が白猫と一緒にパ・ド・ドゥを踊るのです。『不思議の国のアリス』(2011年)の舞台上で気味悪く漂うチェシャ猫は、踊っているのではなくばらばらの頭と胴体の人形を裏方が操っています。

名コンビ
アニメの歴史上で最もよく知られる猫とネズミのコンビであるトムとジェリーは、奇妙な友情で結ばれながら1940年代以降ドタバタを繰り広げて、知恵を競い合っています。

黒猫ブランド
花火のブランドイメージとして黒猫は意外な選択に思えるかもしれません。ほとんどの猫は花火の音を怖がりますが、黒猫は幸運の象徴でもあるため宣伝はうまくいったようです。このメーカーは、全世界で最も成功した花火製作会社のひとつといえます。

マーケティング力

100年以上前から宣伝広告に猫が使われてきました。早いものでは1904年にタバコのブランドイメージとして黒猫が採用され、今日でも2匹の像がロンドンにある元タバコ工場の入り口に座っています。ペットフードのラベルに使用されるのはもちろん、安心感や居心地の良さをイメージさせる効果があるため、ふかふかのカーペットや豪華な家具や住宅暖房システムの宣伝などにも使われています。またぜいたくと優雅さの典型ともいえるセクシーな純血種の猫が、デザイナーブランドの香水や洋服やアクセサリーの宣伝で、エレガントな商品を見事に引き立てています。

インターネットと猫

昨今は、インターネット上で猫の写真や動画が盛り上がりを見せています。風変わりな猫や愉快な猫の画像投稿の流行が始まりでしたが、それを大きなビジネスチャンスに変えた人もいます。あっという間に広がる動画もあり、キーボードを「演奏する」猫のようにとくに印象的な猫は一夜にして有名になりました。ネット上の有名猫には熱心なファンができ、宣伝広告としての取引やテレビ出演などで巨額の収益力を持つようになった猫もいます。「Simon's Cat(サイモンの猫)」(2008年に最初に掲載)もネット上で大人気です。これはかまってもらいたいいたずら猫に翻弄されるお人好しの飼い主の苦難をコメディにした、短編アニメです。

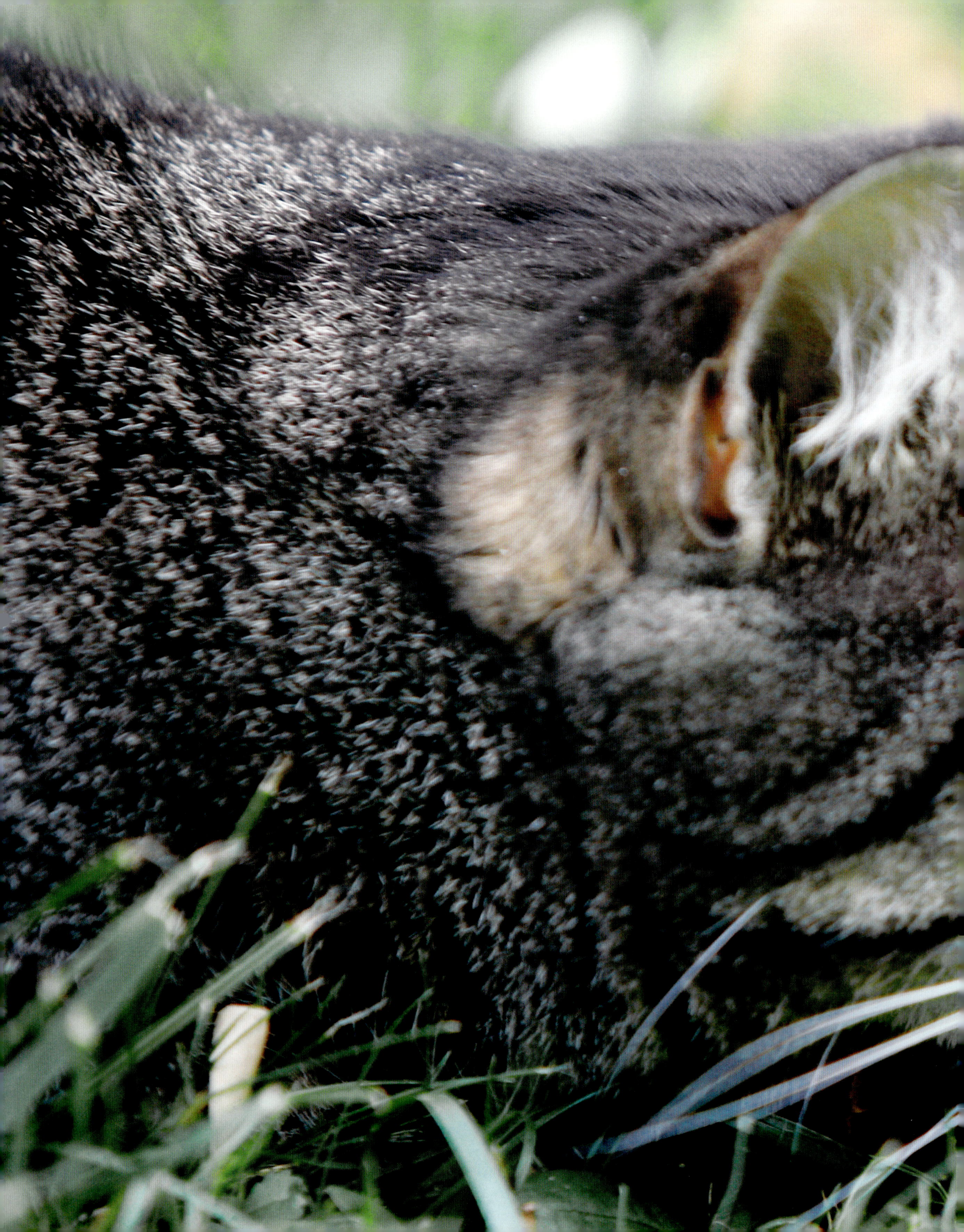

第3章 猫の生物学

猫の生物学 | 脳と神経系

脳と神経系

猫の体を制御する神経系統は、神経細胞（ニューロン）と電気的信号を体中に伝達するインパルスという神経線維とで構成されています。脳は感覚器に集められた情報や体の内部からの情報を分析して筋肉の活動を刺激したり、生体の化学的構造を変化させるホルモンという化学伝達物質を放出して反応を起こさせたりします。

猫の脳の構造は、解剖学的には他のほ乳動物と似ています。最も大きな部分である大脳は行動、学習、記憶、感覚器からの情報分析を統制します。大脳半球という2つの半球に分けられ、これは独自の機能を持つ脳葉でできています。脳の後部にある小脳は、体と四肢の動きを微調整しています。その他には松果体、視床下部、下垂体などがあり、これらは内分泌系の構成要素です。脳幹は脳と脊柱（脊椎）内を走る脊髄とをつなぎます。

大脳皮質のしわ

猫の脳は最大30gで、全体重の1％にも満たない大きさです。全体重の2％を占める人間の脳や1.2％を占める犬よりも小さいのです。イエネコの脳は最も近い親戚であるヤマネコよりも25％ほど小さくなっていますが、これは広大なテリトリーを把握するために使われていた領域が必要なくなったことが原因です。家畜化により食糧の大半を人間に依存するようになった結果といえるでしょう。猫の大脳は犬に比べると外側の層（皮質）により多くのしわがあり、このしわが大脳皮質の量を増やします。大脳皮質にはニューロンの細胞体（灰白質）が集まり、さらに多くの細胞が頭蓋内に詰め込まれているのです。猫の大脳皮質にはおよそ3億個のニューロンがありますが、これは犬のほぼ倍の数です。大脳皮質のしわの多さは脳の情報処理能力、すなわち知能と考えられる能力にリンクしています。

猫の脳
解剖学的に複雑で、それぞれ独自の機能を持った領域が集まっています。脳ではつねに、感覚器や皮膚や筋肉から化学的、電気的メッセージなどの情報を受け取ります。

- 頭頂葉は感覚情報を統合する
- 後頭葉は目とひげからの情報を分析
- 側頭葉は記憶と行動に関連する
- 小脳は運動にかかわる
- 松果体は覚醒と睡眠のサイクルにかかわる
- 脊髄は脳と身体の間の情報を伝達する
- 脳下垂体は他の腺を制御する
- 大脳は知覚にかかわる
- 前頭葉は随意運動を制御
- 脳梁は左右の大脳半球をつなぐ
- 嗅球は嗅覚情報を分析

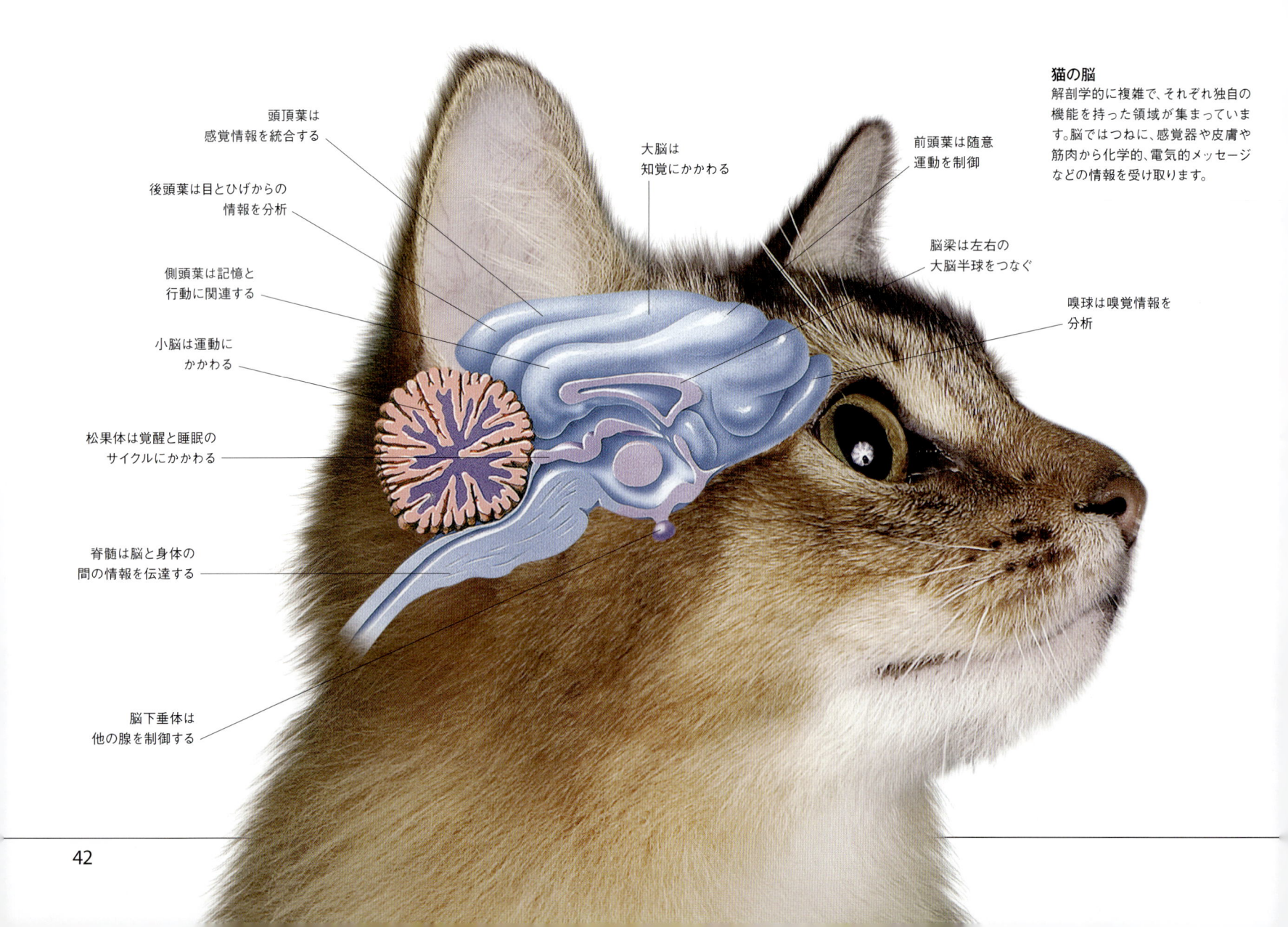

発達した領域

猫の脳の中で感覚情報を分析する領域はよく発達しています。たとえば目からの情報を受ける視覚野には、人間の同じ働きをする領域よりも多くのニューロンが含まれます。視覚は捕食をするうえで重要な感覚なのです。また前肢の動きやグリップを制御する領域も複雑で、驚くほど器用に前肢を使います。人間の手のように前肢で獲物やおもちゃをつかんだりする器用さと、獲物に忍び寄ったり飛びかかったり噛みついたりする狩猟行動は、脳に生まれつき備わっているように見えます。子猫はきょうだいと遊びながら狩りの練習を始めますが、獲物に直接ふれることのない室内飼いの猫もおもちゃを使って技術をみがきます。

また、猫の脳には生まれつき方位を判断できる能力が備わっています。脳の前頭野には地球の磁場に敏感な鉄塩が含まれており、テリトリー内の方向を把握しながら自在に移動するのを助けているのです。猫が何百kmも離れたところから家に帰ることができるのも、この方位磁石の機能があるからかもしれません。さらに猫の脳には太陽の動きから時刻を認識する体内時計があり、食餌の時間に決まって姿を見せることができるのです。

CNSとPNS

脳と神経線維の束を包含する脊髄は、合わせて「中枢神経系（CNS）」と呼ばれます。神経系の残りの部分（CNSから分かれた神経線維と神経節という神経細胞の集まり）は「末梢神経系（PNS）」と呼ばれます。PNSは、CNSと各器官とをつないでいます。PNSの神経線維には、信号をCNSに伝達するものと、逆向きに体に変化を起こすための信号を伝えるものがあります。しっぽを振ったりネズミに飛びかかったりする動きを引き起こす神経など、PNSの一部は自発的、あるいは意識的に制御されます。他の部分は、心拍や消化の制御のような体内のプロセスに無意識に影響を及ぼす不随意の自律神経系です。

ホルモン

神経系は内分泌系と緊密に連携しています。脳下垂体で作られるホルモンは、代謝やストレスへの反応や性行動を制御するホルモンなど、他のホルモンの産生を制御します。

末梢神経
皮膚、筋肉、その他の体内の組織から伸びる神経線維が、情報分析のため中枢神経系（CNS）に電気的信号を送ると、CNSから指示を伴う信号が送り返されます。

- 顔面神経は表情を制御する
- 橈骨神経は前肢にある主要な神経
- 肢にはたくさんの神経が通る
- 脳神経は頭を制御する
- 脊髄はCNSの一部であり、脊柱に包含される
- 末梢神経はCNSとの間で情報を交換
- 脊髄神経は対になっている
- 仙骨神経と腰神経は後躯に分布する
- 尾神経は尾を動かすのを助ける
- 陰部神経は生殖器を刺激する
- 大腿神経は後肢にある主要な神経

バイオフィードバック
危険な臭いを嗅ぐとホルモン反応が引き起こされて闘争・逃走反応の準備が整います。危険がなくなると、コルチゾールというホルモンがバイオフィードバックを通して、反応を引き起こしたホルモンの生成を抑制します。

- 副腎からコルチゾールを放出
- 腎臓
- コルチゾールがバイオフィードバックにより脳のホルモン生成を抑制
- 脳の活動を通じて危険信号が送られる
- 未知の匂いにより闘争・逃走反応が引き起こされる
- 血流に乗ってホルモンが副腎に伝達される

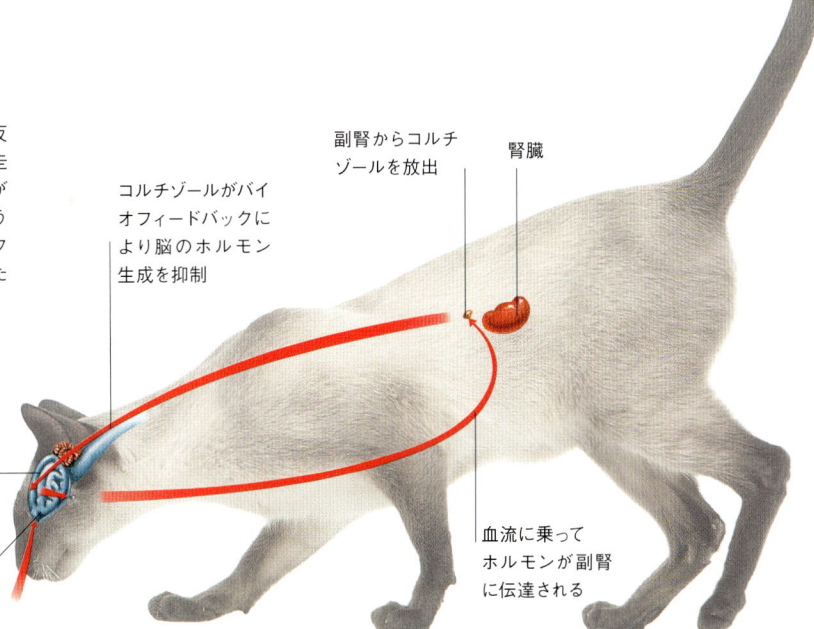

眠りの浅い猫
猫がたくさん寝ることは知られていますが、多いときは1日16時間も寝て過ごします。寝ている間のおよそ70％は脳は音や臭いを検知しており、危険や獲物の存在に気づくとすぐに行動を起こせます。

猫の生物学 | 感覚器官

感覚器官

人間と同じように、猫は視覚、聴覚、嗅覚、味覚、触覚の五感を使って周囲を把握します。感覚器官が集めた情報を脳に送ると、脳で情報分析が行われるのです。猫の感覚器官は何百万年もかけて家畜化される以前の生活に適応するよう進化しました。夜行性のハンターとして生きるために、優れた暗視能力と鋭い聴覚と嗅覚を持つように進化したのです。

視覚

猫の目は顔の大きさからするととても大きく、獲物であるネズミが活動する夜間に威力を発揮します。網膜にある桿体（薄暗い中で白黒で像を識別する光受容体）の数は、25：1の割合で錐体（色覚に関与する視細胞）の数を上回ります（人間は4：1）。色覚はあるものの暗視能力ほど重要ではなく、青と黄色は識別できますが、赤と緑は灰色に見えていると考えられています。陽光の中では瞳孔をスリット状に狭めて光から目を守っているのです。

猫の視覚は人に比べてかなり不鮮明です。大きな目で焦点を合わせるのは難しいため、たいていは遠視で目から30cm以内にあるものははっきりと見えていません。動きを検知することにより順応し、多くの捕食動物と同じく目は前を向いています。視野は200度ほどで左右の視野は140度ほど重なります。この重なりによって立体視を得ており、奥行きを把握し距離を正確に判断できるのですが、これは狩りを成功させるために必要不可欠な能力です。

優れた感覚
猫の感覚が鋭いことはよく知られています。暗闇でも見える目、人には聞こえない高音をとらえる耳、強力な嗅覚、そして暗闇でも進路を感じ取ることのできるひげを持っているのです。

- 人よりも広い視野を持つ目
- 20を超す筋肉で動かせる耳
- 空気中や食物に含まれる化学物質を検知する鼻と口
- 動かすことができ、触覚に敏感なひげ

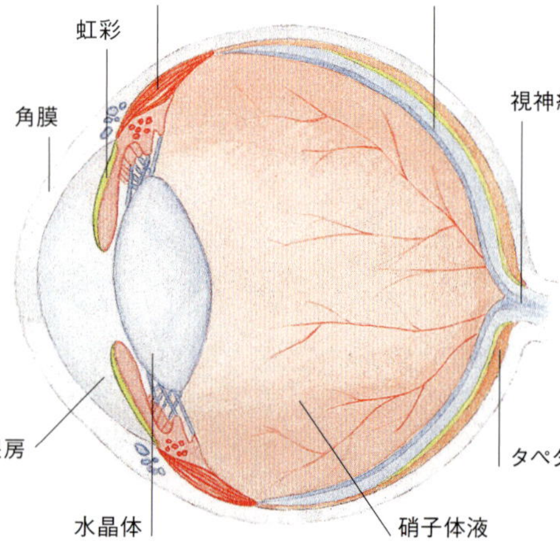

聴覚

猫は40〜6万5000Hzまでの広い範囲の音を感知する、優れた聴覚を持っています。これは人が感知する2万Hzまでの音のさらに2オクターブ上、超音波の領域まで含まれます。この可聴域

暗視能力

猫の瞳孔は暗いところでは人の3倍に拡大し、かすかな光でも取り入れることができます。暗視能力は、網膜の後ろにあるタペタム（輝板）という反射層によりさらに向上します。網膜がとらえられなかった光は、タペタムではね返り再び網膜に戻されて、感度を最大40％上げるのです。

夜、猫の目に光が当たると、タペタムは明るいゴールドあるいはグリーンの円盤のように見えます。

目と視覚
猫の目は光を通す透明なゼリー状の物質で満たされています。角膜と水晶体で焦点を合わせ、光受容体である網膜に像を形成。

（毛様体、網膜、虹彩、視神経、角膜、前眼房、水晶体、硝子体液、タペタム）

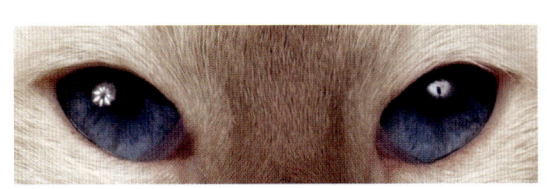

感覚器官

| ブルーでアーモンド形の目 |
| グリーンのつり上がった目 |
| ゴールドの丸い目 |
| 左右の色が異なる丸いオッド・アイ |

丸みを帯びた耳 　　先のとがった耳 　　折れ耳 　　カールした耳

耳の形
ほとんどの猫は立ち耳で、先端はとがっている場合と丸みを帯びている場合があります。アメリカン・カールやスコティッシュ・フォールドなど、突然変異によって珍しい形の耳を持つ猫種も存在します。

目の色と形
猫の目にはオレンジ、グリーン、ブルーの色調があります。左右の色が異なるオッド・アイの猫も見られます。丸い目からつり上がった目まで形はさまざまで、東洋の猫種には極端につり上がった目を持つものもあります。

で、他の猫や敵の鳴き声、げっ歯類が立てるカサカサという音や甲高い鳴き声など、猫にとって重要な音をすべて拾うことができるのです。また、耳の外側の部分である耳介を左右別々に180度まで回転できますが、この回転で音源を特定することも可能です。耳介は音源の高さを判断するのに適した構造となっており、木に登るときに役立ちます。

内耳には平衡感覚器官である前庭器官があり、方向や速度の変化を検知し落下の際に体を翻して元通りになるのを助けます（P54～55）。後ろに伏せられた耳が怒りや恐怖を表すように、気分を伝えるときにも耳を使います。また大きな音に非常に敏感で、その度合いは人間の10倍ほどです。そのため騒がしさを嫌い、花火などの大きな音に動揺するのです。

嗅覚と味覚

猫は犬ほどではありませんが、人間よりははるかに鋭い優れた嗅覚を持っています。鼻腔の鼻粘膜で臭いをとらえますが、人間のこれに相当するものに比べ5倍の大きさがあります。猫は臭いで互いを認識し、獲物の追跡にも嗅覚を使います。また、尿や糞や分泌腺から出る臭いでなわばりのマーキングをし、近づかないよう警告したり性的な状態を知らせたりするのです。嗅覚は味覚と密接につながっており、食べる前に臭いを嗅いで食べられるかどうかを判断します。舌の表面にある味蕾は、食物の苦味、酸味、塩味を生む化学物質に反応します。甘味も認識はしますが、肉食動物のため糖分はほとんど必要としません。

猫の口蓋には鋤鼻器官（ヤコブソン器官）という感覚器官があります。この器官を使って、口を開けて顔をゆがめる「フレーメン反応」で臭いに反応します。通常は異性の猫の性的な臭いへの反応として起こるものです。

触覚

猫の体で毛のない部分（鼻、肉球、舌）は、触覚に敏感ですが、ひげも同じく敏感です。専門用語で洞毛（あるいは触毛、震毛）と呼ばれるひげは、皮膚に深く埋め込まれ変質した毛です。最も目立つ洞毛は鼻の横にあり、短めのものは頬、目の上、前肢の裏側にあります。ひげは暗闇を移動するときに役立ち、目が焦点を合わせることのできないほど間近にある物体を「見る」のにも使われます。頭にあるヒゲは、体が通り抜けられるすき間かどうかの判断に役立ちます。

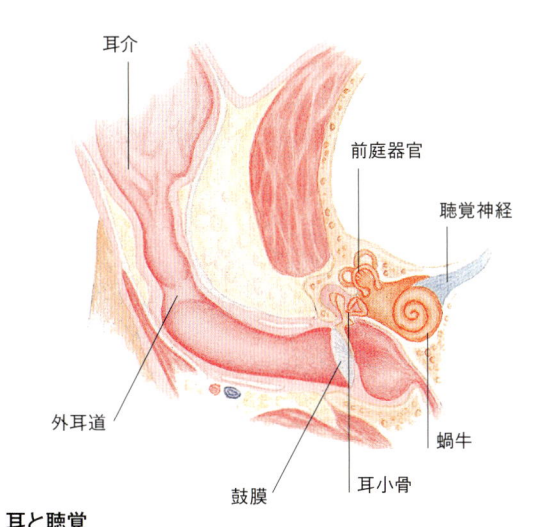

耳と聴覚
ろうと状の耳介から集められた音は、外耳道から鼓膜、耳小骨、蝸牛へと伝えられ、神経インパルスが引き起こされて脳に伝達されます。

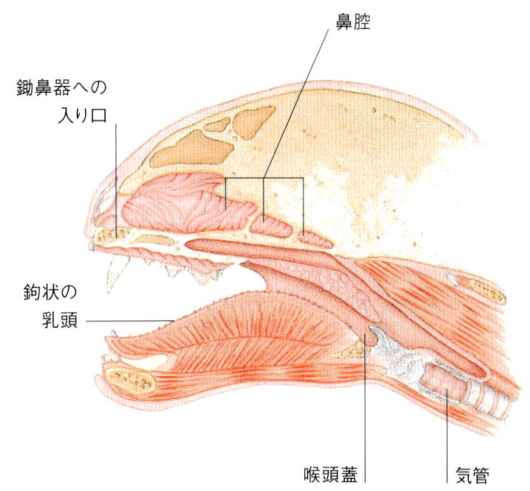

（図：耳介、前庭器官、聴覚神経、外耳道、鼓膜、耳小骨、蝸牛）

味覚と嗅覚
食物中の化学物質は舌の乳頭にある味蕾が検知。また、臭いは鼻腔内の嗅膜及び鋤鼻器でとらえられます。

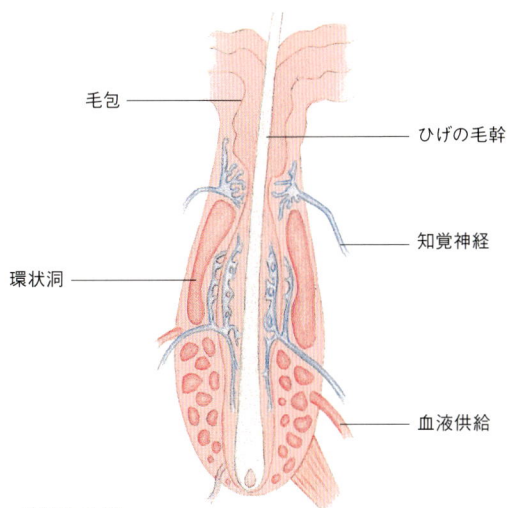

（図：鋤鼻器への入り口、鼻腔、鉤状の乳頭、喉頭蓋、気管）

ひげと触覚
ひげが物体をかすめると、皮膚に深く埋め込まれた血液のカプセル（静脈洞）に囲まれた根元から、知覚神経終末を経て脳に情報が送られます。

（図：毛包、ひげの毛幹、環状洞、知覚神経、血液供給）

45

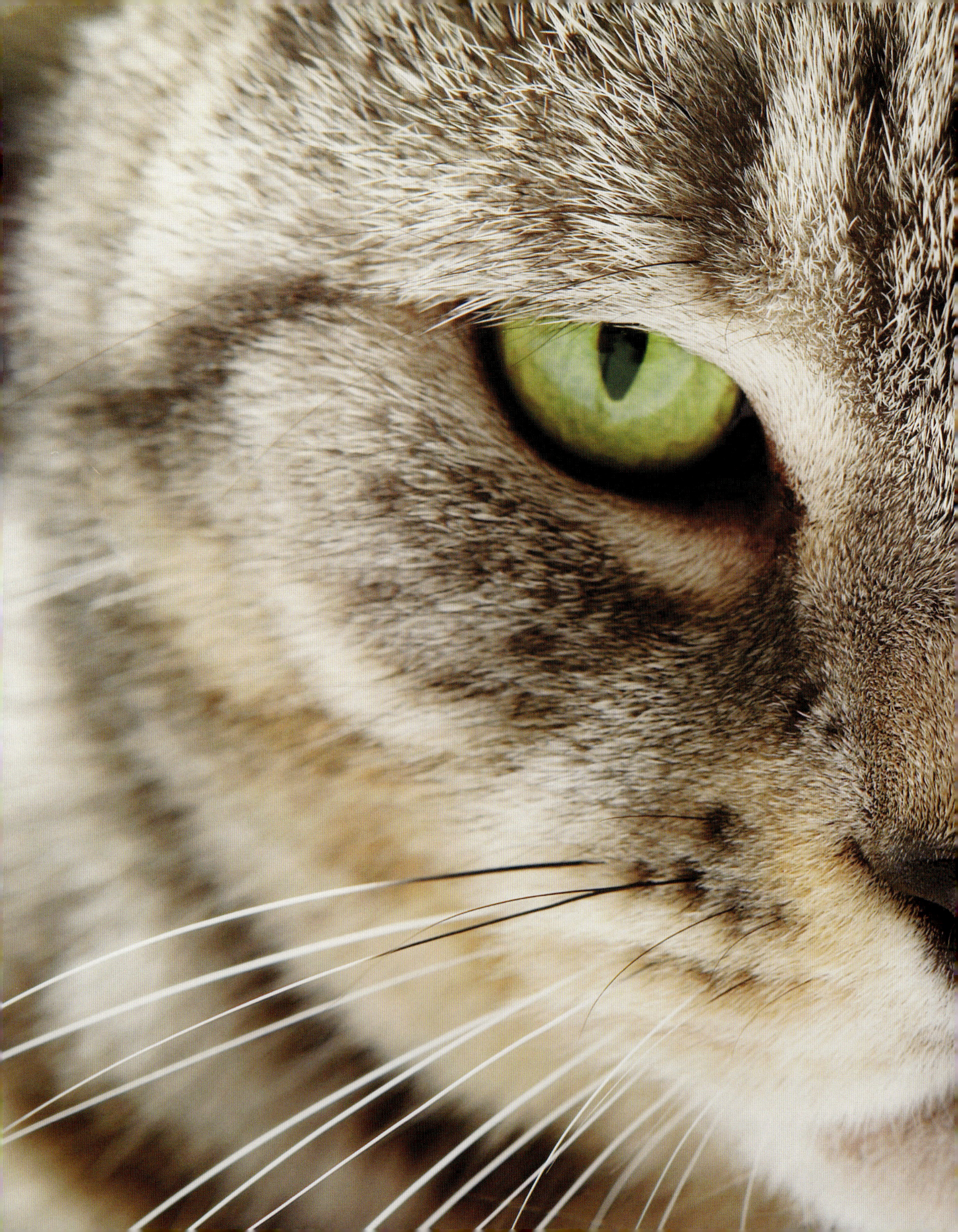

鋭い感覚
猫はハンターとしてのさまざまな機能を備えています。優れた暗視能力、強い嗅覚、鋭い聴覚、そして敏感なひげで正確に獲物の位置を特定できるのです。

猫の生物学 ｜ 骨格と体型

骨格と体型

猫の骨格は軽量ながら頑強で、スピードと敏捷性を生かせるつくりになっています。頭蓋骨は狩猟動物の性質を備え、四肢は獲物を急襲するため一気に加速するのに適応しています。非常に柔軟な脊椎と動かしやすい四肢とで、体のほとんどの部分でも前肢や舌や歯を使って身づくろいできます。猫種間で体型に差はありますが、犬ほどの多様性はありません。

骨格

猫の骨格は他のほ乳動物と同様に、関節でつながった骨の集まりですが、肉食動物としてのライフスタイルに適応するよう進化しています。骨格は骨を動かすための筋肉の枠組みとなり、体型を特徴的なものにします。その他の機能として、心臓や肺などの内臓器官の保護も含まれます。

頭蓋骨には脳が内包され、感覚器官である目、耳、鼻が付いています。感覚器官の機能はさまざまですが、獲物の位置を特定することに役立っています。眼窩は非常に大きく後方に向かって開いており、そのすぐ後ろには頭蓋骨に結合する顎の筋肉が納まっています。頭部は180度回転し、背中の身づくろいができるようになっています。舌骨はのどで舌と発声器である喉頭を支えており、のどをごろごろ鳴らすことと関連があると考えられています（P59）。

猫には頸椎が7個あります。ほぼすべてのほ乳類に共通する数ですが、体の大きさの割に背中が長く、胸椎は13個あり、脊椎骨の数と構造は背骨の柔軟性を高めています。また、軟骨質の椎間板がある脊椎骨間の椎間腔が大きく、隣合う骨の間にゆるみがあることも背骨の柔軟性に役立っています。

背骨の延長である尾は、ほとんどの猫種では23個の骨で構成されており、バランスをとるのに役立ちます。また、背骨につながる胸郭は、心臓、肺、胃、肝臓、腎臓を保護しています。

鎖骨が退化して小さくなり、肩甲骨は筋肉と靭帯のみで支えられているため、前肢は「浮いた」状態にあります。このため肩にかなり可動性があり、頭さえ通れば狭いすき間も難なく通れるので

猫の骨格
猫の骨格は、とくに首、背、肩と前肢が華奢でコンパクト、そして柔軟です。丈夫な後肢によって、敏捷に動くことができます。

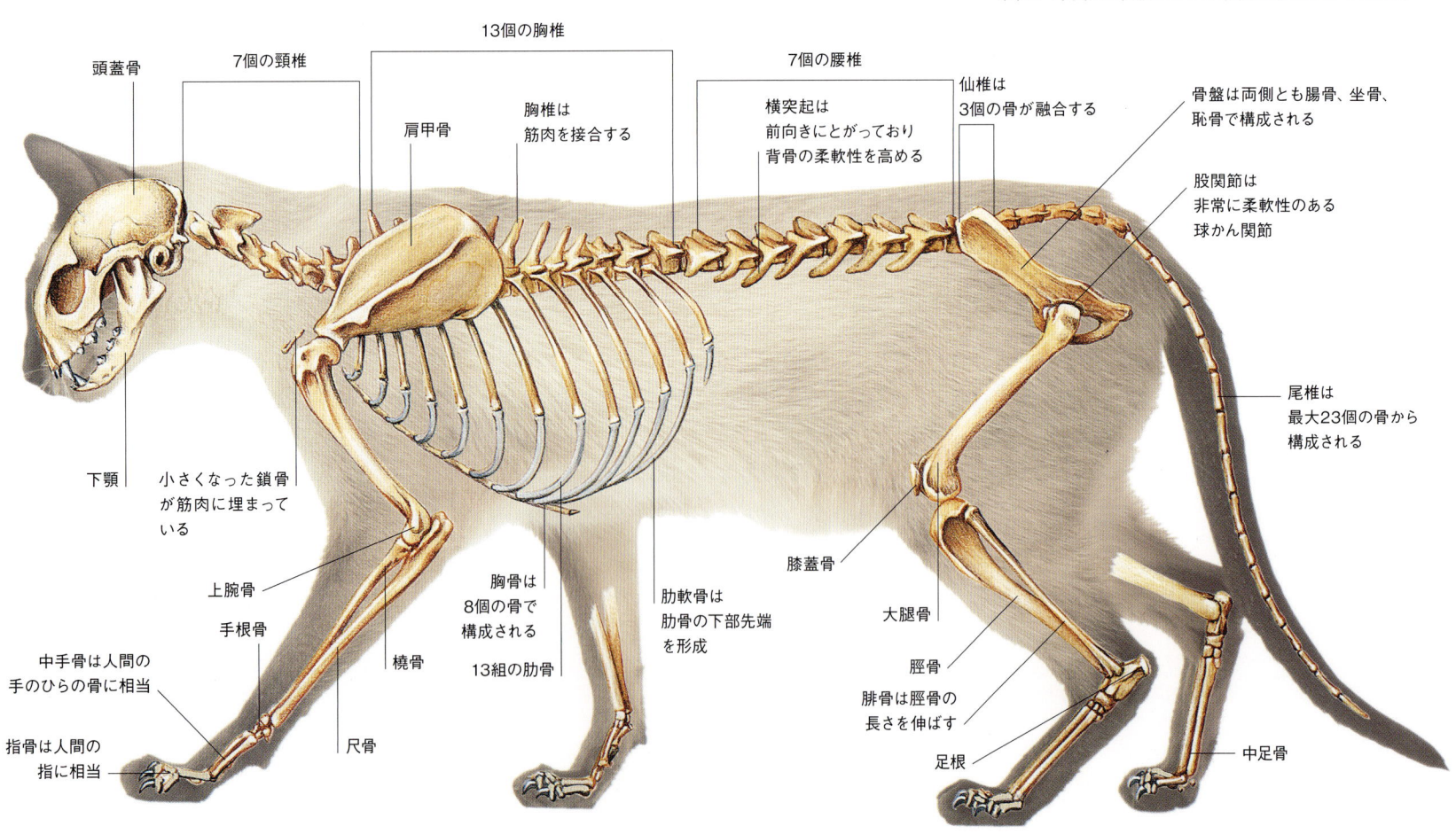

- 頭蓋骨
- 7個の頸椎
- 13個の胸椎
- 7個の腰椎
- 仙椎は3個の骨が融合する
- 骨盤は両側とも腸骨、坐骨、恥骨で構成される
- 肩甲骨
- 胸椎は筋肉を接合する
- 横突起は前向きにとがっており背骨の柔軟性を高める
- 股関節は非常に柔軟性のある球かん関節
- 尾椎は最大23個の骨から構成される
- 下顎
- 小さくなった鎖骨が筋肉に埋まっている
- 上腕骨
- 手根骨
- 中手骨は人間の手のひらの骨に相当
- 指骨は人間の指に相当
- 橈骨
- 尺骨
- 胸骨は8個の骨で構成される
- 13組の肋骨
- 肋軟骨は肋骨の下部先端を形成
- 膝蓋骨
- 大腿骨
- 脛骨
- 腓骨は脛骨の長さを伸ばす
- 足根
- 中足骨

骨格と体型

頭蓋骨

イエネコの頭蓋骨は幅広く、鼻は短めです。29の骨でできていますが、成長するにつれて融合し、やがて成長が止まります。眼窩は大きく前方に向いており、獲物に飛びかかるときに距離を見きわめるのに役立つのです。イエネコの下顎は、親類である野生のネコ科動物、とくにヒョウやライオンなどのビッグ・キャットと比較すると短くなっています。下顎は蝶番関節で頭蓋骨に結合し、垂直方向の動きは限られ強力な咬筋によって制御されています。咬筋からは強力な噛みつきが生まれ、もがく獲物をくわえ続けることができます。

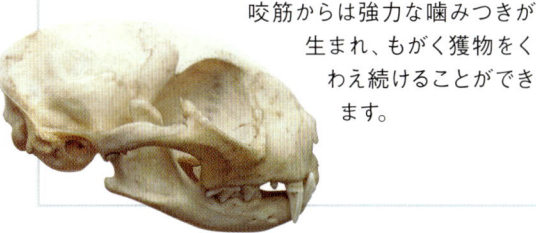

頭の形

たいていの猫は、野生の先祖に似た丸い頭にV字形の顔です。頭が少し長めでV字形の顔を持つ猫や、丸くて平らな「ドール・フェイス」を持つ猫もいます。

丸い頭・V字形の顔 / 長めの頭・V字形の顔 / 丸い頭・平らな顔（前面） / 丸い頭・平らな顔（側面）

すべての肉食動物は手根骨のうち3本が融合して scapholunar bone という骨になっています。これは、よじ登るのに適応したものと考えられており、初期に現れたものです。力強く長い後肢は球窩関節で骨盤に結合し、走るときや飛びかかるときの推進力を生み出します。

体型

犬が大きさや体型においてかなりの多様性があることと比較すると、猫はそれとは異なります。犬は狩猟や牧畜・牧羊など数多くの用途に使われてきましたが、猫は害獣駆除のみであったことも一因でしょう。大きさをコントロールする遺伝子の操作が簡単ではないことも理由のひとつです。しかし、尾のないマンクスや肢の短いマンチカンなど、ネコ科の動物にもいくつか例外があります。シンガプーラなどの最小級の猫は、成猫の体重が2～4kg、ハイランダーのような最大級の猫は4.5～11kgです。ちなみに犬の場合、成犬の体重には1kg～79kgくらいまでの幅があります。

比較的体の大きい新しい猫種のいくつかは、野生の猫の遺伝子の影響を受けていると考えられます。たとえばサバンナはサーバルとイエネコの、チャウシーはジャングルキャットとイエネコの異種交配で生まれました。

イエネコの頭の形（上図参照）と体型（下図参照）には、若干異なるタイプが存在します。シャムなどのオリエンタル種は細身でしなやかな体型で、四肢と尾は長く細く、頭はV字形です。ブリティッシュ・ショートヘアのような西洋の猫種は「コビー」と呼ばれるコンパクトで筋肉質な体型で、肢は比較的短く尾は太く、頭は丸みを帯びています。もちろんラグドールのように、これら2つの間に位置する猫種もたくさん存在しますし、頭の形と体型の組み合わせも異なる場合があるでしょう。原産地の気候によっても体型が異なる傾向があります。

体型

東洋の猫は暖かい気候に適した細身の体つきをしている傾向があります。体積に対して表面積が広く、体温を下げるのに適した体型です。一方、西洋の猫はずんぐりした「コビー」体型で涼しい気候を好み、体積に対する表面積の割合が低いため体温を保てます。中間的な体型の猫種も存在します。

細身で筋骨たくましい体型  / 中間的な体型  / コビー（ずんぐりした）体型

尾の形

多くの猫の尾は長く、バランスをとるときやコミュニケーションに使います。マンクスやボブテイルのように、尾が短くて太い、あるいは尾がない猫種もわずかに存在。アメリカン・リングテイルは、尾がカールした唯一の猫種です。

ロング・テイル  / リング・テイル  / ボブ・テイル

猫の生物学｜皮膚と被毛

皮膚と被毛

皮膚は心臓や肝臓と同様に体の器官のひとつ。また最大の面積を誇り、体を覆ってさまざまな脅威や病気から猫を守っています。皮膚から伸びるやわらかい被毛は異なるタイプの毛で構成され、やはり保護的な役割を果たしているのです。イエネコの祖先は短毛でしたが、品種改良により絹のような毛を持つ長毛種からほとんど毛のないヘアレス・タイプまで、さまざまなタイプが作出されました。

猫の皮膚には多くの役割があり、病原菌に対する障壁となり、また必要な体液が外に漏れるのを防いだりしています。皮膚は骨に欠かせないビタミンDを生成する働きもあり、皮膚の血管は体温調節に役立っています。皮膚のゆるみは動きの柔軟性を補い、皮膚をつかまれたままでもある程度向きを変えて自己防衛できるため、闘いのときにも役立っているのです。

皮膚の構造
猫の皮膚と被毛の断面図。角質細胞からなる保護的機能を持つ表皮と、血管、神経、腺、被毛を作る毛包が含まれる真皮を示しています。

2層構造

皮膚には、表皮という外側の層と真皮という内側の層の2つの層があります。表皮は硬いたんぱく質のケラチンと耐水性の化学物質を含む角質細胞で構成されます。被毛と爪もほとんどはこのケラチンでできているのです。表皮の奥にある基底部は細胞4個分ほどの厚さで、生きた細胞で構成されます。繰り返し細胞分裂することで、表面からはがれ落ちる外側の層を補充しています。表皮には免疫細胞も含まれます。

内側にある真皮はさらに複雑で、結合組織、毛包、筋肉、血管、皮脂腺、汗腺、そして暑さや寒さ、軽い触覚、圧力、痛みを検知する何百万もの神経終末が含まれます。汗による温度調節はできませんが、汗腺から出す油分を含む分泌物で皮膚と被毛を保護し整えているのです。毛が白い部分以外の皮膚には色素があり、そこから生える被毛と同じかやや薄い色をしています。皮膚の腺からは臭いが発散されますが、これはネコ科動物のコミュニケーションに必要不可欠な要素です（P281）。

毛のタイプ

猫の毛には柔毛、剛毛、主毛（オーバー・コート）、感覚毛の4つがあります。柔毛はふわふわした短く細い毛で断熱効果があり、剛毛は中くらいの長さで先が太く、体を温め保護します。主毛（オーバー・コート）は外側の被毛で自然の脅威から猫を守るものですが、まっすぐで毛先にかけて細くなります。この3つのなかで最も太く長い毛で、背中や胸、腹部に密生しています。

ひげ（洞毛、触毛、震毛）は、頭部、のど、前足にある長く太い感覚毛で、暗闇を探検しすぐ近

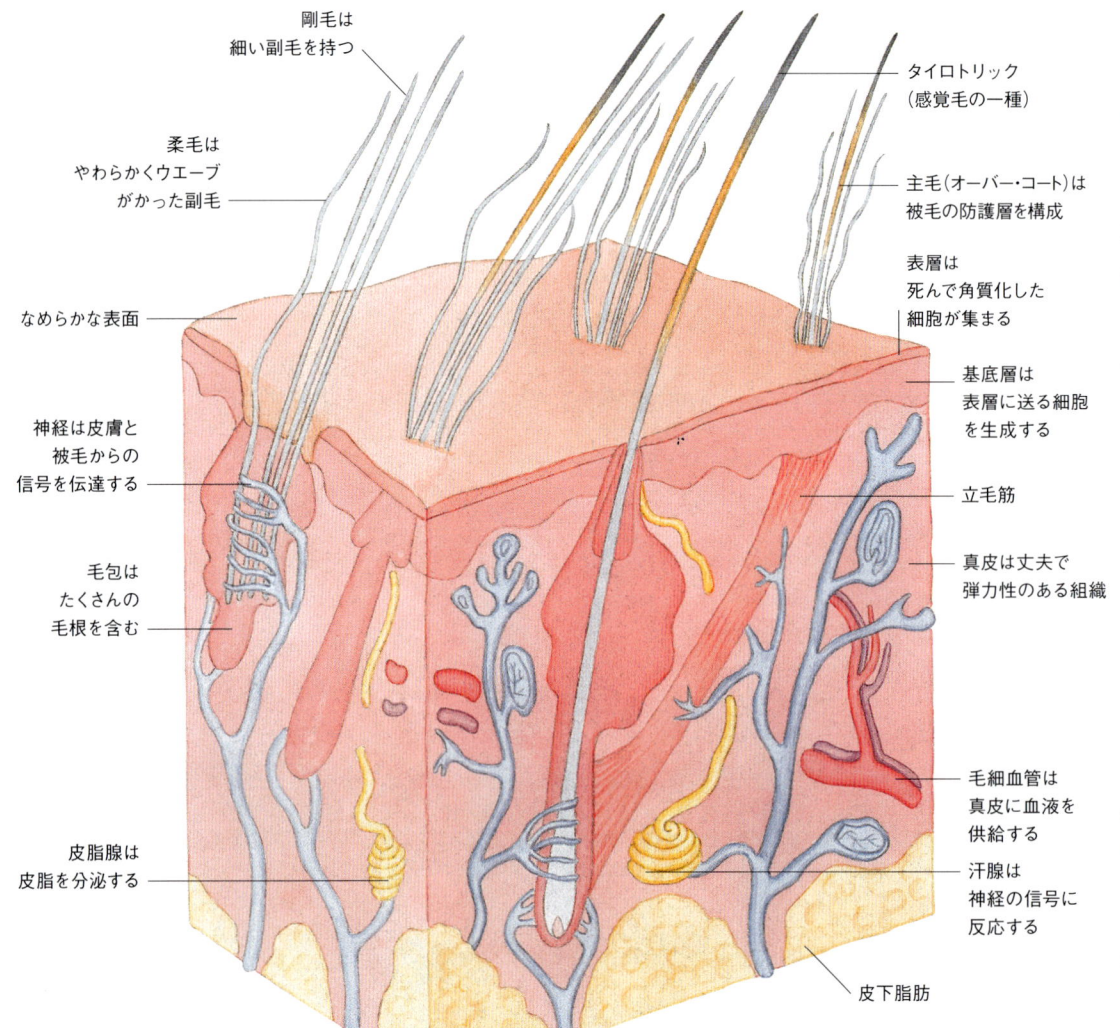

図のラベル：
- 剛毛は細い副毛を持つ
- 柔毛はやわらかくウエーブがかった副毛
- なめらかな表面
- 神経は皮膚と被毛からの信号を伝達する
- 毛包はたくさんの毛根を含む
- 皮脂腺は皮脂を分泌する
- タイロトリック（感覚毛の一種）
- 主毛（オーバー・コート）は被毛の防護層を構成
- 表層は死んで角質化した細胞が集まる
- 基底層は表層に送る細胞を生成する
- 立毛筋
- 真皮は丈夫で弾力性のある組織
- 毛細血管は真皮に血液を供給する
- 汗腺は神経の信号に反応する
- 皮下脂肪

被毛のタイプ
ほとんどは短毛ですが、異なるタイプの被毛を持つ猫もいます。スフィンクスのようなヘアレスの猫種にはほとんど毛がなく、レックス種は巻き毛。長毛種の被毛は12cmになることもあります。

ヘアレス

皮膚と被毛

臭いによるコミュニケーション
猫には驚くべき嗅覚があり、皮脂腺で生成された臭いを皮膚に溜めて直接会わずにほかの猫と会話ができるほどです。臭いに含まれるフェロモンによって、仲間と敵、異なるテリトリー、他の猫の性的な状態を嗅ぎ分けることができます。

- 友好的なあいさつで頭の臭いをこすりつける
- 背中の肩寄りの部分や尻から分泌される臭いは、いろいろなものにこすりつけてなわばりを知らせる
- 肛門腺から出る臭いは糞の表面を覆い、なわばりを示す
- 足でかくときに臭いを付ける

くにあるものを検知するのに役立っています。その他に「タイロトリック」という感覚毛が体中に生えており、ひげと同様の役割を担います。

猫の毛包は複雑で、主毛は1本ながらひとつの毛包から主毛以外に多くの毛が生えているため、毛が密生しています。1mm²内に200本もの毛が生えているのです。毛は薄片が重なってできたケラチンの詰まった細胞の残骸です。毛包には皮脂腺があり、水をはじき被毛を整えるための油分を生成します。また小さな筋肉もあって、怒ったときや興奮しているときに毛を立て、敵に対して自分をより大きく手強く見せる働きをするのです。

圧倒的に数が少ないのが感覚毛です。他の毛の比率は、大まかに柔毛100に対して剛毛が30、主毛が2です。ただし品種改良によってこの比率は変わってきており、新しい被毛を作る期間も変わりました。たとえば、メインクーンの長毛には剛毛がありませんし、コーニッシュ・レックスには主毛がなく縮れ毛の柔毛と剛毛だけです。毛がないように見えるスフィンクスは、実は薄い柔毛に覆われていますが、ほとんどひげは生えていません。

さまざまな模様と色がある猫の被毛ですが、色はユーメラニン（黒と茶）とフェオメラニン（赤、オレンジ、黄色）という2種類のメラニン色素によってつくられます。白い毛をのぞくすべての色は、この2つが毛幹にどのくらいあるかによって決まるのです。

短毛 / カーリー（巻き毛） / 長毛

毛色を理解する

猫の毛の色は、毛幹に沿って一様に配色された単色（ソリッド）から、色素がない白いものまでさまざまです。単色の場合は、黒が薄められるとブルーになるように色素の濃さによって色が変わります。毛の先の部分だけに色が付いている場合にはティッピング、シェーディング、スモークが生じます（P52）。毛幹にティッキングがあると明暗の帯ができ、「アグーティ」と呼ばれる色を生み出すことになります。

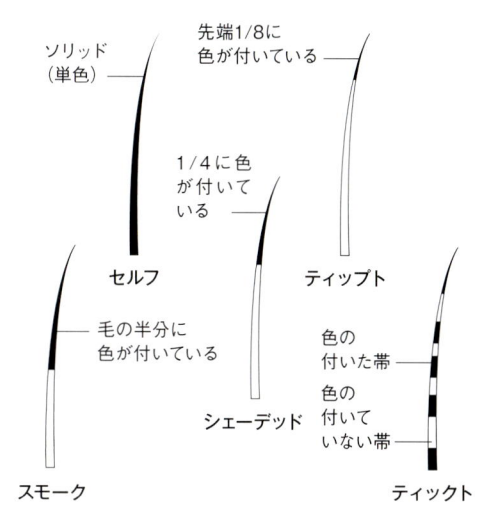

- ソリッド（単色） — セルフ
- 先端1/8に色が付いている — ティップト
- 1/4に色が付いている — シェーデッド
- 毛の半分に色が付いている
- 色の付いた帯／色の付いていない帯 — スモーク／ティックト

51

猫の生物学｜皮膚と被毛

単色（セルフ／ソリッド）

ブラックとレッド、これらが薄められてできるブルーとクリームは、ブリティッシュ・ショートヘアやメインクーンなどのヨーロッパ原産種とアメリカ原産種に伝統的に見られたため、ウエスタン・カラー（西洋色）として知られます。バイカラーは、パーティカラーに分類されます。シャムやペルシャなどヨーロッパ以東原産の猫種に伝統的に見られるチョコレートとシナモン、それらが薄められてできるライラック、フォーンがイースタン・カラー（東洋色）として知られています。現在はどの色も世界中で見られるようになりました。

ブラック

シナモン

ブルー

フォーン

ティップト（ティッピング）

それぞれの毛の先端に色が付いている場合は、ティップト（ティッピング）と呼ばれます。色素が入っていない部分は通常ホワイトかシルバーですが、アンダー・コートにイエローもしくはレッドがかった毛が入る場合もあります。

明るいチョコレート・ティッピング

ブルー・ティップト・シルバー

シェーデッド

毛の上部1/4に色が付いている被毛。毛が寝ている背中のほうでより色が濃くなり、動いたときに波紋のように見えます。シェーディングの部分がレッドもしくはクリームの被毛は「カメオ」と呼ばれます。

クリーム・シェーデッド・カメオ

シルバー・シェーデッド／シルバー・シェイド

スモーク

スモーク毛幹の上半分に色が付いた被毛。しばしばソリッドのように見えることがありますが、動くと色の薄い根元がはっきりわかり、被毛が光って見えます。

ブラック・スモーク

ブルー・スモーク

ティックト

毛幹に色の濃い部分と薄い部分が交互に帯状に現れ、それぞれの先端は色が濃くなっています。「アグーティ」とも呼ばれるこのような被毛は自然界ではカモフラージュになるため、野生の猫や多くのほ乳類に見られます。

シルバー・ソレル

ルディ

皮膚と被毛

パーティカラー

2つ以上の色が見られる被毛。バイカラーやトライカラーもパーティカラーに含まれ、長毛、短毛を問わず多くの猫種で見られるものです。ホワイトの斑が入ったトーティやタビーもパーティカラーに含まれます。ホワイトの比率が高いトーティは、「トーティ・アンド・ホワイト」あるいは「キャリコ」と表現されます。

パーティカラーのブリティッシュ・ショートヘア

パーティカラーのラグドール

トーティ・カラー

トータスシェル（トーティ）の被毛には、ブラック（またはチョコレートかシナモン）とレッドの斑が入っています。不明瞭に入り混じっている場合もはっきりした斑になっている場合もあります。色が薄められたブルー、ライラック、フォーンにクリームが混じった被毛も見られます。レッドあるいはクリームの斑が入る場合の多くはタビーの模様が若干入り、他の色の斑もタビーになっている猫は「トーティ・タビー」と呼ばれます。トーティはほとんどがメスです。

トーティのエイジアン

トーティのブリティッシュ・ショートヘア

ポインテッド（カラー・ポイント）

四肢、顔面、耳、尾の被毛の色が濃く、ボディの色が薄い被毛をポインテッド（カラー・ポイント）と呼びます。シャムやペルシャでは、この模様は色素の生成にかかわる熱に敏感な酵素によって抑制されます。この酵素は温度の低い末端部分で作用するため、その部分の毛色が濃くなるのです。

セルフ・ポインテッドのシャム

ターキッシュ・バン

ホワイト・スポット

ホワイト・スポットの斑は、色の付いた毛の生成を抑制する優性遺伝子によって生じるもので、結果としてパーティカラーが生まれます。斑は小さな領域に限られることもあります。

ホワイト・スポットのメインクーン

胸のホワイトとミトンのある短毛の雑種

タビー

マーブル（大理石模様）、ストライプ（しま模様）、またはブラック、ブラウン、シルバーのスポット、もしくはソリッドの被毛にティッキング（1本が帯状に色分けされている毛）が混じっている場合は、「ティックト・タビー」になります。タビーには「スポッテッド（斑点）」、「クラシック（マーブル）」、「マッカレル（ストライプ）」、「ティックト」という4つの模様があります。

スポッテッド

マッカレル

クラシック

ティックト

猫の生物学 ｜ 筋肉と動き

筋肉と動き

猫の体にはおよそ500の筋肉がありますが、これらの働きにより歩様を自在に操り、優れたハンターにふさわしい優雅な動きができるのです。猫の筋肉は、獲物を追い詰めたり危険から逃れるときに必要な瞬時の加速のみならず、獲物に飛びかかる前のわずかな動きにも非常に適しています。

動いたり食べたり呼吸したり、さまざまな活動をするために体中に血液を供給することを可能にしているのは筋肉です。猫を含む脊椎動物には心筋、平滑筋、骨格筋の3種類の筋肉があります。心筋は心臓を構成し休むことなく血液を体中に送り出す筋肉で、平滑筋は血管や消化管など多くの器官の「壁」にある筋肉です。骨格筋は腱で骨に結合されており、四肢や尾、目、耳などの各部を動かしたり姿勢を維持したりする筋肉で、顕微鏡で見たときの様子から横紋筋とも呼ばれます。骨格筋はしばしば関節をまたいだ1対で働き、一方が収縮するともう一方が弛緩して体の各部を曲げたり伸ばしたりするのです。

筋線維の種類

骨格筋組織は筋線維という筋細胞の束でできています。筋線維はどれだけ速く機能するか、そして疲弊するかによって、3つのタイプに分かれます。最も一般的な「速く収縮し疲れやすい」筋線維はすばやく収縮して疲労するので、全力疾走や跳躍など瞬発力が必要なときに使われます。「速く収縮し疲れにくい」筋繊維は、機能は同じですが疲れにくく、犬のように持久力を持つハンターに多く見られるものです。猫は全力疾走をした後、止まってハアハアと息をしてクールダウンする必要があります。「ゆっくり収縮する」筋繊維は収縮も疲労もゆっくりで、獲物に忍び寄ったり、飛びかかる前にじっとしているときなどに使われます。

引き込み式の爪

闘うときや防御するとき、ものをつかむときや木に登るとき、引っかいて臭いを残すマーキングのときなどに、猫はカーブした鋭い爪を使います。普段は引っ込んで保護されていますが、使うときは前肢の指の屈筋を収縮させ、指の先端にある腱と靭帯をぴんと張って押し出すのです。

外に出た爪
休んでいるときは、摩耗を防ぎ鋭い状態を保つために爪は引き込まれています。指の靭帯と腱をぴんと張ることによって、爪が押し出されるのです。

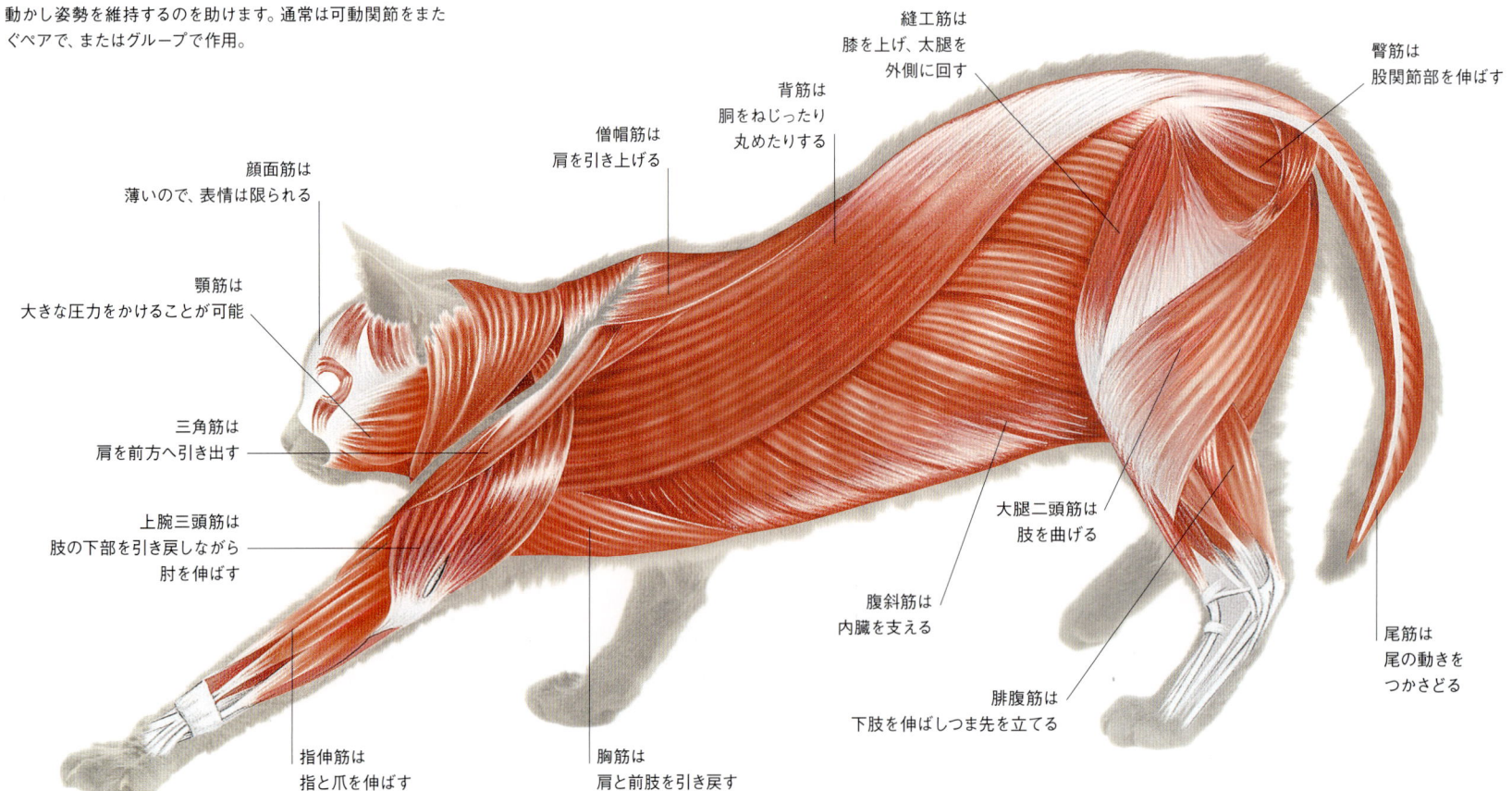

横紋筋
横紋筋神経系の制御下にあり、骨や目や舌など体の各部分を動かし姿勢を維持するのを助けます。通常は可動関節をまたぐペアで、またはグループで作用。

- 顔面筋は薄いので、表情は限られる
- 顎筋は大きな圧力をかけることが可能
- 三角筋は肩を前方へ引き出す
- 上腕三頭筋は肢の下部を引き戻しながら肘を伸ばす
- 指伸筋は指と爪を伸ばす
- 胸筋は肩と前肢を引き戻す
- 僧帽筋は肩を引き上げる
- 背筋は胴をねじったり丸めたりする
- 縫工筋は膝を上げ、太腿を外側に回す
- 臀筋は股関節部を伸ばす
- 大腿二頭筋は肢を曲げる
- 腹斜筋は内臓を支える
- 腓腹筋は下肢を伸ばしつま先を立てる
- 尾筋は尾の動きをつかさどる

歩様

　地面に足の裏全体を着けて歩く人間とは異なり、猫は指だけを着けて歩きます。この動きは「趾行性」と呼ばれるもので、静かな動きを可能にしているのです。常歩、速歩、駆歩のすべての歩様で、猫が前方向へ進む力は後肢の力強い筋肉から生み出されます。歩くときは、右後肢、右前肢、左後肢、左前肢というように、四肢が順に動きます。前肢は内側に振れて、胴体の下のほぼ一直線上に左右交互に着地します。後肢も内側に振れますが、前肢ほどではありません。猫はこの歩き方で、尾を高く上げてバランスをとりながら木の枝やフェンスの上を楽々と歩くことができるのです。

　少しペースを上げて速歩になると、「左の前肢と右の後肢」というように対角線上にある肢が連動します。

　鎖骨が他の骨と連結しておらず浮いた状態にある前肢には高い操縦性があり、歩幅を大きくできます。駆歩は跳躍の連続のようなもので、左右の後肢が同時に地面を蹴り、空中に浮いた両前肢がまず着地した後に後肢が着地します。止まるときは前肢がブレーキの役割を果たすのです。

　また、猫の体は瞬時の加速にも適しています。人間はどんなに速く走れたとしても時速44.72kmですが、時速48kmの速度で走れる飼い猫もいます。後肢の筋肉は非常に強力であるもののすぐに疲れてしまうため、猫は持久力を必要とする狩りには向きません。狩りをするときはこっそり獲物に忍び寄り、長時間身動きせずに最適の瞬間が到来するのを待ってから飛びかかるのです。

柔軟性

　柔軟性のきわめて高い猫の体の構造と筋肉組織は、さまざまな動きを可能にしています。しなやかな脊椎によって、体を伸ばすとき（あるいは犬など他の動物に対して体を大きく見せようとしているとき）に背中をアーチ状に曲げたり、眠るときに丸くなることができるのもこのためです。柔軟性は身づくろいにも役立ち、前足と舌が体中ほぼすべての部位に届きます。

　さらに後肢の強力な筋肉は、静止した状態から2mもの高さまでジャンプすることを可能にしています。また、安全に着地するために空中で体をひねることがありますが、これは飛び立つ鳥を捕まえるときにも役立ちます。

　木に登るときは前肢を広げて、アイゼン（爪の付いた金属製の登山用具）のように使い、後肢から上に上がる力が出されます。下りるときは爪を樹皮に食い込ませながら、ぎこちない動きで下り、残り1mくらいのところで下向きに地面に飛び降ります。たいていの猫は濡れることを嫌いますが、なかには泳げる猫もいて、犬かきのように水をかいで泳ぎます。

しなやかな体
引き締まった筋肉組織と骨の構造は、スフィンクスやバンビーノなどのヘアレス種でとくによく見ることができます。

立ち直り反射神経

猫は木から仰向けの状態で落ちても、本能的に体をひねり回転して着地前に体勢を立て直すことができます。内耳にある平衡感覚を司る前庭器官が0.1秒以内に異常を察知し、反射反応によって頭が回転して下を見る体勢になります。続いて前肢、後躯をひねって背中を丸め、やわらかい肉球としなやかな関節を衝撃吸収材として着地するのです。

・枝から落ちたときに頭を回転させて下を見る
・頭の次に前肢を回転させる
・後躯を回転させて体勢を立て直す
・肢を伸ばして着地の準備をする

安全に着地する
この立ち直り反射があることで、高所から落ちても本能的に体を回転させ、安全な姿勢で着地することができます。空中で柔軟な体を操り、驚異的な立ち直りを見せるのです。

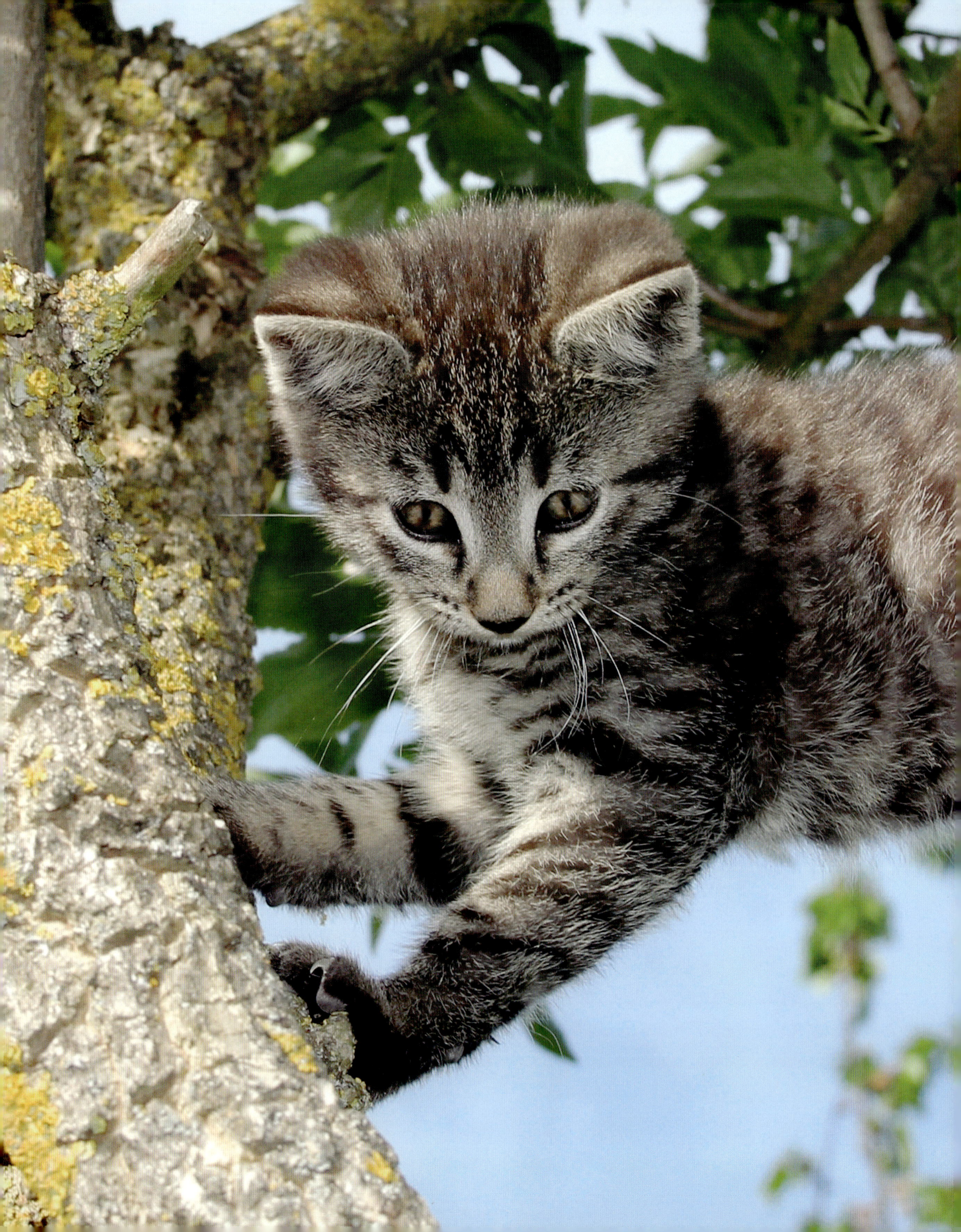

目標は高く
小さいながらしなやかな猫の体には、大きな筋力が詰め込まれています。幼い猫でも体の各部を協調させて、驚くほど機敏で優雅な動きを見せるのです。

猫の生物学 ｜ 心臓と肺

心臓と肺

心臓と肺は、気道や血液を介して酸素をすべての細胞に送る働きをしています。空気中のおよそ21%を占める酸素は、体細胞内でグルコースなどと反応してエネルギーを放出しますが、このエネルギーは細胞内で生理活性に使われます。空気は喉頭を経由して肺に取り込まれ、また肺から放出されます。猫の喉頭には、のどをゴロゴロ鳴らすことを含めた発声の機能があります。

呼吸器系は気道と肺で構成されます。鼻から吸い込まれた空気は鼻腔で湿り気を帯びて気管に入り、気管を通って肺へと運ばれます。気管は気管支という2本の気道に分岐して左右の肺につながり、肺でさらに細かな細気管支に分かれて肺胞まで伸びています。ガス交換はこの肺胞の中で行われるのです。酸素は何百万もの肺胞の壁を通って毛細血管に拡散され、赤血球に取り込まれます。二酸化炭素は逆方向に移動し、血液から肺胞に入り肺から吐き出されます。

猫は安静時には1分間に20〜30回呼吸をしますが、より多くの酸素を必要とする運動時は呼吸が速くなります。肋骨間の筋肉と横隔膜を動かすことで呼吸が行われています。

循環器系

心臓血管系は心臓と血管で構成されています。猫の心臓は4つの部屋からなるクルミほどの大きさのポンプで、疲れることのない心筋でできており、活動に応じて毎分140〜220回鼓動します。安静時の鼓動は毎分140〜180回で、これは人間の安静時のほぼ倍です。また、心臓は2つの回路で血液を全身に送り出しています。肺循環では酸素の少ない血液を肺に運び、肺で酸素を取り込みます。ここで酸素を取り込んだ血液が心臓に戻り、体循環によって心臓から体全体の器官や組織に送

血液型

猫にはA型、B型、AB型の3つの血液型があります。猫種と地域によって血液型の割合には差がありますが、圧倒的に多いのはA型です。シャムを含むいくつかの猫種にはA型しかありません。ほとんどの猫種ではB型の割合が低いのですが、デボン・レックスなどの猫種ではB型が25〜50%の割合を占めます。AB型はすべての猫種において非常にまれです。

心臓と肺
全力疾走などの瞬発的な活動の際、肺から血流に取り込む酸素量を増やすために呼吸速度は上がります。同時に酸素を多く含む血液を筋肉に送るため、心臓の鼓動も速くなります。

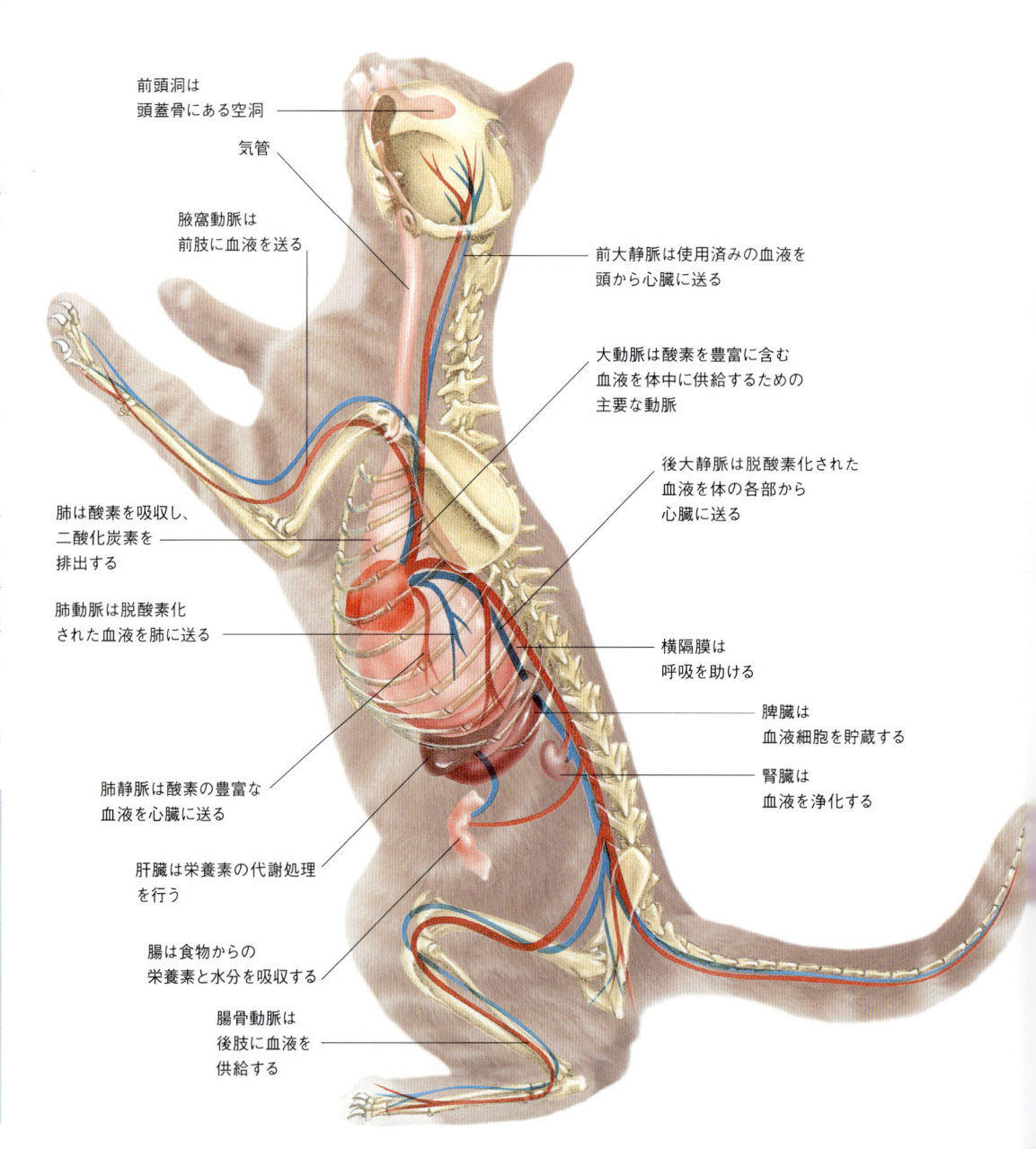

- 前頭洞は頭蓋骨にある空洞
- 気管
- 腋窩動脈は前肢に血液を送る
- 前大静脈は使用済みの血液を頭から心臓に送る
- 大動脈は酸素を豊富に含む血液を体中に供給するための主要な動脈
- 後大静脈は脱酸素化された血液を体の各部から心臓に送る
- 肺は酸素を吸収し、二酸化炭素を排出する
- 肺動脈は脱酸素化された血液を肺に送る
- 横隔膜は呼吸を助ける
- 脾臓は血液細胞を貯蔵する
- 肺静脈は酸素の豊富な血液を心臓に送る
- 腎臓は血液を浄化する
- 肝臓は栄養素の代謝処理を行う
- 腸は食物からの栄養素と水分を吸収する
- 腸骨動脈は後肢に血液を供給する

心臓と肺

肺の内部
吸い込まれた酸素は肺の奥深くにある肺胞という小さな空気嚢まで運ばれ、ここで血液に取り込まれます。二酸化炭素は逆方向に移動します。猫の肺胞の全表面積は20m²ほど。

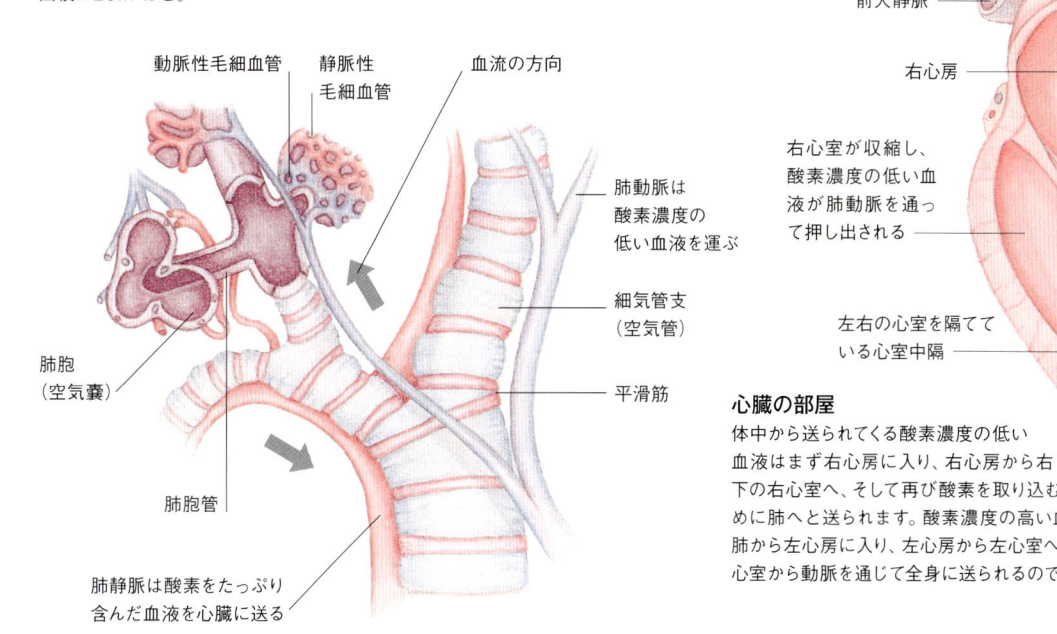

- 動脈性毛細血管
- 静脈性毛細血管
- 血流の方向
- 肺動脈は酸素濃度の低い血液を運ぶ
- 細気管支（空気管）
- 平滑筋
- 肺胞（空気嚢）
- 肺胞管
- 肺静脈は酸素をたっぷり含んだ血液を心臓に送る

- 大動脈は体内で最も太い動脈
- 前大静脈
- 右心房
- 右心室が収縮し、酸素濃度の低い血液が肺動脈を通って押し出される
- 左右の心室を隔てている心室中隔
- 肺動脈
- 肺静脈
- 左心房の壁は心室の壁より薄い
- 房室弁は血液の流れを制御する
- 左心室が収縮して、酸素豊富な血液を動脈経由で全身に送り出す
- 厚い心筋が力強く収縮する
- 脂肪質の沈着物

心臓の部屋
体中から送られてくる酸素濃度の低い血液はまず右心房に入り、右心房から右下の右心室へ、そして再び酸素を取り込むために肺へと送られます。酸素濃度の高い血液は肺から左心房に入り、左心房から左心室へ、そして左心室から動脈を通じて全身に送られるのです。

られるのです。

動脈には筋肉壁があり、心臓が鼓動するたびに拡張と収縮を繰り返し酸素を豊富に含む血液を通します。これによって脈拍が生まれ、体のさまざまなところで感じることができるのです。暗い色をした酸素の少ない血液は静脈を通って心臓に戻りますが、静脈には血液を一方通行で流すための弁が付いています。動脈と静脈の間には毛細血管という血管網があり、酸素やグルコースなどの分子は毛細血管の壁を通り抜けて周囲の組織細胞に入ります。二酸化炭素などの老廃物は組織細胞から毛細血管へ逆方向に送られます。

猫の脳は全体重の0.9％ほどですが、最大20％の血液が脳に供給されます。安静時の筋肉には血液の40％が供給されますが、瞬発的な運動時にはこの量は最大90％にまで急速に上がります。

体重5kgほどの平均的な猫には、約330mlの血液が流れています。血液のおよそ53％は血漿という水っぽい液体で、グルコースなどの食物分子、塩分、老廃物、ホルモン、その他の化学物質を運搬します。肺から取り込まれた酸素を運ぶ円盤型の赤血球はおよそ46％を占め、残りの1％には感染と闘う白血球と血液を凝固させる血小板が含まれます。

発声の仕組み

猫ののどがゴロゴロ鳴るのは、かつては大静脈中の血液の乱流による音だと考えられていました。しかし最近の研究では、のどの奥と気管をつなぐ喉頭でゴロゴロという音が生み出されることがわかってきています。「ニャー」という鳴き声や甲高い声を出すときは、喉頭にある左右2つの帯からなる声帯が、吐く息の通過とともに振動します。のどを鳴らしている間は、声帯を制御する筋肉が振動して声帯が繰り返しぶつかり合うことになるのです。息を吸ったり吐いたりすることで喉頭を通過する空気が、1秒間に25回ものゴロゴロ音を生み出します。他のネコ科の動物では、ボブキャットやクーガー（マウンテン・ライオン）、チーターなどはのどを鳴らしますが、ライオンやトラなどヒョウ属のビッグ・キャットは喉頭が大きいため、のどを鳴らすのではなくうなり声を上げます。声帯のひだの振動で音が生まれるのですが、舌骨によってピッチが下がり、うなり声の共鳴音が大きくなるのです。

のど鳴らし

猫がゴロゴロとリズミカルにのどを鳴らしているときは満足しているのだと考えられているように、やはり多くの場合、ゴロゴロ音は猫が幸福感にひたっているサインです。しかし、猫は不安なときや出産時やケガをしたときにものどを鳴らすことがあるのです。子猫は生後1週間ほどの目が開く前にのどを鳴らせるようになるため、乳を飲んでいる子猫が動かないでほしいと母猫に伝える手段として発達したのではないかと考える生物学者もいます。子猫を安心させるために母猫も一緒にゴロゴロ音を出すこともあります。
また、何かを「要求する」ゴロゴロ音を出すこともあり、飼い主に餌をねだるときなどに使います。要求の場合は規則正しい低いゴロゴロ音と高周波の鳴き声が混ざっており、高周波の鳴き声だけを分析したところ、周波数が人間の赤ん坊の泣き声に近いことがわかりました。猫の執拗な要求につい屈してしまうことはこれで説明できるかもしれません。

老猫がゴロゴロとのどを鳴らす場合は、攻撃の意図がないことや弱さの意思表示である可能性、毛づくろいをしている猫からされている猫に対して動かないでほしいという要求の意思表示である可能性もあります。

猫をなでるとゴロゴロのどを鳴らすことがあります。

猫の生物学 ｜ 消化器系と生殖器系

消化器系と生殖器系

肉食獣である猫の消化器系は、ネズミなどの小型動物を常食とするのにふさわしい進化を遂げました。獲物を殺して切り裂くための鋭い歯を持ち、腸は肉を消化するため比較的短いのが特徴。腎臓は老廃物を体外に排泄し、血液を浄化します。メスは乳離れした子猫が生きていけるように、比較的食べ物が豊富な春と夏に出産します。

猫の食習慣は肉食動物のなかでも限定的なものです。猫の食餌には特定のビタミン、脂肪酸、アミノ酸、そしてタウリンと呼ばれる動物の肉からしか摂取できない化学物質が含まれなければなりません。これらの栄養素やタウリンは、体内で生成することも肉以外の食物から摂取することもできませんが、猫が生きるために必須の栄養素なのです。

植物とは異なり、肉は比較的容易に腸で分解できるため、猫の消化管はヒツジやウマなどの草食動物と比べて短く単純です。

消化

イエネコの消化管は先祖であるヤマネコに比べると少し長めです。これは、数千年前に人とかかわるようになって以降、食物の中に植物由来のものが増え（肉と穀物を含む人間の残り物をあさっていたことが原因でしょう）、それに適応してきたことを示しています。猫は少しずつ何回にも分けて食餌をしますが、食物が口から入って排泄されるまでにかかる時間はおよそ20時間です。消化の第一段階では、口の中で食べ物を細かく噛みちぎります。口内で唾液が分泌されて食物を飲み込みやすくし、飲み込まれた食物は食道を通って胃ま

消化器系
猫の消化器系は肉食に適しており、比較的シンプルなつくりです。食物を物理的に細かくする作業は口から胃で進められ、胃では化学物質による分解も行われます。化学的消化は小腸でほぼすべて終わり、小腸の壁を通して栄養素が吸収されます。

- 唾液腺は食物を胃に運べるようするための唾液を作る
- 歯は食物を細かく噛み砕く
- 甲状腺と副甲状腺
- 食道は収縮により食物を胃へと押し出す
- 食道は弾力があり食物が通過するときに伸びる
- 噴門括約筋は開いて食物を胃に入れる
- 肝臓は栄養素を加工し、胆汁を生成する
- すい臓は消化に関わるホルモンとインスリンを分泌する
- 胃は胃酸と酵素を産生し食物を消化する
- 胃の筋肉は食物をかくはんする
- 幽門括約筋は食物を十二指腸に送る
- 十二指腸は栄養素を吸収する
- 腎臓は血液から老廃物を取りのぞく
- 尿管は膀胱へ向かう尿の通り道
- 大腸は固形の老廃物から水分を吸収する
- 直腸は体外に排泄されるまで老廃物を溜める
- 肛門括約筋は弛緩して便を排泄する
- 尿道
- 膀胱は尿を溜める

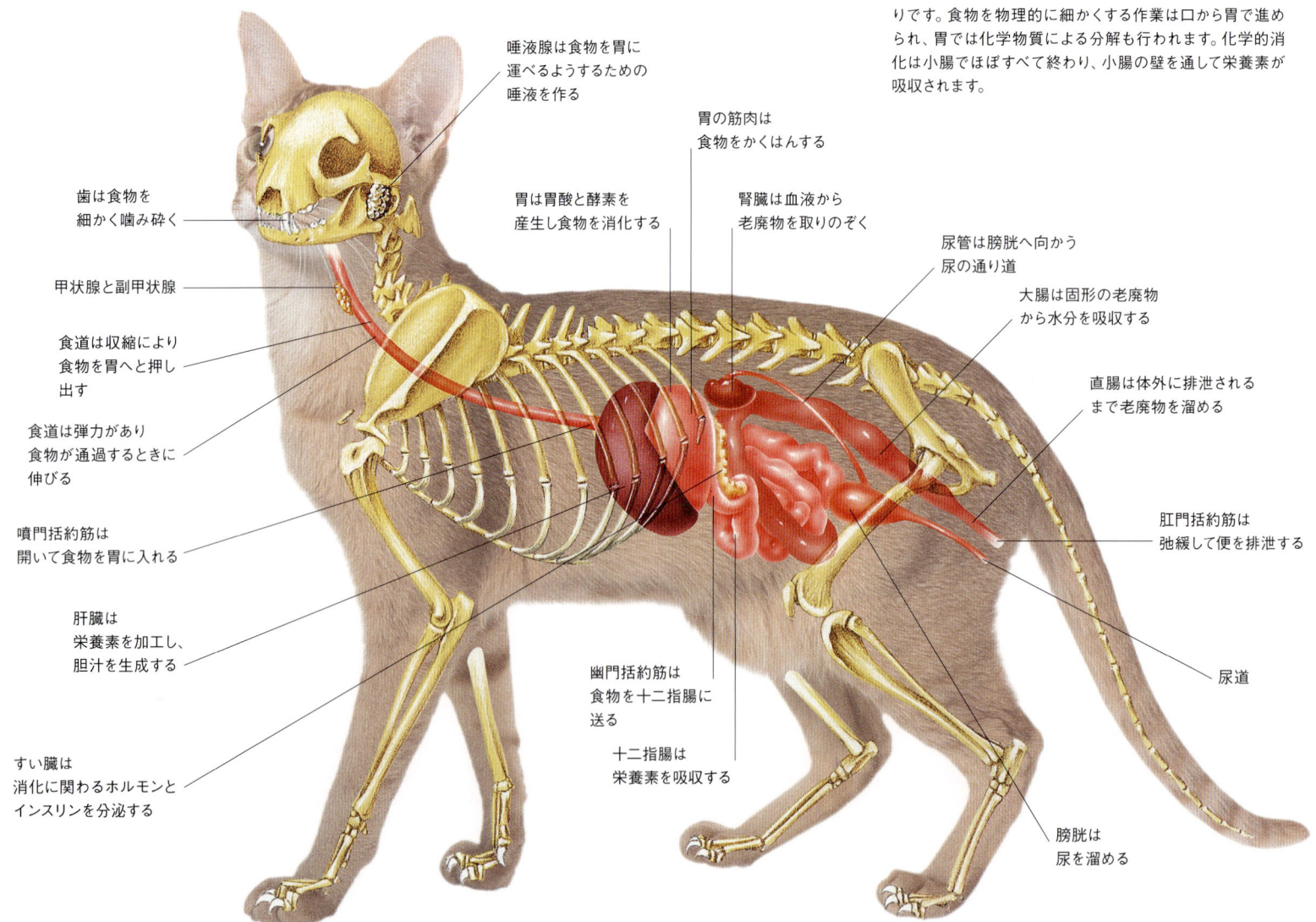

消化器系と生殖器系

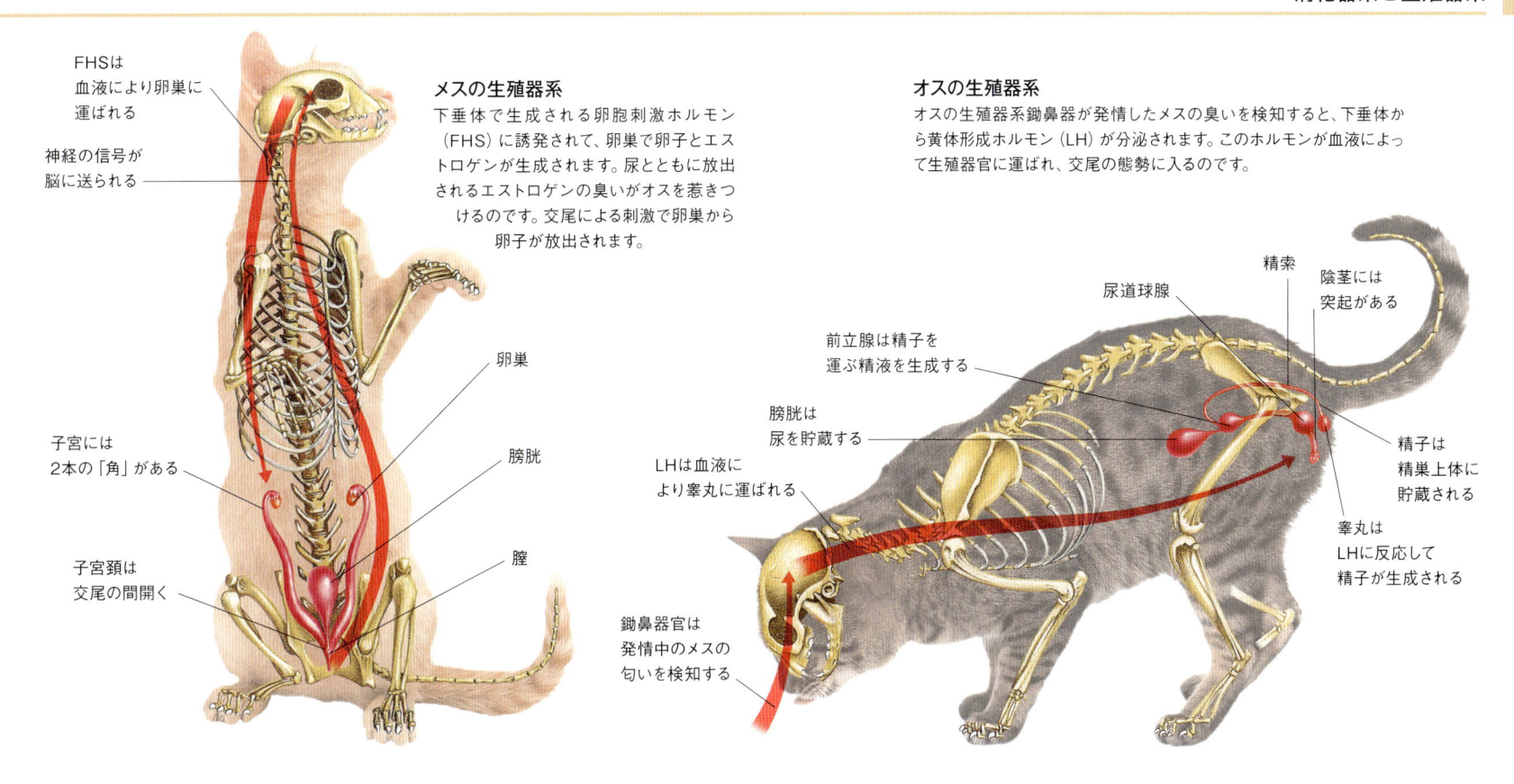

メスの生殖器系
下垂体で生成される卵胞刺激ホルモン（FHS）に誘発されて、卵巣で卵子とエストロゲンが生成されます。尿とともに放出されるエストロゲンの臭いがオスを惹きつけるのです。交尾による刺激で卵巣から卵子が放出されます。

- FHSは血液により卵巣に運ばれる
- 神経の信号が脳に送られる
- 子宮には2本の「角」がある
- 子宮頚は交尾の間開く
- 卵巣
- 膀胱
- 膣

オスの生殖器系
オスの生殖器系鋤鼻器が発情したメスの臭いを検知すると、下垂体から黄体形成ホルモン（LH）が分泌されます。このホルモンが血液によって生殖器官に運ばれ、交尾の態勢に入るのです。

- 前立腺は精子を運ぶ精液を生成する
- 膀胱は尿を貯蔵する
- LHは血液により睾丸に運ばれる
- 鋤鼻器官は発情中のメスの匂いを検知する
- 尿道球腺
- 精索
- 陰茎には突起がある
- 精子は精巣上体に貯蔵される
- 睾丸はLHに反応して精子が生成される

で運ばれます。胃では分解がさらに進み、酵素による化学分解も起こります。胃酸は骨をやわらかくしてしまうほど強力で、消化できない骨、毛、羽などは、通常は後で吐き戻されます。

一部消化された食物は、胃を出て幽門括約筋を通って十二指腸に入り、ここでほぼすべての化学的消化が行われます。肝臓で生成されて胆嚢に貯蔵される胆汁とすい臓から分泌される酵素がループ状の十二指腸に入り、脂肪、たんぱく質、炭水化物を消化するのです。栄養素はこの段階で小腸の壁から血液に取り込まれ、肝臓に運ばれて有用な分子に加工処理されます。大腸では水分が吸収されて老廃物が肛門から排泄されます。

老廃物の処理

糞便以外の老廃物は腎臓で処理されます。腎臓の主な役割は血液の浄化で、尿素などの代謝老廃物を取りのぞき、体内の水分組成と容量の調節をします。老廃物は水分に溶けて尿として腎臓から出されますが、左右の腎臓から出ている尿管を通って膀胱に溜められます。膀胱は最大100mlの尿を溜めることができ、溜まった尿が膀胱から尿道を通り体外に排出されるのです。去勢・不妊されていない猫の尿は刺激臭が強烈で、なわばりのマーキングや性的状態のアピールに使われます。

生殖

オリエンタル種などでやや早いこともありますが、猫は通常生後6～9カ月で性的に成熟します。春になると不妊手術をされていないメスのホルモン状態に変化が起こり、交尾の準備が整います。これが「発情した」あるいは「盛りがついた」状態です。発情したメスは去勢していないオスを惹きつける臭いを発し、独特の声で合図を送ります。その後交尾に至りますが、交尾はメスにとって痛みを伴うものです。オスの陰茎には120～150の棘状の突起があり、引き抜くときにメスの膣を傷つけてしまうのです。このためメスは、大声を出してオスに襲いかかろうとします。ただ、この痛みは長くは続かないようで、メスが発情している間は何度でも、そしてしばしば複数のオスと交尾をします。

この痛みはまた、交尾から25～35時間ほど後の排卵を誘発し、卵子は子宮にある2本の「角」（上のイラスト参照）の中を移動します。この段階で発情は終わりますが、妊娠しない場合は2週間ほどで再び発情します。妊娠した場合は、およそ63日の妊娠期間を経て、平均3～5匹、多いときには10匹くらいの子猫を出産します。

歯

子猫には26本の乳歯があります。乳歯は生後2週間にもならないうちに生え始め、生後14週ほどで抜け始めて30本の永久歯に生え変わります。顎の前方にある小さな門歯（切歯）は獲物をつかむのに使われ、犬歯は獲物の脊髄を切断するために使われます。猫は噛むことが得意ではなく、奥歯で食べ物を細切れにして飲み込みます。臼歯（上顎の奥の前臼歯と下顎の後臼歯）は、ハサミのように食物を食いちぎるのに威力を発揮します。食べるときは小さな突起で覆われた舌で、獲物の骨から肉を削ぎ落とすのです。

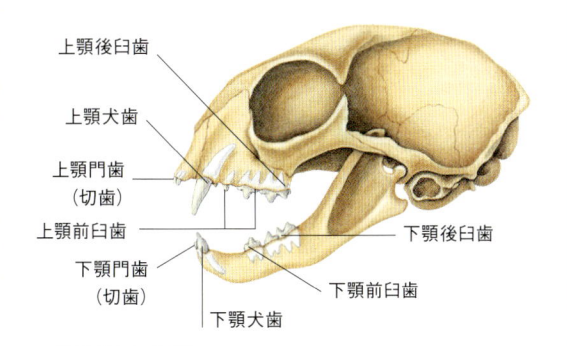

- 上顎後臼歯
- 上顎犬歯
- 上顎門歯（切歯）
- 上顎前臼歯
- 下顎門歯（切歯）
- 下顎犬歯
- 下顎前臼歯
- 下顎後臼歯

歯をきれいに保つ
猫の歯は、野生の獲物を食べるときにその骨でこすられて自然にきれいになります。しかし飼い猫の場合は、定期的に歯みがきをしないと衰えやすくなります。

猫の生物学｜免疫システム

免疫システム

猫は細菌やウイルス、その他の感染性病原体の感染リスクにさらされています。そのため健康を保つための免疫システムは強力で、防御機能を持つ白血球が「異質な」侵入者を認識すると、即座に排除し増殖を防いでいるのです。免疫システムが不適切な反応をして、アレルギー反応や自己免疫疾患を引き起こすこともあります。そしてこの免疫システムは、老化とともに衰えていきます。

出生時の防御

生まれたばかりの子猫は免疫システムが十分に発達していないため、病原菌に感染する危険性が高くなります。そこで、母猫が出産後最初に出すミルクが子猫を守るのです。この黄色っぽく濃いミルク（初乳）は出産後72時間だけ作られるもので、母猫が持つ病原菌への抗体を豊富に含むため、摂取することでそれらの病原菌から子猫を守るのです。この抗体は8〜10週間効力があり、その間に子猫は自分の抗体を作ることができます。最近の研究では、生後18時間を無事乗り越えるためには初乳を飲むことが重要だということがわかっています。抗体は腸の壁を越えて子猫の血液に取り込まれますが、この時間を過ぎると子猫の体が抗体を吸収する能力を失ってしまうのです。

猫の免疫システム

免疫システムには子猫を感染から守るすべてが含まれます。皮膚と粘膜からなる体表は病原菌に対する障壁となりますし、胃酸は口や鼻から入る多くの病原菌を撃退します。傷口から入った病原菌は、免疫システムのなかで最も主要な白血球の攻撃にさらされるのです。白血球は骨髄で作られ血流とリンパ系に存在します。リンパ系はリンパ液を体の組織から集めて排出する、体中に張り巡らされた導管ネットワークです。リンパ管には白血球が詰まったリンパ節が点在し、リンパ節はリンパ液をろ過しますが、ここでとらえた菌を白血球が攻撃するのです。扁桃腺、胸腺、脾臓、小腸の内面もリンパ系の一部です。

白血球には異なる役割を持ついくつかの種類があり、細菌、ウイルス、真菌、原虫、寄生虫などの病原菌や病原菌が作り出す危険な化学物質（毒素）を見つけて攻撃します。白血球には次のものが含まれます。

- ■ 好中球：細菌や真菌を傷口などの感染箇所で飲み込み、殺菌します。
- ■ T細胞（Tリンパ球）：B細胞（Bリンパ球）の制御やウイルス感染細胞、腫瘍細胞の攻撃などさまざまな役割を担っています。
- ■ B細胞（Bリンパ球）：病原体と結合して制圧し、抗体と呼ばれるたんぱく質を産生します。
- ■ 好酸球：寄生虫を狙って攻撃し、アレルギー反応に関与します。
- ■ マクロファージ：他の白血球によって検出された病原体を取り込み、消化します。

感染症の危険
外猫や自由に外出する猫は、完全室内飼いの猫に比べて感染症にかかる危険が高まります。他の猫と接触することで寄生虫が付くことがありますし、毒物を飲んだり他の動物に攻撃にされたり交通事故に遭う危険もあるのです。

アレルギー、自己免疫、免疫不全

猫にもアレルギー疾患があり、皮膚のかゆみ（掻き続けると赤くなります）、くしゃみ、喘息の喘鳴、嘔吐、下痢、鼓腸症などのさまざまな症状を示します。アレルギーは通常は害のない異物に対して免疫システムが過剰に反応することで起こるもので、ヒスタミンなどの炎症性化学物質が分泌されます。アレルギーの要因として一般的なものには、ノミに噛まれた後に特定の物質と接触することがあります。この特定の物質には、食物（牛肉や豚肉や鶏肉などに含まれるたんぱく質）、空気中を浮遊する花粉などの粒子、羊毛や洗剤などが含まれます。治療はアレルギー誘発物質を取りのぞくことが確実ですが、特定が難しい場合もあるでしょう。そのようなときは、皮膚のかゆみを抑える抗ヒスタミン剤を処方されることがあります。また、ノミが原因であればノミを駆除する必要があります。

ストレス

猫はストレスを感じやすい動物です。新しいペットや赤ちゃんの誕生、時には家具の配置変えといった家の中の変化がストレスになるのです。ストレスを感じると、エピネフリン（アドレナリン）やコルチゾール（P43）などのホルモンが分泌されます。これらのホルモンは猫の注意力やエネルギーのレベルを上げますが、分泌が長引くと免疫システムが低下し、感染症やガンに対する自己防御能力や回復力を損なうことにもなってしまうのです。

他の猫や動物とのケンカや争いで興奮すると、エンドルフィンという化学物質が脳内で分泌されて保護的役割を果たします。エンドルフィンは自然の鎮痛剤であり、歯や爪による傷の痛みを軽減する働きもあります。

免疫システム

自己免疫疾患は免疫システムが過剰に反応し、自分の組織を自分で攻撃することで起こります。猫には珍しい疾患ですが、天疱瘡という皮膚病や多発性全身性自己免疫疾患である全身性エリテマトーデス（SLE）などがあります。免疫システムは加齢とともに機能が低下しますが、免疫システム細胞を攻撃する感染症にかかると、他の感染症やガンにかかりやすくなります。特定のT細胞を攻撃する猫免疫不全ウイルス（FIV）や白血球のガンを引き起こす猫白血病ウイルス（FeLV）などの病原体がこれに該当します。

ワクチン接種

予防接種で免疫を投与することで予防できる感染症があります。ワクチン接種はある種の微生物に対する抗体の生成を誘発し、発症させることなく病気に対する免疫を持たせることができます。イギリスでは、猫汎白血球減少症ウイルス、猫ヘルペスウイルス、ネコカリシウイルスに対する予防接種が可能です。

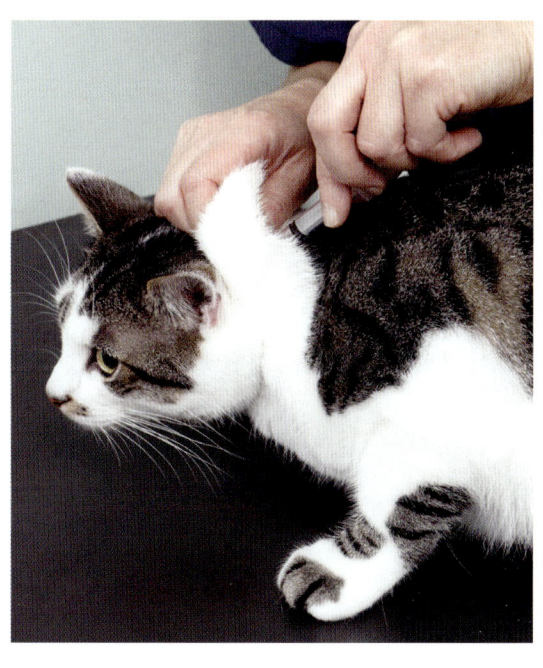

予防接種
住んでいる地域や室内飼いなのかそうでないかなどの生活環境に適したワクチン接種については、獣医師に相談しましょう。最初の予防接種は子猫のうちに行い、生涯にわたって毎年接種することが必要です。

猫の免疫システム
免疫システムは体中に張り巡らされた細胞、組織、器官の防御ネットワークです。リンパ系や血液中にある白血球は、感染症との闘いにおいて大きな役割を果たします。

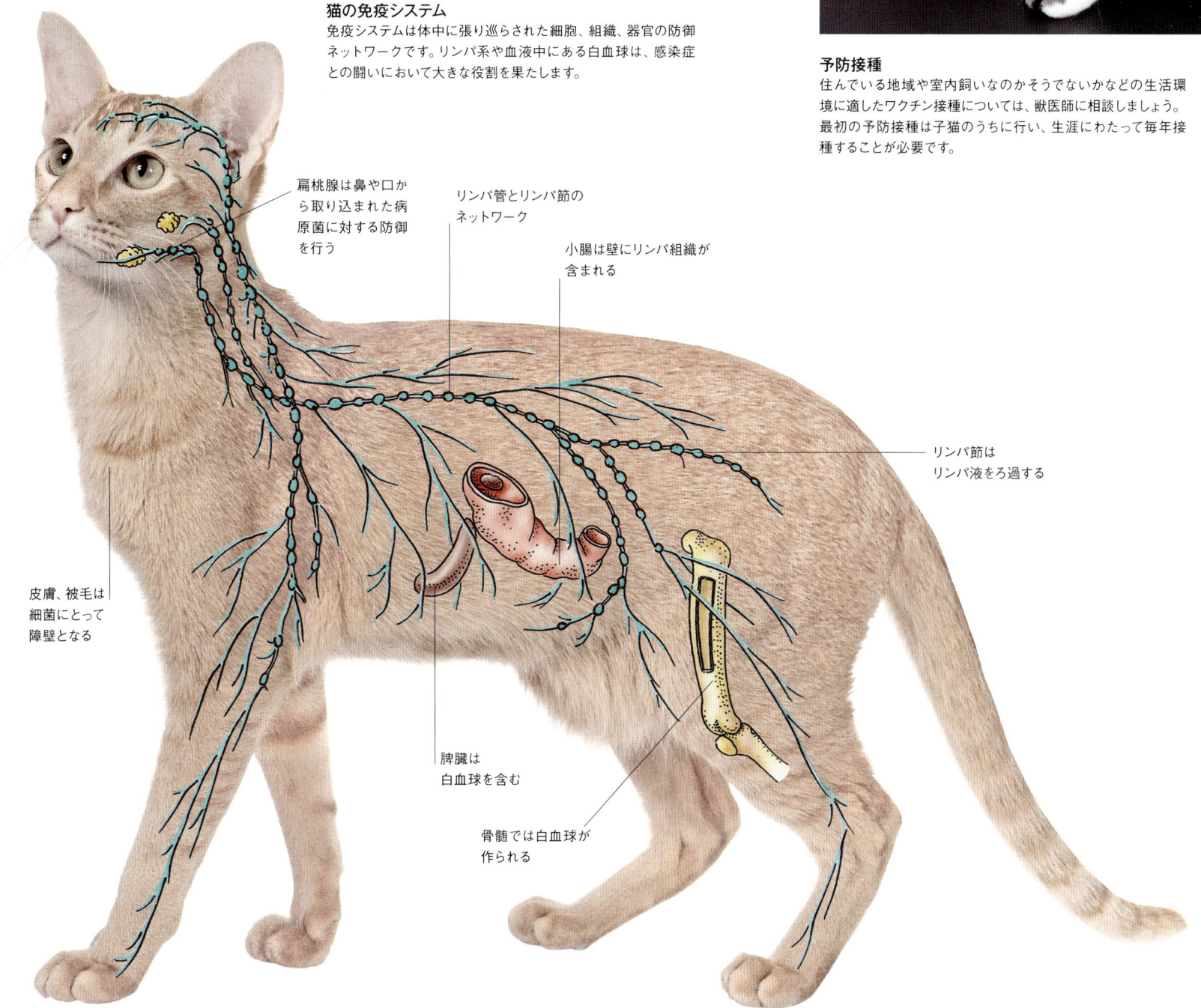

- 扁桃腺は鼻や口から取り込まれた病原菌に対する防御を行う
- リンパ管とリンパ節のネットワーク
- 小腸は壁にリンパ組織が含まれる
- リンパ節はリンパ液をろ過する
- 皮膚、被毛は細菌にとって障壁となる
- 脾臓は白血球を含む
- 骨髄では白血球が作られる

猫の生物学 | 猫種を理解する

猫種を理解する

家畜化された他の動物と同様、猫にもさまざまな品種があり、シャム、アビシニアン、マンクス、ペルシャ、メインクーンなどがよく知られています。19世紀にキャット・ショーが始まると、猫種ごとに分類されるようになりました。今日、派生種も含めると100以上の猫種が登録団体に承認されていますが、飼い猫のほとんどはどの猫種にも属さない雑種です。

品種とは

品種とは、同じ特徴を持ち統一性のある子孫を作るために繁殖された家畜のグループで、この定義は多くの猫種に当てはまります。健康上の理由により、あるいは新しい特性の導入や既存の特性の改良のために、異系交配（異なる品種との交配）が認められることもあります。猫種の開発は近年盛んに行われるようになりました。19世紀に猫の愛好家が急増すると、ショーキャットとその血統を記録するために登録団体が設立されました。こうした団体が「猫種標準（ブリード・スタンダード）」を品種ごとに定義しているのです。主な登録団体には、Cat Fanciers Association（CFA）、The International Cat Association（TICA）、Federation Internationale Feline（FIFE）、Governing Council of the Cat Fancy（GCCF）があります。

特徴

猫の品種は被毛（色、模様、長さ）、頭部と身体の形、目の色によって定義されます。まれに尾がない、短足、折れ耳などの特徴が規定に入る品種もあります。とくに被毛の色と模様は猫種ごとに差があり、シャルトリューのように単色のみの猫種もあれば、ブリティッシュ・ショートヘアのように多くの色や模様が許容されている猫種もあります。

猫種が生まれる過程

ブリティッシュ・ショートヘアなどいくつかの猫種は、孤立した環境の中で自然に進化しました。遺伝子プールが限定された結果として独特の外見が生まれたのです。メインクーンの長い被毛が厳しい冬を生きるのに不可欠だったように、生き残るための特徴を持って自然発生した猫種もあります。

孤立した小さな個体群では、遺伝子の突然変異によって生じた特質が何世代にもわたる近親交配で普通に現れるようになりました。これは「創始者効果」と呼ばれ、たとえばマンクスの尾がない要因でもあります。ブリーダーは創始者効果を利用して、突然変異による新しい特徴を持つ猫から新種を作り出します。スコティッシュ・フォールド、マンチカン、スフィンクスはそうした猫種に含まれます。

遺伝学の役割

純血種のブリーダーは、遺伝学に基づき優性遺伝子あるいは劣性遺伝子による形質を特定しています。そうすることで異なる猫種の両親から生まれた子猫がどのような外見になるかを予測することができるのです。優性遺伝子は両親のいずれかから1個でも受け継げば、その形質が現れます。た

ハイブリッド

- この図は、イエネコとその他のネコ科の動物、とくにベンガルやチャウシーなど、新しい猫種開発のためにイエネコとの異種交配が行われた小型の猫との関係を示しています。この図でイエネコに近い野生種は、イエネコと緊密な関係にあります。
- イエネコのDNAは38個（19組）の染色体によって伝達されますが、これはいくつかの野生のネコ科動物も同じです。妊娠期間の異なる種であるにもかかわらず、イエネコと小型の野生猫の異種交配が可能なのはそのためです。初期の世代、特に雑種第一代（F1）では繁殖力がかなり低下しますが、戻し交配によって改善が可能です。

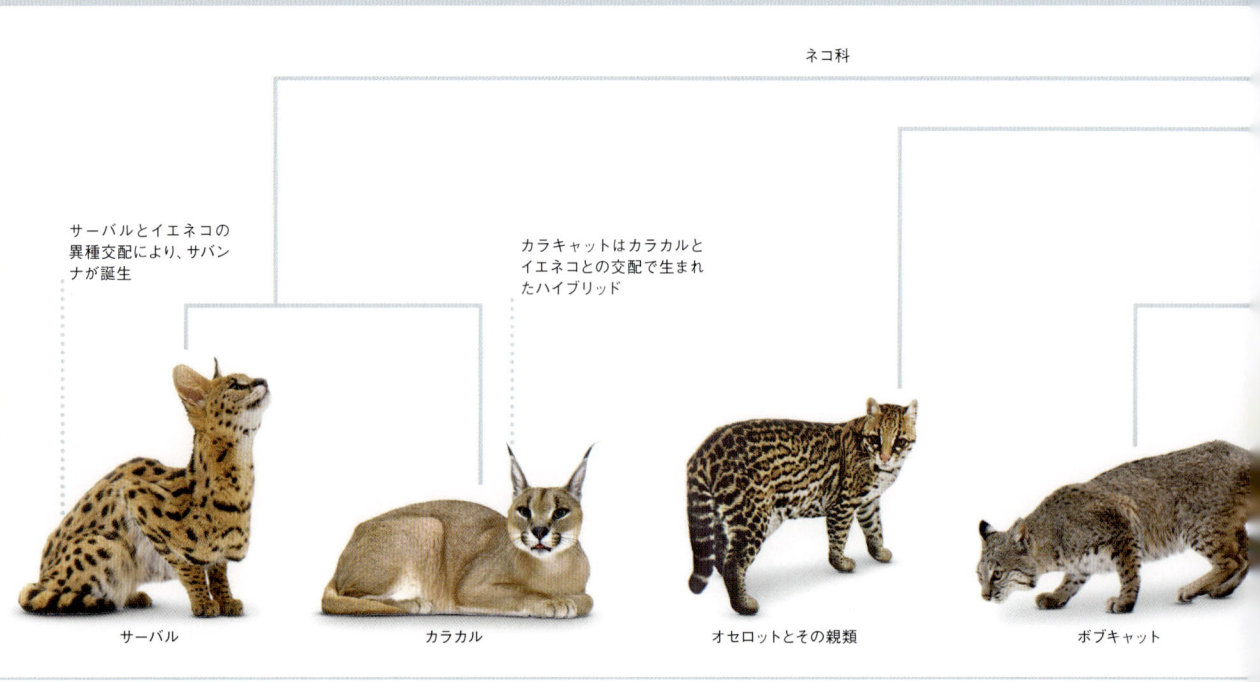

ネコ科

サーバルとイエネコの異種交配により、サバンナが誕生

カラキャットはカラカルとイエネコとの交配で生まれたハイブリッド

サーバル　カラカル　オセロットとその親類　ボブキャット

優性の形質と劣性の形質

暗色の被毛の猫は、色素の詰まった毛を作り出す濃厚な優性色素遺伝子「D」を少なくとも1個持っています。この遺伝子の劣性遺伝子となる「d」は色素のレベルを減らし、2個存在すると被毛の色は薄くなります。黒の被毛の遺伝子「B」を2個持つ猫2匹が、それぞれ「D」遺伝子を1個、「d」色素遺伝子を1個持っていると、4分の1の確率でその子はブルーの被毛を持つことになります。

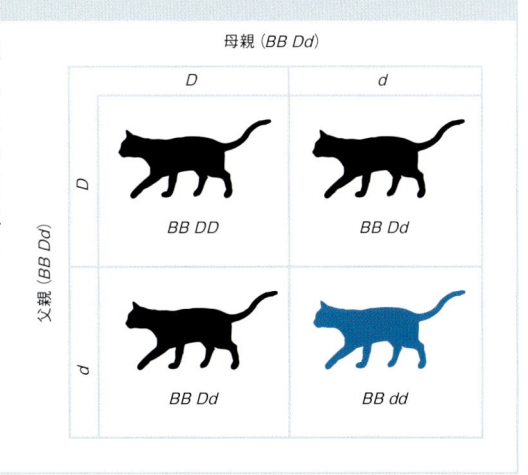

	母親（BB Dd）	
父親（BB Dd）	D	d
D	BB DD	BB Dd
d	BB Dd	BB dd

たとえば、タビーの被毛を生じさせる遺伝子はタビー以外の被毛を作る遺伝子に対して優性です。劣性遺伝子はそれぞれの親から1個ずつ、2個受け継がなければその形質は現れませんが、長毛は劣性遺伝で現れる形質のひとつです。

異種交配

猫種登録団体はどのような異種交配なら許容されるのかを、スタンダードで規定しています。異種交配で生まれた子猫は外見に応じて登録されるのです。異種交配はまた、短毛種の猫の長毛バージョンなどの新種を開発するときにも行われます。

健康上の理由から異種交配が必要な猫種もあります。たとえばスコティッシュ・フォールドは、折れ耳のフォールドの猫と、立ち耳のブリティッシュ・ショートヘアもしくはアメリカン・ショートヘアを異種交配して生まれた猫です。この組み合わせにより、フォールド（折れ耳）の突然変異遺伝子を2個受け継いで消耗性疾患を持つ子猫が生まれるのを避けるのです。

美しいハイブリッド
21世紀のデザイナー・キャットといわれるサバンナは、シャムとサーバルの異種交配によってつくられました。サーバルの大きな耳や長い肢、斑点のある被毛といった特徴が見られます。

ハイブリッドと新種

ここ数十年にわたり、新しい猫種を開発するためにイエネコと野生の小型猫との異種交配が行われてきました。生まれた猫種の多くが人目を引くエキゾチックな被毛を持っており、ベンガル、チャウシー、サバンナがこれにあたります。

純粋なイエネコ同士の交配による新種開発は絶えず行われていますが、登録団体に猫種として承認されるには何年もかかります。登録を待つ猫種には、セルカーク・レックスとターキッシュ・アンゴラの異種交配で生まれた巻き毛のアークティック・カールや、ペルシャの遺伝子の影響を受けたシャルトリューの長毛種であるベネディクティンなどがあります。

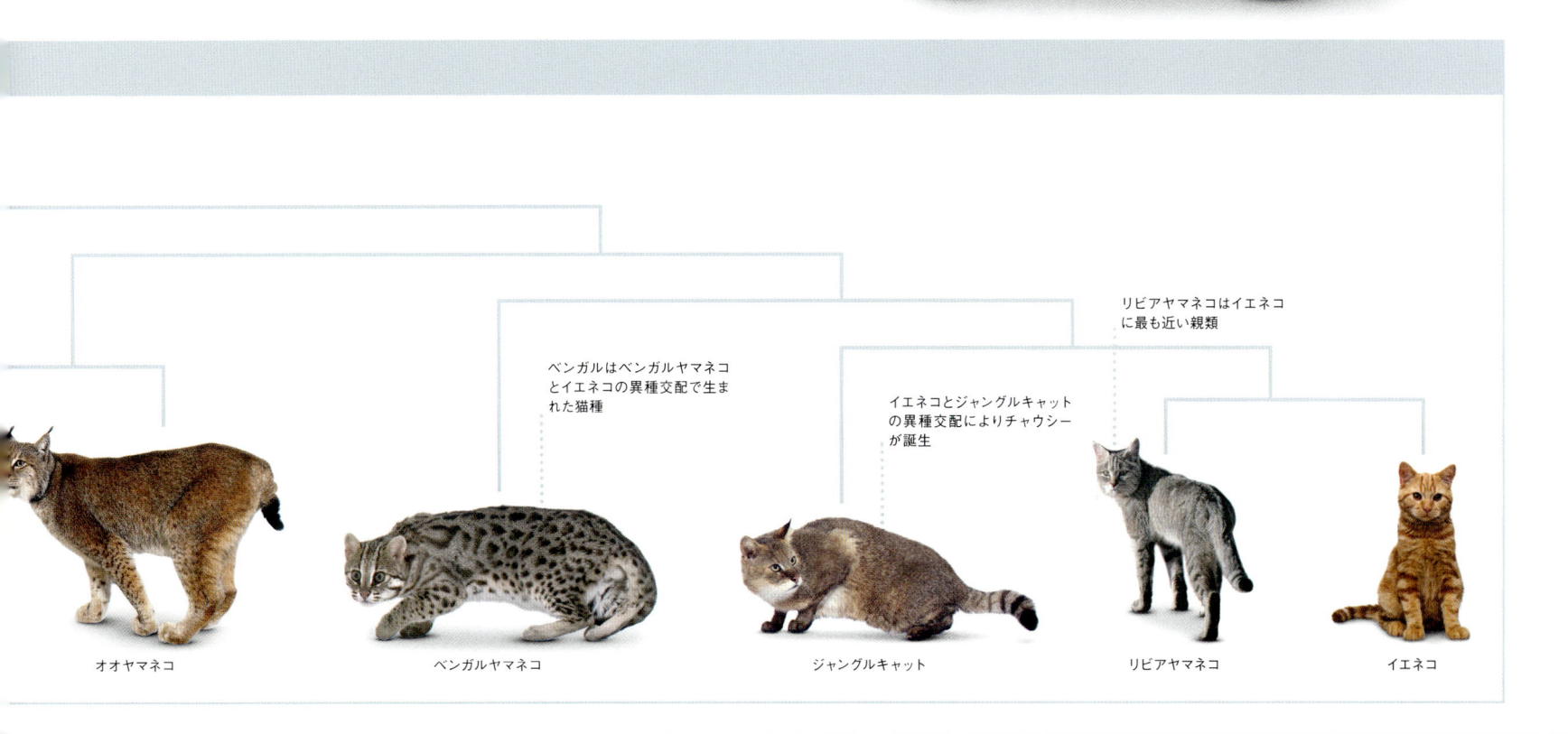

オオヤマネコ　　ベンガルヤマネコ　　ジャングルキャット　　リビアヤマネコ　　イエネコ

ベンガルはベンガルヤマネコとイエネコの異種交配で生まれた猫種

イエネコとジャングルキャットの異種交配によりチャウシーが誕生

リビアヤマネコはイエネコに最も近い親類

猫の生物学 ｜ 猫を選ぶ

猫を選ぶ

猫種によって性質は異なります。たとえばシャムなどの細身の猫はとても活動的で、家族と一緒に過ごすのが大好きですが、ブリティッシュ・ショートヘアなどのずんぐりした猫はのんびりしており、静かな生活を好みます。純血種の入手先としては信頼のおけるブリーダーが理想的ですが、保護施設でも多くの雑種のなかに純血種の猫が見つかることがあります。

特定の猫種は、外見上魅力的に感じられることがあります。たとえばハバナの鮮やかな茶色の被毛やシャルトリューの豊かなブルー・グレーの被毛は、多くの人を惹きつけます。エジプシャン・マウの持つ神秘性や、ベンガルの野性的な外見を好む愛好家も多いもの。猫種を選ぶときは、大きさや性質、そして被毛の長さも重要な要素でしょう。

純血種にこだわらなくても、楽しい猫との生活を送ることはできるものです。現在飼われているイエネコは95％以上が雑種ですが、簡単に手に入れやすいのも魅力のひとつです。

サイズと体型

猫のサイズは品種間で大きな差はありませんが、若干の違いはあります。マンションや狭い家での完全室内飼いを予定している場合は、小さめの猫種を選ぶとよいでしょう。シンガプーラ、ラムキン・ドゥワーフ、バンビーノは小型の猫種で、マンチカンの低い体高を受け継ぎ、成猫でも2kgほどしかありません。その他の小型の猫種はオリエンタル種の細身の体型であることが多く、ボンベイ、ハバナ、コーニッシュ・レックスなどがあります。対極にいるのが重量級の猫種であるハイランダーで、成猫は11kgにもなります。その他の大型の猫には、メインクーン、ターキッシュ・バン、サバンナなどがいます。大型の猫には広いスペースが必要で、完全室内飼いにはあまり向かないでしょう。

活動的か従順かといった猫の性質は猫種によって異なります。シャム、トンキニーズ、バーミーズ、スフィンクス、ボンベイ、アビシニアンなどの細身のオリエンタル種は、他の猫に比べて活動的で探究心も旺盛です。一般的に賢いと考えられており、芸を覚えたり、ハーネスやリードを付けて散歩をするよう訓練できる可能性が高いといわれます。たいてい「おしゃべり好き」でかなり騒々しく鳴く猫が多いでしょう。

ずんぐりしたコビー体型の猫は、たいていのんびりしていて静かです。ブリティッシュ・ショートヘア、ペルシャ、ノルウェージャン・フォレスト・キャット

新しい友達を作る
幼いうちに社会化された子猫は、新たに人間や他のペットと出会ったときに、おびえたり攻撃的になったりせず、友好的な様子を見せるでしょう。

猫を選ぶ

希少種
作出された地方では人気がありながら、他の地方であまり知られていない猫種がいます。クリリアン・ボブテイル（P242〜243）は日本とロシアでは人気があるものの、他の国ではめったに見られません。

トなどがこれに当たり、ラグドールとラガマフィンはとりわけ従順です。なでてかわいがるペットとしては最高ですが、不快に感じていてもそれを表に出さないことがあるので、注意して扱う必要があります。

長毛種と短毛種

猫種は大きく短毛種と長毛種に分けられます。シャム、ロシアン・ブルー、ベンガルなどの短毛種は週に1〜2度のグルーミングで十分ですが、長毛種は毛のもつれや絡まりを防ぐために毎日のグルーミングが欠かせません。もつれや絡まりを放置すると健康上のリスクにもつながりかねません。絹のような長い被毛と人形のような顔を持つペルシャは、とくに念入りなグルーミングが必要です。その他の長毛種としては、バーマン、ラグドール、サイベリアンがよく知られています。

デザイナー・キャット

デザイナー・キャットともいわれる新しい猫種は非常に人気がありますが、かなり高価で18万円を超えるような猫もいます。独特な耳を持つスコティッシュ・フォールドやアメリカン・カール、寒い地方では空調のきいた家で飼う必要があるヘアレス種のスフィンクスやピーターボールド、縮れ毛や巻き毛を持つアメリカン・ワイアーヘアやラパームやレックス種の猫など、さまざまな猫種があります。短足のマンチカンとマンチカンから派生した猫種は大人気で、耳がカールしているキンカロー、カーリー・コートのスクーカムとラムキン・ドゥワーフ、ヘアレスのバンビーノ、長毛種のナポレオンがあります。野生

の小型猫に似た美しい被毛を持つ猫種の人気も上昇中ですが、カリフォルニア・スパングル、エジプシャン・マウ、ソコケはイエネコから生まれたものです。また、ベンガル、サバンナ、チャウシーは、イエネコとネコ科の他の動物とのハイブリッドから作出されました。ハイブリッド種は、たいてい活動的な性質を持っています。

猫を手に入れる

どの猫種を選ぶにしても、まず信頼できるブリーダーを探す必要があります。純血種を手に入れるには、キャット・クラブや猫種登録団体に連絡をするか、キャット・ショーに足を運んでみると良いでしょう。キャット・ショーでは、出陳している猫の飼い主からブリーダーを推薦してもらえるかもしれませんし、出陳者自身がブリーダーである場合もあるでしょう。地元の獣医師からもアドバイスがも

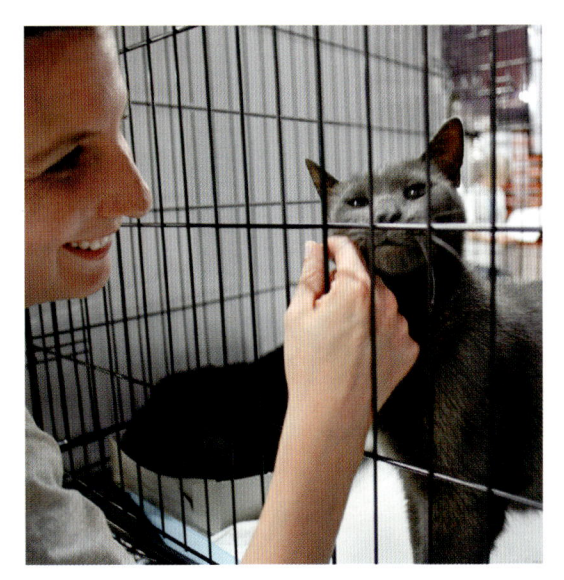

動物保護施設から迎える
純血種の成猫を探している場合は、保護施設を訪れてみると良いでしょう。新しい家を必要とする純血種が保護されていることもあり、ブリーダーから迎えるより安く手に入れることができます。

特別なケア
動物保護施設には飼い主に先立たれた猫など、年老いた猫がたくさんいます。シニア猫や障害のある猫を引き取る場合は、進行中の治療費用の一部を施設側が負担してくれることもあるので確認を。

らえるかもしれません。

ブリーダーは選んだ猫種とそのニーズについて疑問に答えてくれるでしょうし、飼う前に子猫と母猫を観察することもできるはずです。良いブリーダーなら、家の状況や世話に関していろいろ質問をするでしょう。そしてすべてうまく運べば、12週を迎えた段階で、社会化と駆虫とワクチン接種が済んでいる子猫を引き取れるようアレンジしてくれます。

動物保護施設にもペットにふさわしい猫がたくさんいるので、覗いてみるのも良いでしょう。とくに性格が確立された成猫を探している場合は、そこから迎えることをおすすめします。保護施設のような組織では、里親になるための料金を設定して、施設にいる猫の食餌や医療費の一部にあてています。人気のある純血種が保護されていることもありますが、だいたいは雑種なので、純血種にこだわりのない人に向いています。純血種であっても雑種であっても、すべての猫が愛情あふれた家を必要としていることを忘れないでください。

67

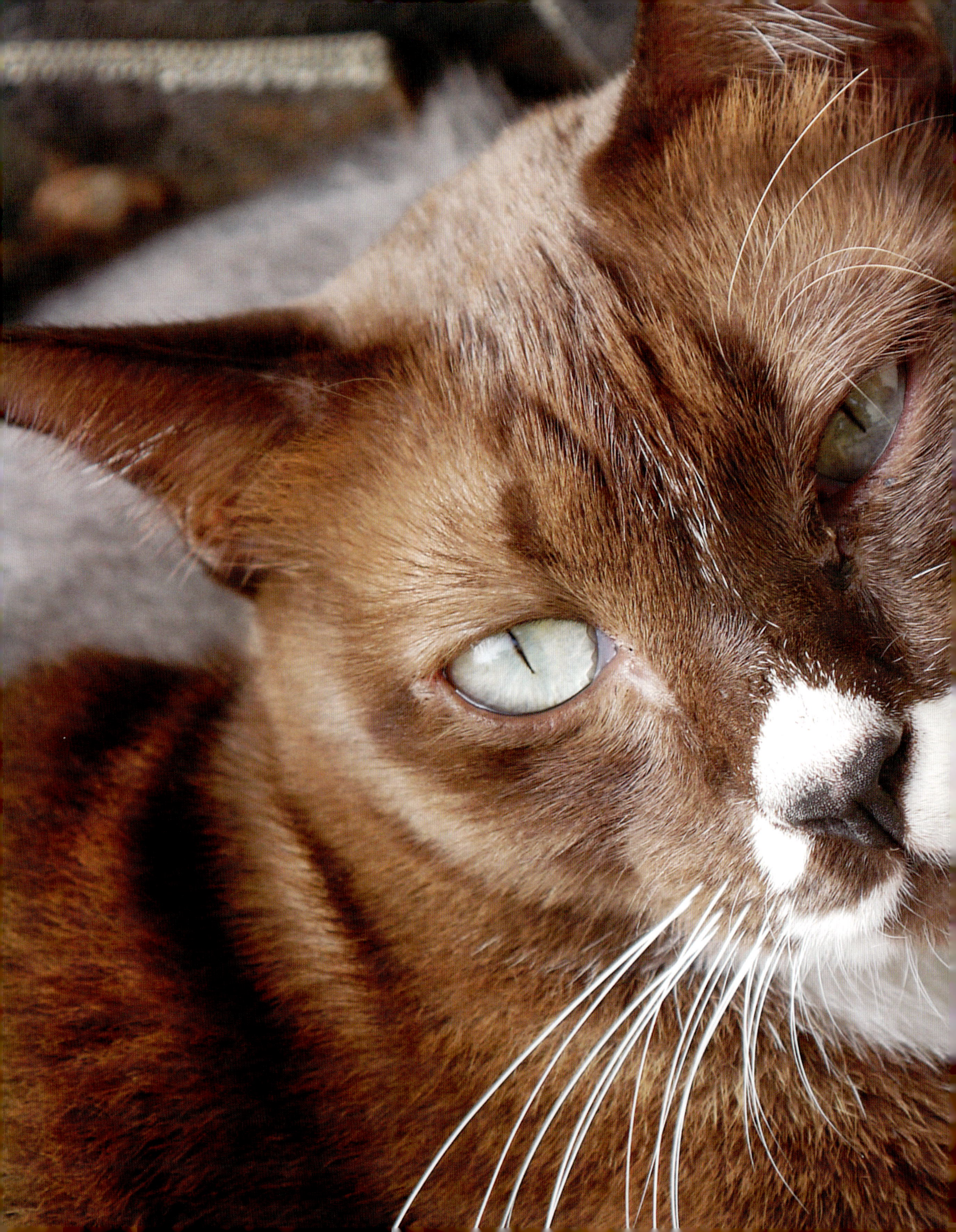

第4章

猫種の解説

生まれながらのハンター
光沢のあるアビシニアンの被毛は、暖かい地域で暮らすハンターには理想的。密生していて十分な断熱性と防護性があり、高い茂みの中を自由に動き回ることもできます。

短毛種（ショートヘア）

大型か小型か、野生か飼い猫かにかかわらず、ほとんどの猫は短毛です。それは進化の結果得られたもので、獲物に忍び寄り瞬発的に速度を上げて狩りをする肉食獣としては理にかなったスタイルなのです。狩りをするときは、下草の茂る地形でも被毛が邪魔にならずに動くことができ、窮地にあっても短毛のほうが自由に動いてすばやく相手に飛びかかれるので、効率的に動けます。

短毛種の開発

4千年以上前に最初に家畜化された猫は短毛で、つやのある被毛はその後も変わらず人気を保っています。短毛の場合、色や模様が明確に現れ、猫ならではの体つきの美しさが際立ちます。これまでに数多くの短毛種が開発されていますが、主に「ブリティッシュ」、「アメリカン」、「オリエンタル」という3つのグループがあります。

ブリティッシュとアメリカンは基本的にはどこにでもいるイエネコで、何十年にもわたる繁殖によって改良されました。がっしりした体格に丸みのある頭部を持ち、被毛は短く厚く2層構造になっています。この2つのグループとは異なるオリエンタル種は、シャムとの異種交配によりヨーロッパで作出された猫だといわれています。大きな特徴としては、短く体に密着した細い被毛を持ち、アンダー・コートはありません。

その他の人気のある短毛種としては、バーミーズ、ビロードのような被毛を持つロシアン・ブルー、ペルシャの容貌と手のかからない短毛を併せ持つエキゾチック・ショートヘアなどが挙げられます。ロシアン・ブルーには非常に短いアンダー・コートが生えており、主毛を体から立ち上げる役割を果たしています。

短毛種を極限まで持っていったのがヘアレス（無毛）種で、スフィンクス、ピーターボールドなどがいます。これらのヘアレス種は完全な無毛ではなく、ほとんどの場合はスエードのような手ざわりの細い体毛で覆われています。

短毛種のもうひとつの派生種として、ウエーブがかっているか縮れた被毛を持つレックス系の猫種がいます。このなかでよく知られているのは、デボン・レックスとコーニッシュ・レックスでしょう。

手入れのしやすさ

飼い主にとって短毛種を飼うことの大きな利点は、あまりグルーミングをしなくても被毛の状態を良好に保てるということでしょう。長い毛に覆われていないため寄生虫やケガを発見しやすく、治療も簡単です。ただし、短毛種を飼っていればカーペットやソファーに毛が落ちないというわけではありません。なかにはたくさん毛が抜ける猫種もあり、とくに厚いアンダー・コートが抜け落ちる季節は抜け毛が増えます。オリエンタル種のようなシングル・コートの猫種でも、猫ならある程度の被毛は必ず抜けるものです。

親しみやすい顔
エキゾチック・ショートヘアの特徴である大きな目と平らな顔、そしてふっくらした頬は、ペルシャから受け継いだもの。また、短毛種には珍しく、厚い被毛を持ちます。

エキゾチック・ショートヘア

起源：1960年代のアメリカ
公認する猫種登録団体：CFA、FIFe、GCCF、TICA
体重：3.5〜7kg
グルーミング：週2〜3回
被毛の色とパターン（模様）：ほとんどすべての色とパターン

ふわふわの「テディ・ベア・キャット」

丸みを帯びた体に低くつぶれた鼻、そして大きな目。エキゾチック・ショートヘアは「テディ・ベア・キャット」という愛称そのままの猫であり、たいていのブリーダーがこの猫を語るときに必ずテディ・ベアになぞらえます。きわめてやわらかく厚いダブル・コートの被毛は、他のどの短毛種の猫にも見られない特徴です。先祖のペルシャから譲り受けた長くてふわふわのアンダー・コートがあり、オーバー・コートは体から立ち上がるように生えています。

愛情深く人を惹きつける性質を持つ猫
長毛種ペルシャの"手入れに手間がかからない"バージョン

最初のエキゾチックは1960年代にアメリカで誕生し、1980年代には人気のある「ブリティッシュ・バージョン」が作出。アメリカン・ショートヘアの被毛の改良を目的として、ペルシャとアメリカン・ショートヘア（P113）を交配して作られました。後にバーミーズ（P87）、アビシニアン（P132）、ブリティッシュ・ショートヘア（P118）との交配も行われました。ブリーダーは当初、ペルシャのようなシルバーに輝く被毛にグリーンの目を持つ短毛種の猫を目指していましたが、やがて、ペルシャのような顔と体を持つ短毛種を作ることが目的になりました。

エキゾチックは、ペルシャのような丸い顔つきと穏やかな性質、そして厚くやわらかい被毛であるにもかかわらず、長毛のペルシャほどグルーミングが必要ないような短い被毛を併せ持っています。このことから、「なまけ者用のペルシャ」と呼ばれることもあります。先祖であるペルシャの、静かで従順な性質を受け継いでいます。室内飼いのペットとして幸せに暮らせる猫で、一緒に遊んでくれるか膝の上で寝かせてくれる人が誰かそばにいれば、つねに満足しています。声は小さく、騒がしく鳴くことはめったにありません。ただ注目されるのは大好きで、人間の目の前に座り、抱っこを求め、懇願するようなまなざしで見上げてくることもよくあります。

子猫

- 先端が丸みを帯びた小さな耳
- 幅広い頭蓋骨で頭部は丸みを帯びる
- 頬がふっくらした平らな顔
- やわらかく密な被毛
- 厚く毛が生えた短い尾
- 丸みを帯びた大きなポー（足指）
- 厚いアンダー・コート
- 短く丈夫で、骨格のがっしりした肢
- 短くつぶれた鼻で、目と目の間にははっきりしたブレークがある
- 大きく丸い目。左右の間隔は広い
- 胸の厚いずんぐりしたボディ。典型的なペルシャの体型

シェーデッド・ゴールデン

シルバー・トーティ・クラシック・タビー

73

猫種の解説｜短毛種

カオマニー

起源：14世紀のタイ
公認する猫種登録団体：GCCF、TICA
体重：2.5〜5.5kg

グルーミング：週1回
被毛の色とパターン（模様）：ホワイト

社交的で賢い猫
熱心に周囲を探索するほど好奇心旺盛

タイ語で「白い宝石」を表すカオマニー。このタイプの猫については、14世紀のタイの詩にすでに記述があり、「透明な水銀の瞳（ダイヤモンドの瞳の間違いと思われる）を持った純白の猫」と表現されています。この猫はタイ王室のお気に入りで、1990年代にアメリカのブリーダーが一組のオスとメスを輸入するまでは、原産国以外で見られることはありませんでした。現在はタイ以外（とくにイギリスとアメリカ）でも注目を集めています。2013年にはTICAがカオマニーに「アドバンスト・ニュー・ブリード（Advanced New Breed）」のステータスを付与しました。

この猫は、その目の色の多様性でも有名です。両目とも同じ色、左右の色が異なるオッド・アイ、左右同じ色であっても濃淡がある場合、それぞれの目がバイカラーになっている場合などがあるのです。被毛は全体が白ですが、生まれたときに頭に黒い斑があるケースもあります。性質は大胆で友好的、そしていたずら好き。時に大きな声で鳴くこともあります。性格は社交的で、家族と遊んだり来客と会うなど、人間といることを好むといわれています。

尾の長さは体長と同じで、先細り

わずかに毛が生えた耳

くさび形の幅広い頭部

頬骨が高く、輪郭がはっきりした顔

鼻は高く、鼻鏡はピンク

多少だぶついた感触で、光沢のある被毛

子猫

筋肉質で均整の取れた体

短毛種

王室のお気に入り

カオマニーは昔から非常に特別な存在とされ、王室のみが飼うことのできる猫でした。シャム（タイの旧称）では最も偉大な統治者の1人であり、ラーマ5世としても知られる国王チュラーロンコーン（1868〜1910年）が、カオマニーを繁殖する許可を息子に与えました。繁殖された猫は何世代にもわたって王宮内で保護され、1926年の戴冠式の行列では儀式的にカオマニーが選ばれたといわれています。

両目とも同じ色、あるいは左右の色が異なるオッド・アイ

目の周りの皮膚はピンク

幅広く平らな背中

ピンクの肉球

75

猫種の解説｜短毛種

コラット

起源：12〜16世紀ごろのタイ
公認する猫種登録団体：CFA、FIFe、GCCF、TICA
体重：2.5〜4.5kg

グルーミング：週1回
被毛の色とパターン（模様）：ブルー

**長く輝かしい歴史を持つ魅惑的な猫
ペット向きだが、気が強く強引になることも**

起源が古いといわれる数少ない猫種のひとつで、アユタヤ王朝時代（1350〜1767年）の『The Cat Book Poems（猫の詩）』という書物にすでにコラットに関する記載があります。タイでは幸運の象徴として長く大切にされてきましたが、20世紀半ばに繁殖用としてアメリカに送られるまでは、西洋ではほとんど知られていませんでした。ちなみにアメリカでコラットの基礎となったのは、タイから来た『ナラ』と『ダーラ』という名の1組のペアでした。

シルバー・ブルーの魅力的な毛色を持つ優雅な猫で、ふだんはとても活動的。ただ静かなときもあり、飼い主の家族に対してはやさしく愛情深いペットになります。性質は非常に繊細なので、大きな音や乱暴な扱いには驚いてしまうでしょう。注意深い扱いが必要な猫です。

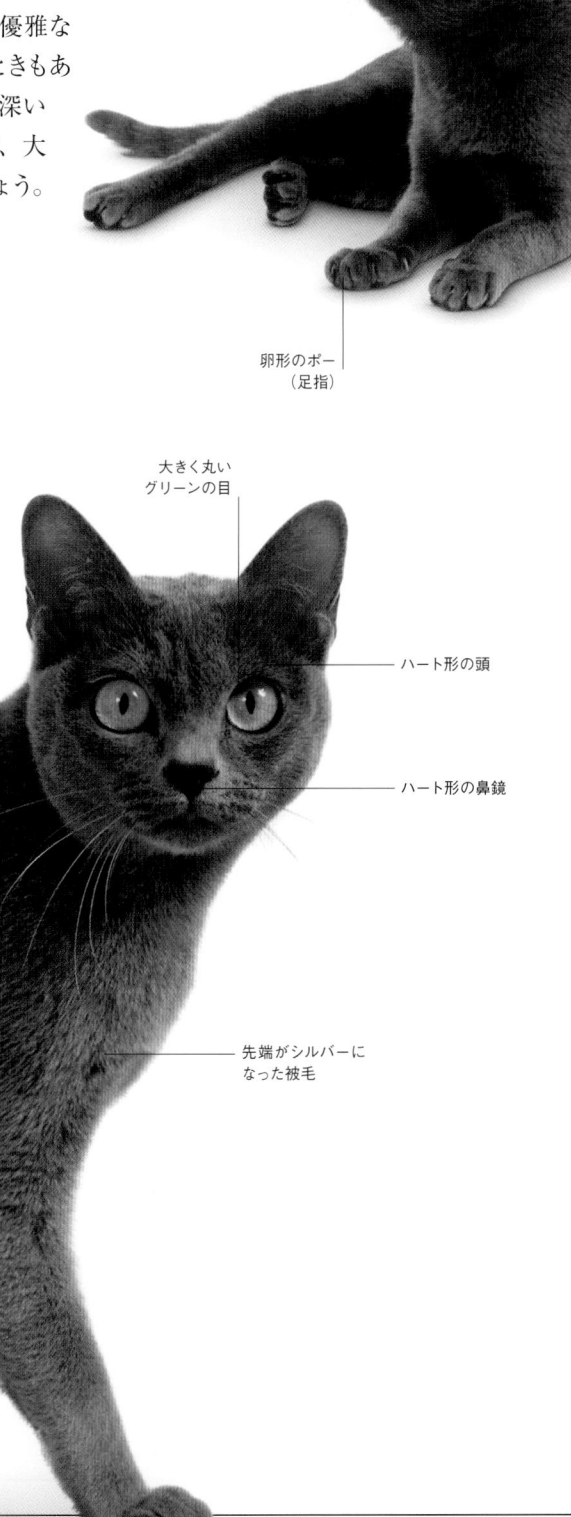

付け根が広がった大きな耳

卵形のポー（足指）

大きく丸いグリーンの目

しなやかで筋肉質なボディ

ハート形の頭

ハート形の鼻鏡

先端がシルバーになった被毛

体に密着したブルーの被毛

チャイニーズ・リー・ファ

起源：2000年代の中国
公認する猫種登録団体：CFA
体重：4〜5kg

グルーミング：週1回
被毛の色とパターン（模様）：ブラウン・マッカレル・タビー

最古のイエネコを祖先に持つ活発な猫
活動的な飼い主と、運動するための十分なスペースが必要

「リー・ファ」または「ドラゴンリー」とも呼ばれるこの猫は、中国で何世紀も前から存在していたといわれています。中国以外では2003年以降に実験的品種として認められ、世界的に関心を集めつつあります。体が大きく筋肉質で、美しいタビー柄の被毛が特徴的。感情表現は豊かではないものの、友好的で誠実なペットになるでしょう。中国には、新聞の朝刊を取って来るようしつけられたチャイニーズ・リー・ファがいたといわれています。利口なハンターと称されるほど活発なため、十分に運動できるスペースが必要で、狭い場所に閉じ込められる生活には向かないでしょう。

長くまっすぐな鼻
口角に黒いスポット
上顎に比べて少し短い下顎
腹部の被毛は他の部分より明るい色

がっしりした長方形のボディ
ティッキングのある毛で作られたブラウン・マッカレル・パターン
明るいイエローの目
リング模様があり先端が黒い尾
まっすぐで筋肉質の肢
ティッキングのないベージュの毛に覆われた頬と胸

77

猫種の解説｜短毛種

エイジアン・シェーデッド（バーミラ）

起源：1980年代のイギリス
公認する猫種登録団体：FIFe、GCCF
体重：4〜7kg
グルーミング：週2〜3回
被毛の色とパターン（模様）：ライラック、ブラック、ブラウン、ブルー、トーティなど、さまざまなシェーデッド・カラー。地色はシルバーまたはゴールデン

見た目も性格も愛嬌たっぷりの猫
友好的で子どもや他のペットとも仲良くできる

1981年、ライラックのバーミーズ（P87）とチンチラ・ペルシャ（P190）が偶然かけ合わされて、美しい被毛を持つ子猫が誕生しました。飼い主は周囲にブリーディングを続けるようすすめられ、その結果生まれたのが優雅なエイジアンのプロポーションに魅力的な大きな目と微妙なシェーディング、あるいはティッピングのある被毛を持ったエイジアン・シェーデッド（バーミラ）でした。ロングヘアの個体が生まれることもあります。いまだに珍しい存在ですが、この魅力的で賢い猫の人気は上昇中です。バーミーズのおどけたような性質とチンチラの静かな性質を併せ持ち、遊びが大好きですが飼い主の膝の上で静かにうたた寝をすることもあります。

付け根が幅広く、先端はやや丸みを帯びた耳

優雅でバランスのとれた体

ライラック・シェーデッド

シェーディングが見られることのある顔と肢

ライラック・シェーデッド・シルバー

わずかなへこみがある鼻

大きく表情豊かなグリーンの目

シルクのような手ざわりで、体に密着した被毛

中くらい〜長めで、わずかに先細りになる尾

タビーのマーキング

細くても丈夫な肢

エイジアン・スモーク

起源：1980年代のイギリス
公認する猫種登録団体：GCCF
体重：4～7kg

グルーミング：週2～3回
被毛の色とパターン（模様）：トーティを含むさまざまな色のオーバー・コートとシルバーがかったアンダー・コート。スモーク・カラー

遊び好きで探究心がある知的な猫
注目されるとよく反応し、見知らぬ人にも友好的

　かつて「バーモア」と呼ばれていたこの優雅な猫は、エイジアン・シェーデッド（P78）とバーミーズ（P87）の交配種です。エイジアン・スモークは、エイジアン種のなかで最も魅力的な被毛を持つ猫種のひとつ。オーバー・コートはほとんど深い単色で、動いているときやなでられているときには毛がさざ波のように揺れて、キラキラ光るシルバーがかったアンダー・コートが垣間見えます。抑制遺伝子により、毛幹の色が制限されているのです。外向的な性質で遊び好きなこの猫は、非常に好奇心旺盛でどこでも喜んで探検します。人との交流や楽しいことがたくさんあり、たっぷり愛される環境であれば室内飼いでも幸せに暮らせるでしょう。

鼻にかけてわずかに傾斜する大きな目

ブラック・スモーク

先細りの尾

丈夫でまっすぐな背中

目の周りにはシルバーのリング

中くらい～大型で、先が丸みを帯びた耳

丸みを帯びたマズルに向かって細くなる、幅の広い顎

細身で筋肉の発達したボディ

シルバー・ホワイトのアンダー・コートがある

前肢より長い後肢

ブラウン・スモーク

形の整った卵形のポー（足指）

チョコレート・スモーク

79

うれしい偶然
エイジアン・シェーデッド（バーミラ）は偶然の交配で生まれた猫です。社交的でありながらおおらかで、エキゾチックだけれど極端ではなく、静かで充実した時間もにぎやかに遊ぶことも同じくらい好きな猫なのです。

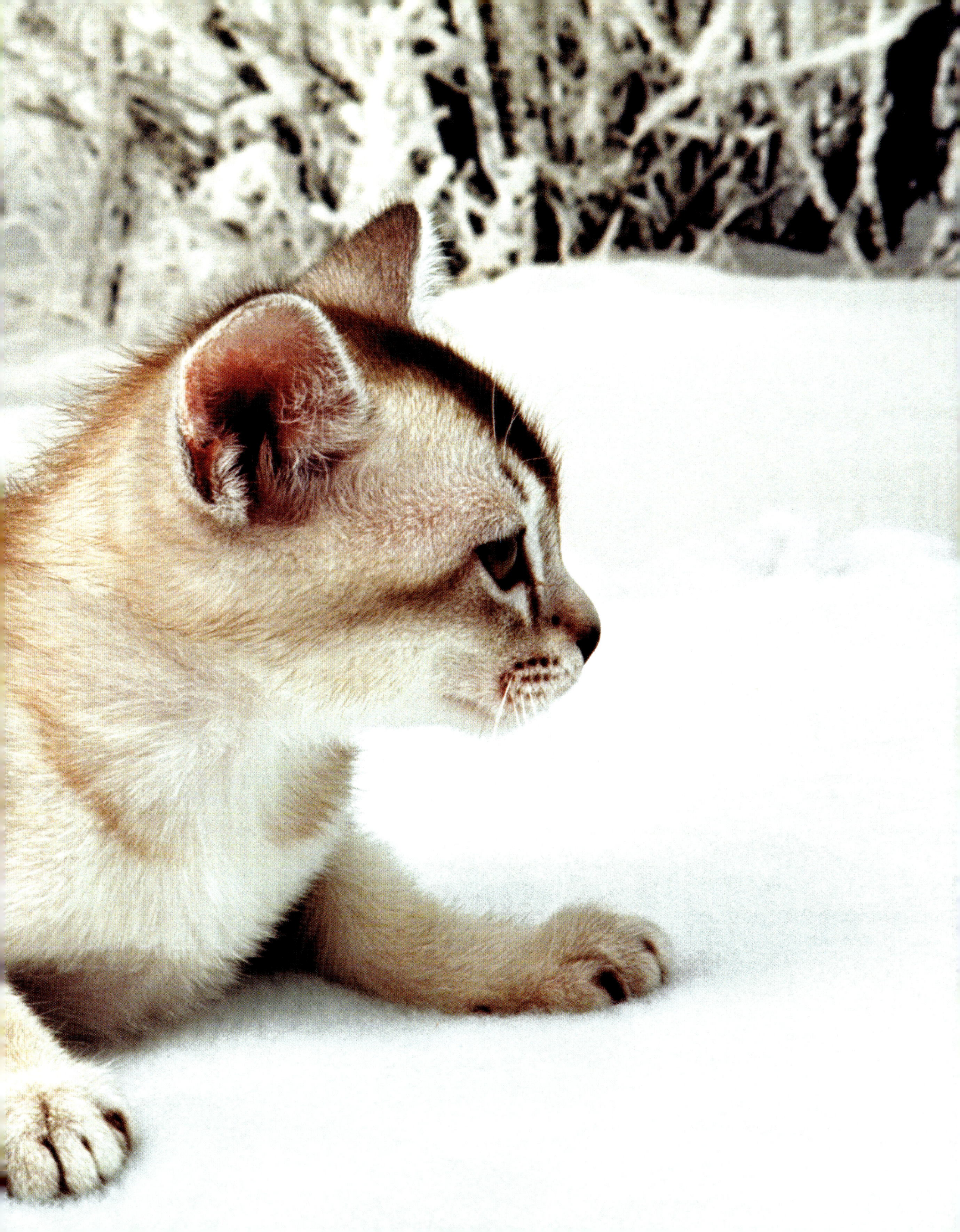

猫種の解説｜短毛種

エイジアン・セルフ

起源：1980年代のイギリス
公認する猫種登録団体：GCCF
体重：4～7kg

グルーミング：週2～3回
被毛の色とパターン（模様）：すべてのセルフ・カラー（単色）

愛情にあふれ、機敏で活動的な猫
忠実で愛情深いペットを求める飼い主に向く

　毛色は異なりますが、バーミーズ（P87～88）を作ろうとして生まれたイギリス産のこの猫には、「ボンベイ」として知られる毛色の黒いバラエティーがあります。このボンベイは、同じくボンベイと呼ばれるアメリカ生まれの黒猫と混同されがちですが、歴史も血統も異なります。ちなみに、セルフ・カラーのエイジアンにはタビーのマーキングがありません。

　エイジアン・セルフは、親類のバーミーズほど家の中で大騒ぎをする傾向はありませんが、いつも注目してほしいと思っているようです。時には執拗に鳴いて存在をアピールすることもあるでしょう。性質は友好的で愛情深く、犬のような献身さで飼い主の後をついて回ります。

子猫

はっきりとしたブレークがある鼻
中くらい～大きめで、先の丸まった耳

優雅に立つ中くらいの長さの尾
左右が離れた目
肩から尻にかけてまっすぐな背中
ピンクのノーズ・レザー（鼻鏡）
体に密着した細い短毛

クリーム・セピア
（バーミーズの変種）

レッド

筋肉の引き締まった優雅なボディ
前肢より若干長い後肢
小さくまとまった卵形のポー（足指）

82

エイジアン・タビー

起源：1980年代のイギリス
公認する猫種登録団体：GCCF
体重：4〜7kg

グルーミング：週2〜3回
被毛の色とパターン（模様）：スポッテッド、クラシック、マッカレル、ティックトのタビー・パターン。色はさまざま

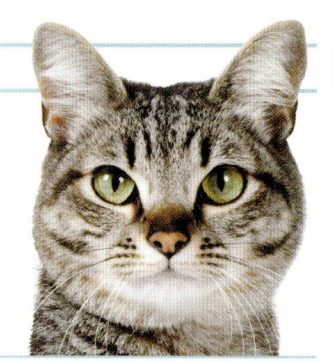

**友好的でチャーミング、探究心旺盛
家族で暮らす家庭になじむ猫**

　エイジアン・グループの一員であるエイジアン・タビーには、クラシック、マッカレル、スポッテッド、ティックトの4つのタビー・パターンがあります。多様なストライプ（しま模様）、スワール（渦巻き）、リング、スポットが、さまざまな美しい色で被毛に現れます。最も一般的なのがティックト・タビーで、毛の1本1本に明暗のある色の帯が見られます。すべてのエイジアンと同じように、作出に使われたバーミーズ（P87〜88）譲りの優雅で筋肉の発達した体つきと外向的な性質を持ち、そこにチンチラ・ペルシャ(P190)の静かな性質が融合しています。非常に飼いやすく、ペットとしてすばらしい猫であるために人気が上昇中です。

子猫

- 左右の間隔があいた、中くらい〜大きめな耳

- 突き出た頬骨
- アンバー（琥珀）色でオリエンタル種に見られる上がり目

ブラウン・マッカレル・タビー

- 丸みを帯びたくさび形の頭部
- 「M」のようなマークがある額
- 短く厚く、光沢のあるタビーの被毛
- 背中はまっすぐで筋肉質なボディ
- 丸みを帯びた胸
- 優美な卵形のポー（足指）

猫種の解説｜短毛種

ボンベイ

起源：1950年代のアメリカ
公認する猫種登録団体：TICA、FCA
体重：2.5〜5kg
グルーミング：週1回
被毛の色とパターン（模様）：ブラック

光沢のある被毛にカッパー色の目を持つ小さな「ブラック・パンサー」
エイジアン・グループではおとなしい性質

セーブルのアメリカン・バーミーズ（P88）とブラックのアメリカン・ショートヘア（P113）との交配種であるボンベイは、この外見を目指して作出されました。つややかに輝く被毛の毛色はブラックのみで、ゴールドもしくはカッパー色の大きな目を持ちます。

パンサー（ヒョウ）のように見えるかもしれませんが、ここまで家庭的で愛情深く社交的な猫はなかなか珍しいでしょう。賢くおおらかでつねに飼い主と一緒にいたがるため、長時間ひとりで放置されると元気がなくなります。バーミーズの探検好きで遊び好きな性質を受け継いでいるため活発で、1日中ゴロゴロしているようなことはありません。楽しいことが大好きなので、遊んでもらう準備はいつでも整っているのです。子どもや他のペットともうまくやっていけるでしょう。

完全なブラック

ボンベイの最初のブリーダーであるアメリカ人のニッキ・ホーナーが、「完璧な」ブラック・パンサーを作出するまでにはさまざまな試行錯誤がありました。輝く漆黒の毛皮を際立たせるためのカッパー色の目を実現するのは、とくに難しいものでした。ようやくホーナーの求める猫が生まれてからも、キャット・ショーへの参加が認められるにはさらに何年も要したのです。

子猫

左右が離れた
ゴールド〜カッパー色の目

輪郭がやや丸みを
帯びた頭部

深い輝きがある
漆黒の被毛

丸顔

先が少し丸みを
帯びた鼻

幅広く丸みを
帯びたマズル

前方に傾いた先の
丸い耳

適度なストップが
ある鼻

がっしりとした
筋肉質のボディ

丸いポー
（足指）

物怖じしない性格
しなやかでキラキラと輝くボディを持つボンベイは、誰かと一緒にいるときも自信にあふれています。遊んでくれそうな人や膝に座らせてくれそうな人なら、誰にでも誘いをかけてくるでしょう。

猫種の解説｜短毛種

シンガプーラ

起源：1970年代のシンガポール
公認する猫種登録団体：CFA、GCCF、TICA
体重：2〜4kg

グルーミング：週1回
被毛の色とパターン（模様）：セピア・アグーティ（アイボリーの地色に濃褐色のティッキング）

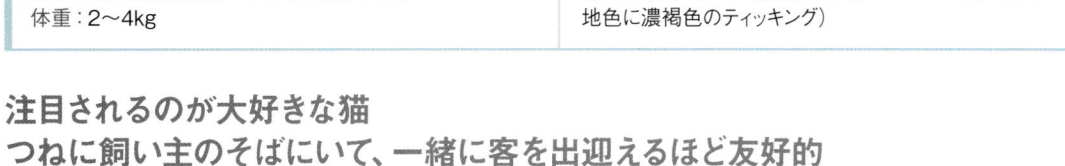

注目されるのが大好きな猫
つねに飼い主のそばにいて、一緒に客を出迎えるほど友好的

1970年代にシンガポールで働いていたアメリカ人科学者ハル・メドウの目に留まったのは、ティッキングのある特徴的な被毛の猫でした。これをきっかけとして、ハルは夫人とともにこの猫（シンガプーラ）の繁殖をシンガポールとアメリカで始めたのです。

1990年代にはイギリスのブリーダーから関心を持たれるようになり、希少種ではあるものの今や世界中で知られる猫種となりました。体は小型ですが性格は「ビッグ」で、好奇心旺盛でいたずら好き。棚の上や飼い主の肩などに乗ることが好きで、まるで高いところから世界を見渡すことを楽しんでいるかのようです。

顎、胸、腹部で色が薄くなるセピア・アグーティの被毛

筋肉質の長い肢

大きくて奥行きのある、カップ状の耳

左右が離れた、大きなアーモンド形の目

筋肉質で引き締まったボディ

絹のような細い毛には、1本1本に明るい色と暗い色の帯がある

頬骨の上に色の濃い顔面のマーキング

子猫

中くらいの長さで、細く先端が暗い濃褐色の尾

内側に色の濃いしま模様のある肢

86

ヨーロピアン・バーミーズ

起源：1930年代のビルマ（ミャンマー）
公認する猫種登録団体：CFA、FIFe、GCCF、TICA
体重：3.5～6.5kg

グルーミング：週1回
被毛の色とパターン（模様）：ブルー、ブラウン、クリーム、ライラック、レッドを含むセルフとトーティ。必ずセピア・パターン。

**自信にあふれ好奇心旺盛
飼い主がすることにかかわることが幸せ**

　この猫種は1930年代のアメリカで、東南アジアから持ち込まれた猫を使って作出されました。1940年代の後半になると何匹かのバーミーズがアメリカからイギリスに送られ、異なる外見のバーミーズが作られるようになりました。そうして出来上がったヨーロピアン・バーミーズは、アメリカン・バーミーズと比べると頭と胴体が若干長く、毛色はより多様です。ちなみに、世界初のブルーのバーミーズは、1955年にイギリスで生まれました。

　愛情にあふれたやさしい性質なので、家族の一員として積極的に参加できるような家庭で飼われるのに適しています。そのため、長時間ひとりで過ごさなければならないような環境にはあまり向かないでしょう。

上がやや丸くくさび形で、丸みを帯びたマズルにかけて細くなる頭部

極細でサテンのようになめらかな被毛

チョコレート

優雅で筋肉の発達したボディ

肩から尻にかけて平らな背中

ストップははっきりしている

幅の広い頬骨

力強い顎

肢は細く、小さく卵形のポー（足指）

ライラック

子猫

87

猫種の解説｜短毛種

アメリカン・バーミーズ

起源：1930年代のビルマ（ミャンマー）
公認する猫種登録団体：CFA、TICA
体重：3.5〜6.5kg

グルーミング：週1回
被毛の色とパターン（模様）：セピア・パターンのすべての
セルフ及びトーティ・カラー

**つねに飼い主を愛し、飼い主に愛されていたい猫
暖かい膝とやさしくなでてくれるような存在が必要**

バーミーズがどのような経路で欧米にやって来たのかについては諸説あります。確実にわかっているのは、医師であるトンプソンが飼っていた東南アジアの猫が1930年代にアメリカに持ち込まれて、新しい猫種を作るために使われたということです。最初にアメリカン・バーミーズとして認められたのは、ブラウンの豊かな被毛を持つ猫でしたが、やがて他の色も認められるようになりました。ただし、よりオリエンタルな外見を持つヨーロピアン・バーミーズ（P87）ほど多くの毛色があるわけではありません。性質も外見も愛らしく、いつも飼い主と一緒に過ごしてつねに注目されていたい猫です。

- やや先細りの尾
- たくましい肢と丸みを帯びたポー（足指）
- 力強くコンパクトなボディ
- 鮮やかな色で体に密着した被毛
- ブレークがある鼻
- 両目の間隔があいた丸い目
- 頬にふくらみのある丸い顔
- 短く丸みを帯びたマズル
- 他の部分より明るいセピア・パターンが見られる腹部

ライラック

マンダレイ

起源：1980年代のニュージーランド
公認する猫種登録団体：FIFe
体重：3.5〜6.5kg

グルーミング：週1回
被毛の色とパターン（模様）：タビーとトーティを含む多様な
セルフ・カラー、パターン

つやのある被毛が特徴的
遊び好きかつ怖いもの知らず、自分の能力を超える離れ技にも挑戦する

1980年代、バーミーズ（P87〜88）とドメスティック・キャットが偶然交配して生まれた子猫を、ニュージーランドの2人のブリーダーが別々に発見したのが猫種作出のきっかけです。この子猫を使って2人が繁殖を続けた結果、マンダレイが生まれたのです。猫種スタンダードはバーミーズと同じですが、被毛の色にバーミーズ以上の多様性があります。

なめらかでつやのある被毛にゴールドの目を持つこの愛らしい猫は、原産国であるニュージーランドではよく知られています。非常に機敏で活動的であり、しなやかな体には筋肉が詰まっているかのようです。賢い猫で、その力強さと持久力もよく知られています。飼い主の家族にはとても愛情深いのですが、見知らぬ人に対しては用心深くなる傾向があります。

やや丸みを帯びた頭頂部

力強く丸みを帯びた胸部

丸みを帯び、先端にかけてほんの少し細くなる尾

肩から尻にかけて平らな背中

鼻にかけて垂れる大きな目

幅広くて先が引き締まった顎

なめらかな被毛

ブラック

形の整った卵形のポー（足指）

猫種の解説｜短毛種

トンキニーズ

起源：1950年代のアメリカ
公認する猫種登録団体：CFA、GCCF、TICA
体重：2.5〜5.5kg

グルーミング：週1回
被毛の色とパターン（模様）：全色。ポインテッド、タビー、トーティを含むパターン

**上品でなめらかなボディラインと筋肉質な力強さが特徴
膝に載せるような猫を求める人に最適**

　バーミーズとシャムを交配して作出されたハイブリッド種。両方の被毛の色を併せ持ち、アジアの猫を祖先とする他の猫種に比べるとコンパクトな体つきです。作出されたばかりのころは、「ゴールデンシャム」という名でも呼ばれていました。現在では、原産国のアメリカでも、イギリスでも非常に高い人気を得ています。

　独立心があるため、可能であれば家の中を支配しようとしますが、一方で愛情深い性質で飼い主の膝に乗りたがります。ゲームをしたり、他のペットと遊んだり、訪問客を歓迎するなど、人懐こい一面も持っているのが特徴の猫です。

ブラウン・シェーデッド

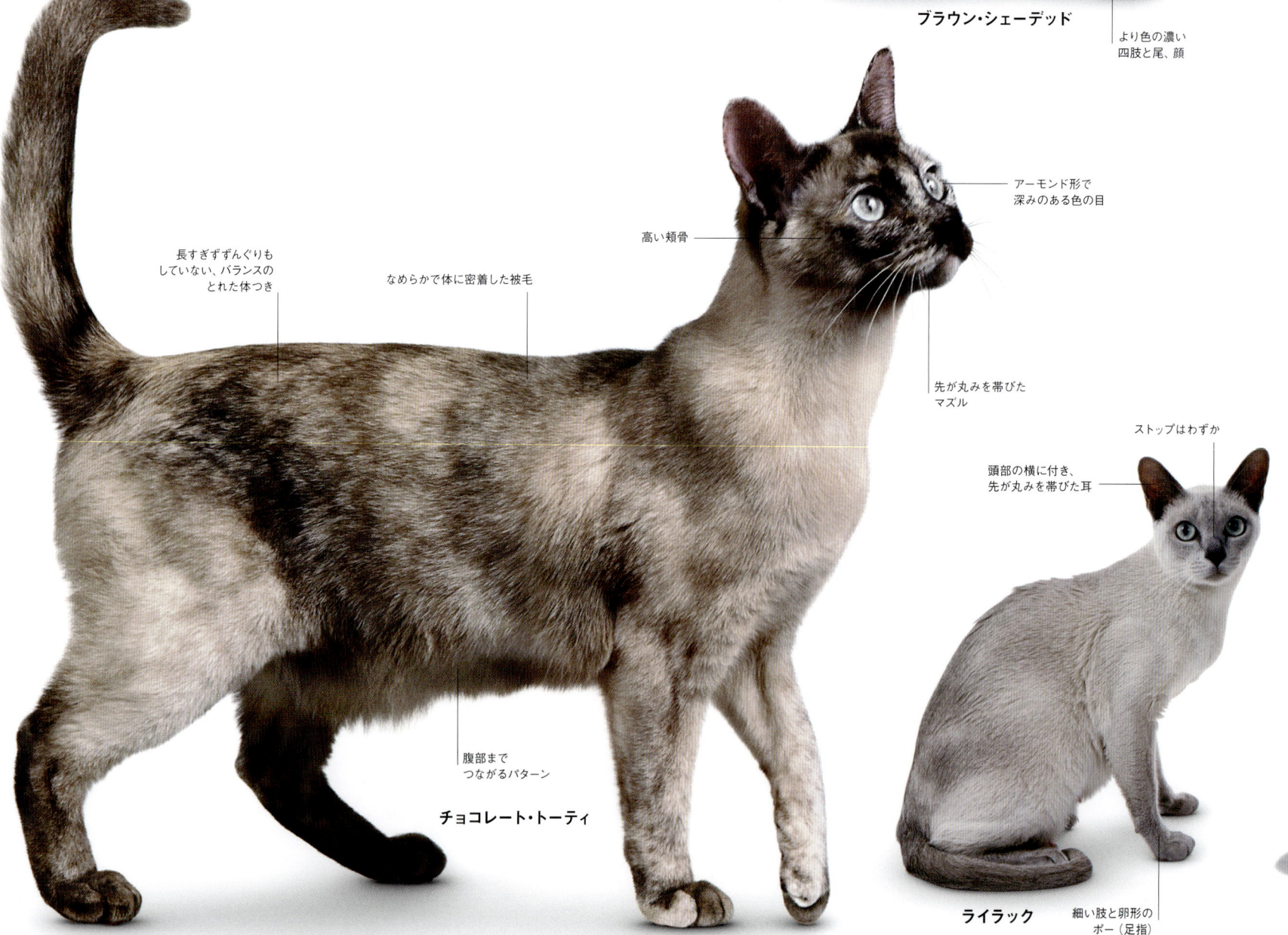

より色の濃い四肢と尾、顔

長すぎずずんぐりもしていない、バランスのとれた体つき

なめらかで体に密着した被毛

アーモンド形で深みのある色の目

高い頬骨

先が丸みを帯びたマズル

ストップはわずか

頭部の横に付き、先が丸みを帯びた耳

腹部までつながるパターン

チョコレート・トーティ

ライラック

細い肢と卵形のボー（足指）

90

オリエンタル・ショートヘア（フォーリン・ホワイト）

起源：1950年代のイギリス
公認する猫種登録団体：CFA、FIFe、GCCF、TICA
体重：4〜6.5kg
グルーミング：週1回
被毛の色とパターン（模様）：ホワイト

きらめくようなホワイトの被毛を持つ、貴族的な外見の猫
活動的で愛情あふれる忠実なコンパニオン

シャムと白いショートヘアの猫を交配することで1950年代に開発され始めた猫種。初期にイギリスで生まれた個体はオレンジもしくはブルーの目を持っていました。その後の選択育種によりブルーの目を持つ個体のみが生まれるようになり、「フォーリン・ホワイト」と呼ばれるようになったのです。イギリス以外ではグリーンもしくはブルーの目が認められ、オリエンタル・ホワイトとして知られるオリエンタル・ショートヘアのセルフ・カラーの変種とみなされています。他のオリエンタル種と繁殖してはいけない唯一のオリエンタル種であるともされているようです。人目を引くこの猫は、細長いボディラインとシャムから受け継いだ活気ある性質が特徴です。ブルーの目を持つ白猫の多くに難聴の問題が見られますが、フォーリン・ホワイトにこの問題はないといわれています。

- アーモンド形の目
- 整った卵形のポー（足指）
- くさび形で先細りの頭部
- 非常に大きく先のとがった耳
- 長くしなやかなボディ
- ボディに密着した細い短毛
- ピンクのノーズ・レザー（鼻鏡）
- 先がとがった細長い尾
- 引き締まった腹部
- 細い肢

91

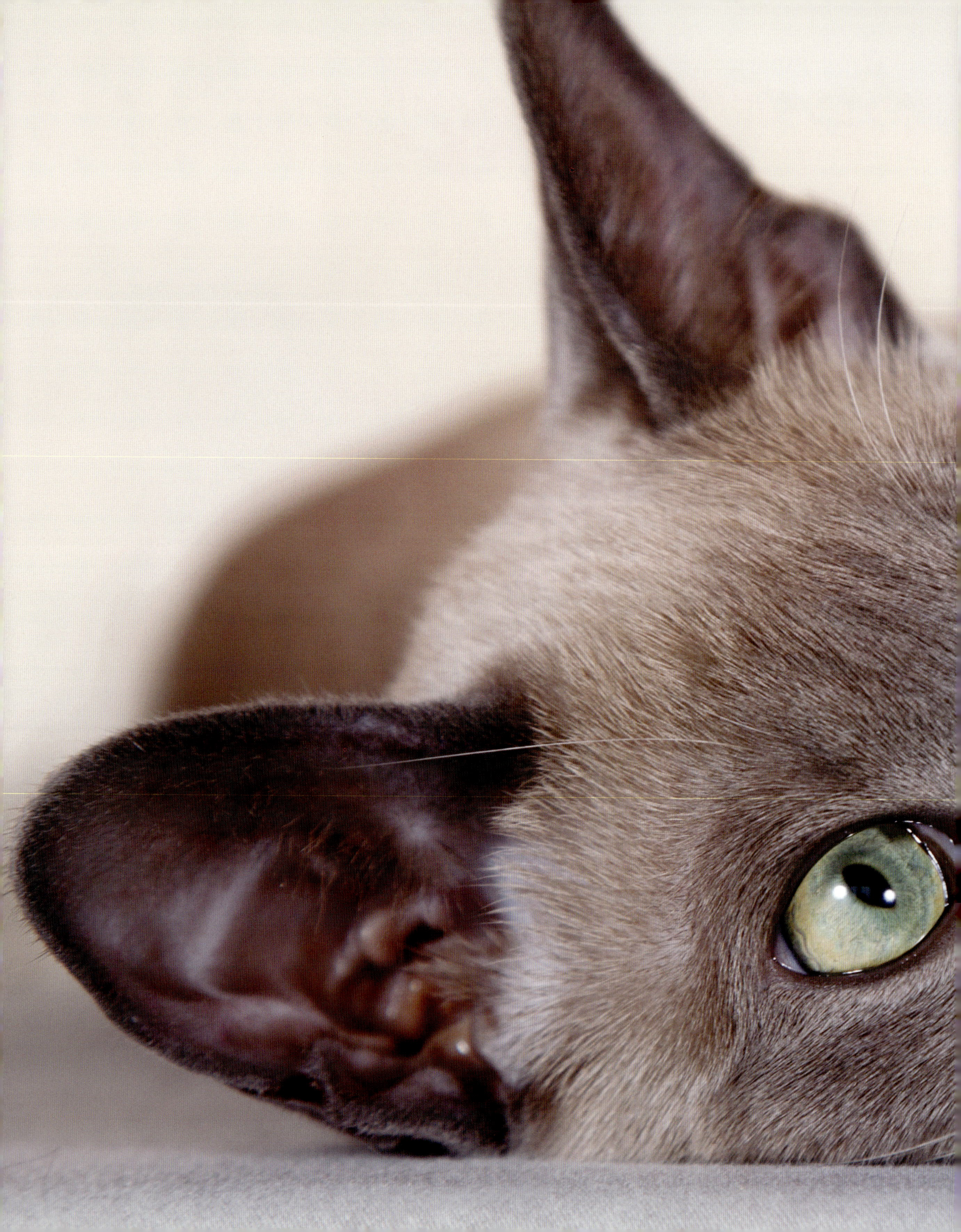

魅力的なハイブリッド
トンキニーズはきわめて細身のオリエンタルの猫と、ずんぐりしたショートヘアの猫の中間的存在です。初期には「ゴールデンシャム」と呼ばれていたこともあります。

猫種の解説｜短毛種

オリエンタル・ショートヘア（セルフ）

起源：1950年代のイギリス
公認する猫種登録団体：CFA、FIFe、GCCF、TICA
体重：4〜6.5kg
グルーミング：週1回
被毛の色とパターン（模様）：ブラウン（ハバナ）、エボニー（ブラック）、レッド、クリーム、ライラック、ブルーを含むセルフ

シャムの体型と伝統的なセルフの色を組み合わせた猫
好奇心旺盛で探検が大好き

セルフ・カラーのオリエンタル・ショートヘアは、1950年代に作出されました。当初はシャムに典型的なカラー・ポイントのパターンを排除しようと、シャム（P104〜109）と他の短毛種が交配されたのがこの猫種が生まれたきっかけです。初期のオリエンタル・ショートヘアは濃いブラウンのシェードのある被毛を持ち、「ハバナ」という名で知られていました。何十年にもわたる選択育種によって、さまざまなソリッド・カラー（単色）が見られるようになりました。イギリスで「ライラック」、アメリカでは「ラベンダー」と呼ばれるハバナが薄められた毛色は、最初にこの猫に見られた色です。

細い骨格を持つ筋肉質なボディ

ライラック

長く鼻筋の通った鼻

目尻は少し上がる

ピンクのノーズ・レザー（鼻鏡）

根元から先端まで同じ色の毛

長くてまっすぐな首

なめらかな手ざわりの被毛

腰は肩より広くてはいけない

レッド

前肢より長い後肢

94

オリエンタル・ショートヘア（シナモン、フォーン）

起源：1960年代のイギリス
公認する猫種登録団体：CFA、FIFe、GCCF、TICA
体重：4〜6.5kg
グルーミング：週1回
被毛の色とパターン（模様）：シナモン、フォーン

美しく賢く敏捷で、犬のような献身的な愛情を示す猫
シナモンとフォーン、珍しい2つの色が特徴的

　猫の毛色で微妙な色を作り出すことはとても難しいため、これら2色（シナモンとフォーン）の変種は非常に貴重です。最初のシナモンは1960年代に、アビシニアン（P132〜133）のオスとシール・ポイントのシャム（P104〜105）のメスの間に生まれました。そしてその子猫の被毛の美しく珍しい色（ハバナ／オリエンタル・セルフの濃いブラウンをより明るく赤くしたような色）に惹かれたブリーダーが、新しい系統を作り出したのです。少し後に開発されたフォーンのオリエンタルはさらに赤みがかった薄いブラウンで、日が当たると被毛がシナモン・スティックのような色に見えることから現在の名がつきました。

鞭のようにしなやかな長い尾

フォーン

細身で筋肉質。典型的なオリエンタルの体つき

明るいグリーンの目

被毛の色と調和したノーズ・レザー（鼻鏡）

ボディに密着した細い被毛

シナモン

細長い肢

小さなボー（足指）

フォーン

猫種の解説｜短毛種

オリエンタル・ショートヘア（スモーク）

起源：1970年代のイギリス
公認する猫種登録団体：CFA、FIFe、GCCF、TICA
体重：4〜6.5kg

グルーミング：週1回
被毛の色とパターン（模様）：オリエンタル・ショートヘア（セルフ）に見られるスモーク・カラー。さまざまなパターン

**好奇心と知性を併せ持つ印象的なオリエンタル
追いかけることが大好き**

　1971年、シェーデッド・シルバーのハイブリッドとレッド・ポイントのシャムから、さまざまな色の子猫が生まれました。そのうちの1匹にスモーク・パターンが見られ、それに触発されたブリーダーが新しいオリエンタルを作出したのです。スモークの毛1本1本には2つの色の帯があります。一番上の帯はブルー、ブラック、レッド、チョコレートを含むセルフかトータスシェルです。その下の少なくとも1/3は非常に淡い色かホワイトで、濃い色の間に見え隠れしています。猫が動くとよくわかります。

― 鼻にかけて下がる目

― 「ゴースト」（薄い色）のタビー・マーキング

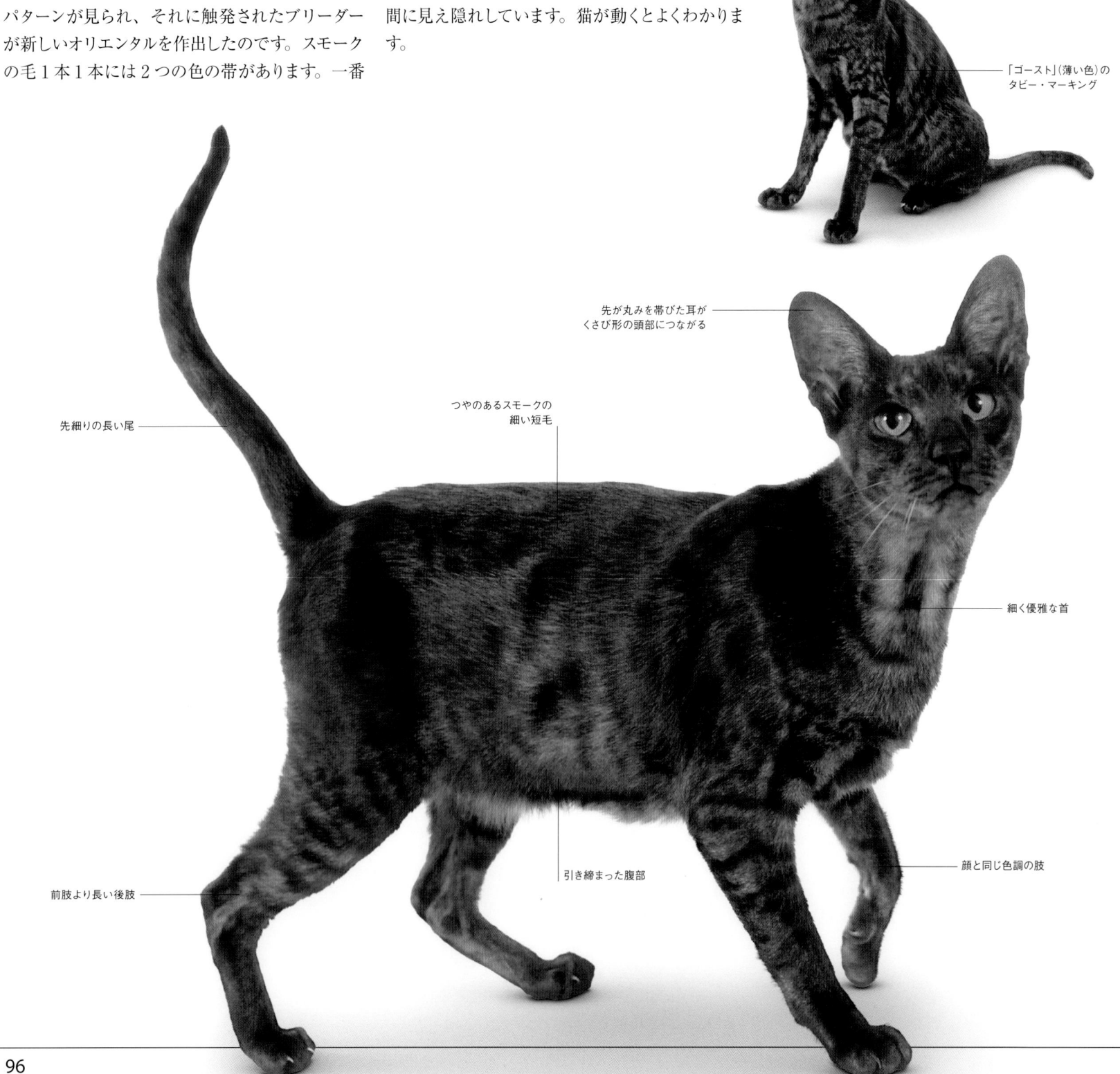

― 先が丸みを帯びた耳がくさび形の頭部につながる

― つやのあるスモークの細い短毛

― 先細りの長い尾

― 細く優雅な首

― 前肢より長い後肢

― 引き締まった腹部

― 顔と同じ色調の肢

オリエンタル・ショートヘア（シェーデッド）

起源：1970年代のイギリス
公認する猫種登録団体：CFA、FIFe、GCCF、TICA
体重：4〜6.5kg
グルーミング：週1回
被毛の色とパターン（模様）：ホワイトをのぞくすべての色。タビー・パターン、シェーディング・カラー

並外れて美しく、繊細に入った模様
エネルギーにあふれた生まれながらのエンターテイナー

チョコレート・ポインテッドのシャム（P104〜105）とチンチラ・ペルシャ（P190）の偶然の交配で生まれた猫のなかに、シェーデッド・シルバーの被毛を持つ2匹が発見されました。この2匹がブリーダーの興味を引き、新たなオリエンタルの開発と作出が始まったのです。

シェーデッドのオリエンタルの被毛はタビー・パターンの変形で、色の濃いマーキングが毛先にだけ見られるものです。こうしたマーキングは、ティックト、スポッテッド、マッカレル、クラシックなどさまざまなタビー・パターンとして現れます。子猫のうちは非常に鮮明ですが、成長とともに目立たなくなり、なかには模様がほとんどわからなくなる猫もいます。ホワイトのアンダー・コートがあるのも特徴のひとつです。

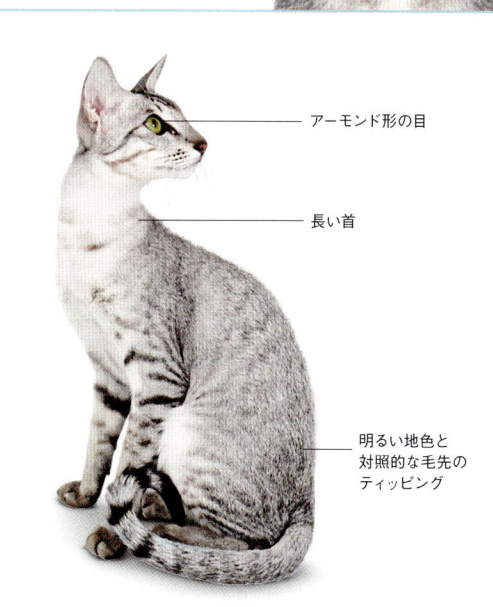

- アーモンド形の目
- 長い首
- 明るい地色と対照的な毛先のティッピング

- 縁にはっきりとラインが入った目
- 付け根の幅が非常に広く、大きな耳
- 光り輝くような被毛
- くさび形のマズル
- 尾、四肢、顔に見られるはっきりとしたタビー・マーキング
- シルバー・ホワイトののど
- 小さな卵形のポー（足指）

チョコレート・シルバー・タビー

オリエンタル・スタイル
ほっそりとした体つきとしま模様(あるいは斑点)のある被毛は、オリエンタル・ショートヘアのタビーにジャングルの雰囲気を加えています。なお、伝統的なパターンと色はすべて認められています。

オリエンタル・ショートヘア（タビー）

起源：1970年代のイギリス
公認する猫種登録団体：CFA、FIFe、GCCF、TICA
体重：4〜6.5kg
グルーミング：週1回
被毛の色とパターン（模様）：あらゆる色。シェーディング、タビー、もしくはトーティ・タビーのパターン

流線形のスリムな体型と美しいタビー・パターンを併せ持つ猫
元気いっぱいで放っておかれるのが嫌い

猫種名の混乱

オリエンタルが作出されると、この新しい猫種に名前が必要になりました。当初イギリスでは、タビーとトーティのみが「オリエンタル」と呼ばれ、ブラウン（ハバナ）をのぞく単色の猫は「フォーリン」という名で呼ばれていました。スポッテッド・タビーを「マウ」と呼ぶ案は、エジプシャン・マウ（P130）との混乱を招くという理由で却下されました。アメリカで以前からそうだったように、現在はオリエンタルのすべてのバリエーションが「オリエンタル」として知られています。唯一の例外は「フォーリン・ホワイト」です。

オリエンタル・グループに属するすべての猫と同じように被毛の色とパターンはさまざまです。セルフ・カラーのオリエンタル・ショートヘアの人気を受けて、ブリーダーはオリエンタル・タビーを作出することにしました。初期には純血種ではないタビーとシャムの交配が試みられました。1978年に最初に猫種として認められたのは、今日のイエネコの祖先と考えられているシャム・タイプのスポッテッド・タビーの現代版ともいえる猫でした。

スポッテッド・タビーはアグーティの被毛に単色の丸いスポットがあり、肢にはしま模様が入っています。1980年代までにはティックト（アグーティの体にしま模様のある四肢）、マッカレル（体全体のしま模様）、クラシック（大理石模様のような暗い色のマーブルド・パターン）が開発されました。ブラック、レッド、クリームの色が混ざったトーティ・タビーは、オリエンタルの被毛の色に新たに加わったものです。貴族的な外見に似合わず、元気いっぱいでいたずら好き、遊ぶことが大好きな猫です。

シルバー・スポッテッド・タビー

子猫

大きな斑点模様がある脇腹
尾には濃い色のリング状の模様がある
より明るい色の腹部

「ネックレス」のような模様がある首
しま模様のある肢

頭頂から首の後ろにかけてラインが入る

チョコレート・クラシック・タビー

ティックト・タビー

99

猫種の解説｜短毛種

オリエンタル・ショートヘア（トーティ）

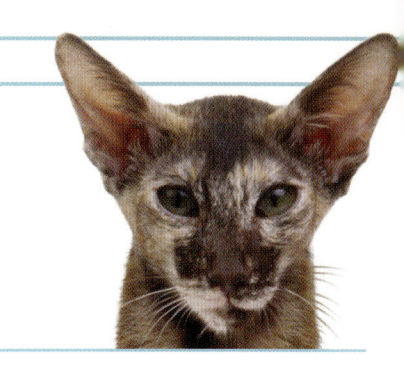

起源：1960年代のイギリス
公認する猫種登録団体：CFA、FIFe、GCCF、TICA
体重：4〜6.5kg
グルーミング：週1回
被毛の色とパターン（模様）：地色はブラウン、ブルー、チョコレート、ライラック、フォーン、シナモン、キャラメルなど。トータスシェル・パターン

**パターンの入った被毛を持つ、愛情深い猫
大胆でいつでも遊ぶ気満々**

　シャム（現在のタイ）王国で著された古い書物『The Cat Book Poems（猫の詩）』によると、トーティ（トータスシェル）・パターンのあるオリエンタルには長い歴史があることがわかります。今日見られるオリエンタル・トーティの開発は、セルフのオリエンタル（P94）とレッド、トーティ、クリームのポイントが入ったシャム（P104〜105）とを交配させることで1960年代に始まり、猫種としては1980年代に正式に公認されました。トーティの被毛はいくつかの異なる地色と、地色に応じてクリームまたはクリームとレッドの斑が混ざっています。トーティを発現させる遺伝子の分布の関係でこの猫はほとんどがメスで、オスは珍しい上に通常無精子です。

細いマズルに向かって幅が狭くなる頭部

規則性のない模様

先端に向かって細くなる尾

濃淡のあるレッドが混じったトーティの被毛

中くらいの大きさで引き締まったボディ

卵形の小さなポー（足指）

細い骨格

チョコレート・トーティ

オリエンタル・ショートヘア（バイカラー）

起源：1970年代のアメリカ
公認する猫種登録団体：FIFe、GCCF、TICA
体重：4〜6.5kg

グルーミング：週1回
被毛の色とパターン（模様）：さまざまなセルフ・カラー、シェーディング、タビー、トーティ、カラー・ポイントを含むパターンで、必ずホワイトの領域がある

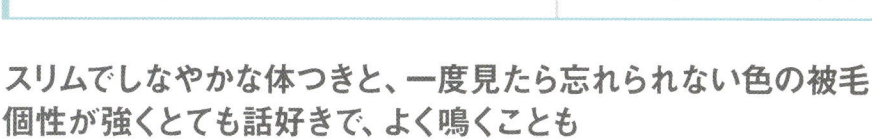

スリムでしなやかな体つきと、一度見たら忘れられない色の被毛
個性が強くとても話好きで、よく鳴くことも

アメリカのブリーダーは当初、この猫をオリエンタル・グループに属する新しいタイプのシャム（P104〜109）とバイカラーのアメリカン・ショートヘア（P113）を含む異種交配によって作出しました。ヨーロッパでは「適正な」外見を目指して交配が実施され、最初のオリエンタル・バイカラーは2004年にイギリスで登場しました。

人目を引くこの猫の被毛には、幅広く印象的な色が多種多様のパターンで広がっています。カラー・ポイントの入ったシャムのような猫さえ存在するのです。猫種のスタンダードでは、四肢、腹部、マズルを含む少なくとも体の1/3はホワイトの斑で覆われていなければならないとされています。また、この猫の目はグリーンかブルー、もしくはオッド・アイ（一方がブルーでもう一方がグリーン）です。

レッド・アンド・ホワイト

- 卵形の小さなポー（足指）
- 細いマズルにつながる三角形の頭部
- 大きく立ち上がった耳
- 上がり目
- 細く優雅な首
- 細長く、鞭のようにしなやかな尾
- ほっそりとした長いボディ
- ボディに密着した、手ざわりの良い被毛
- 引き締まった腹部
- 細長い肢

ブラック・スモーク・アンド・ホワイト

101

猫種の解説｜短毛種

ハバナ

起源：1950年代のアメリカ
公認する猫種登録団体：CFA、TICA
体重：2.5〜4.5kg

グルーミング：週1回
被毛の色とパターン（模様）：深みのあるチョコレート及びライラック

輝くグリーンの目
被毛の色に合ったブラウンのひげ
ひげの後ろで幅が狭くなるマズル

家の中での暮らしを楽しむ、やさしく遊び好きな猫
落ち着きと自信を失わず、どのような状況にも順応する

　希少種であるハバナ（ハバナ・ブラウン）には複雑な歴史があり、2つのタイプの外見を持つよう作られました。どちらも被毛の色は深みのあるブラウンです。イギリスではシャム（P104〜109）と短毛のイエネコとの異種交配により、胴が長く引き締まったシャムの体型になり、最終的にセルフ・カラーのオリエンタル・ショートヘア（P94）として分類されました。北米では作出の過程でシャムが使われなかったため、顔が丸く胴がそれほど長くない写真のような猫が誕生しました。

　ハッとするほど美しいハバナを無視することなどなかなかできないものですが、この猫は臆せず、人間に注目するよう求めてきます。愛情深く、つねに人の近くにいたい猫です。熱烈なファンは、「チョコレート・ディライト（チョコレートの喜び）」という言葉で、この猫を表現するほどです。

バラ色を帯びたブラウンのノーズ・レザー（鼻鏡）
大きく、先端が丸みを帯びた耳
幅が狭い頭部と丸みを帯びたマズル
筋肉質の引き締まったボディ
まっすぐな細い肢と卵形のポー（足指）

チェスナット・ブラウン

タイ

起源：1990年代のヨーロッパ
公認する猫種登録団体：TICA
体重：2.5〜5.5kg

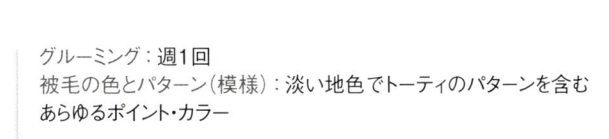

グルーミング：週1回
被毛の色とパターン（模様）：淡い地色でトーティのパターンを含むあらゆるポイント・カラー

**賢く好奇心旺盛でおしゃべり好き
人が大好きで、つねに飼い主に注目されていたい猫**

多様な色のポイントが見られるしなやかでエレガントなこの猫は、1950年代に見られたトラディショナル・タイプのシャムに似せて作出されました。見た目が極端に細長いシャムが作られるようになる前のことです。タイでは「ウィッチェンマート」の名で知られ、古いタイプのシャムに似ています。タイを特徴づけているのはその頭部で、額は長く平らで頬は丸みを帯び、マズルはくさび形で先細りになっています。

とても活動的で賢く、好奇心旺盛で自分で調べるような性質で、飼い主の後をどこへでもついて行きます。またコミュニケーションが上手で鳴いたり行動することで意思表示をし、相手の反応があるまではけっしてあきらめません。そのため、長い時間ひとりきりにされる家庭には向かない猫だといえるでしょう。

- この種の典型である長く平らな額
- 丸みを帯びた、カーブのある頬骨
- 長く優美なボディ
- 大きなアーモンド形でブルーの目
- 先端が外側を向いた耳
- 先端が丸みを帯びた先細りのマズル
- 先細りの長い尾
- ボディに密着した短毛。アンダー・コートは薄い
- 四肢、顔、耳、尾にあるポイントは調和がとれている

チョコレート・ポイント

103

猫種の解説｜短毛種

シャム（サイアミーズ／セルフ・ポインテッド）

起源：14世紀のタイ（シャム）
公認する猫種登録団体：CFA、FIFe、GCCF、TICA
体重：2.5～5.5kg
グルーミング：週1回
被毛の色とパターン（模様）：ポインテッド・パターンのあるさまざまなセルフ・カラー（単色）のポイント・カラー

神話や伝説を持ち、賢くて外交的
独特の外見と性質で見分けのつきやすい猫種

シャムの歴史には、裏付けのある事実よりも神話や伝説のほうが多く存在します。とても古い猫種であるとは考えられているものの、「シャム王室の猫」と呼ばれていたこの猫についての真実の話は忘れられてしまったようです。14世紀に著されたとされる書物『The Cat Book Poems（猫の詩）』には、濃い色のポイントのある猫が描かれています。西洋で確実に知られていたとされる最初のシャムは、1870年代にロンドンで開催されたキャット・ショーに登場しました。また同時代に、アメリカ大統領夫人への贈り物としてバンコクからアメリカへ1匹送られたそうです。アメリカとイギリスでシャムの開発が始められたころは、すべてシール（濃い茶色）・ポイントを持つ猫でした。

ブルー、チョコレート、ライラックなどの新しい毛色が導入されたのは1930年代に入ってからで、その後さらに多くの毛色が加わりました。時間の経過とともにシャムの外見は変化し、内斜視や曲がった尾など、かつてよく見られた形質は排除され、今やキャット・ショーの基準では欠陥とみなされています。現代の繁殖においては胴の長さと頭部の幅の狭さが極端になり、とても細く四角い印象のシャムが作られるようになって議論を呼んでいます。

自尊心が非常に強く、注目を集めていたいために大声で鳴くこともあるほどで、あらゆる猫のなかで最も社交的な性質だといえるでしょう。非常に賢く楽しさとエネルギーにあふれ、愛されるのと同じくらい家族を愛するような、すばらしいペットになります。

忘れられた形

1970年代以前のシャムは、短毛種に典型的な丸い頭とほどよくがっしりした体つきをしていました（下の写真は1900年代のキャット・ショーにおけるチャンピオンのシャム）。その後ブリーダーはまったく異なるシャムを作り始め、同じ猫とは思えないほどに外見が変わりました。極端な体型がより好まれるようになったのを反映し、猫種のスタンダードも改訂されたのです。古いタイプのシャムは、今のショーリングでは現代のタイプに太刀打ちできません。しかし、トラディショナルな外見を好む熱心なファンによって、現在でも古いタイプのシャムは繁殖されています。

細くて長い胴体
先に向かってさらに細くなる尾
尾や頭部に比べやや薄い色の四肢のポイント

短毛種

ボディに密着した細い短毛には、ポイントが入る

子猫

先のとがった大きな耳は、頭部のラインになめらかにつながる

アーモンド形でブルーの目

まっすぐな鼻

細長い肢

形の整った卵形のポー（足指）

くさび形の頭部

105

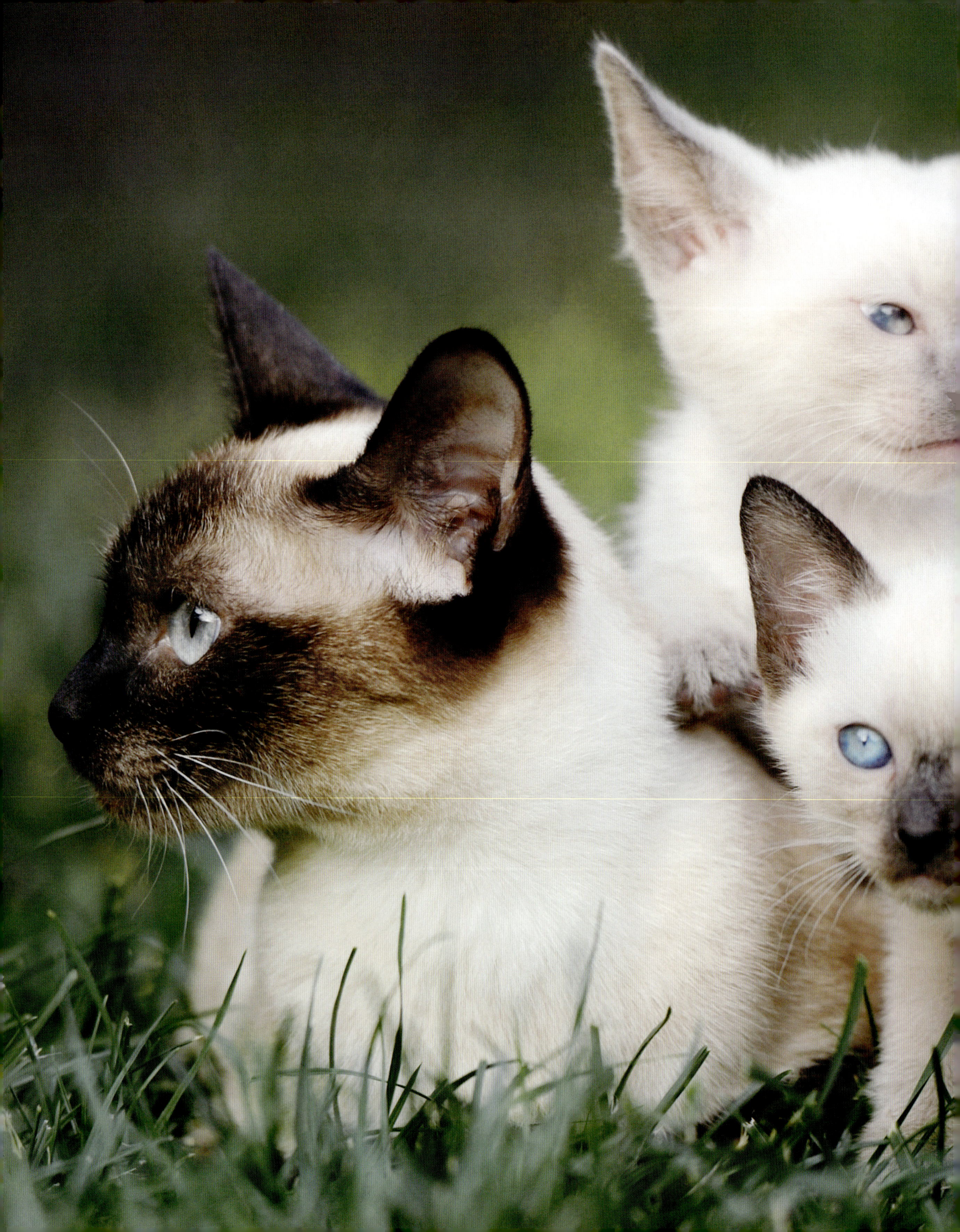

体温のコントロール
シャムのポイントの色は、温度に敏感な酵素に制御されています。体温の低い四肢には自然に色が付きますが、体温の高い胴体では色素が生成されません。

猫種の解説｜短毛種

シャム（サイアミーズ／タビー・ポインテッド）

起源：1960年代のイギリス
公認する猫種登録団体：FIFe、GCCF、TICA
体重：2.5〜5.5kg

グルーミング：週1回
被毛の色とパターン（模様）：シール（濃い茶）、ブルー、チョコレート、ライラック、レッド、クリーム、シナモン、キャラメル、フォーン、アプリコットを含むさまざまな色のタビー・ポイント。さまざまな色のトーティ・タビーのポイントもあり

世界で最も有名なシャムの変種
遊び好きで、ひとりで楽しく長時間過ごせる猫

20世紀初期の記録にタビー・ポイントのあるシャムに関する記述がわずかにありますが、品種改良による開発が始まるのは1960年代に入ってからのことです。最初にブリーダーの目に留まったのは、計画外の交配によってセルフ・ポイントのメスのシャムから生まれた子猫だったといわれています。これは、タビー・ポインテッドのシャムが知られるようになり、イギリスで正式に猫種として登録される数年前のことでした。この猫は、アメリカでは「リンクス・ポイント」という名前で知られています。

もともとはシール・タビーの毛色だけでしたが、現在ではたくさんの美しい色のタビーがこの猫のスタンダードに加えられています。

色の濃いスポットがあるウィスカー・パッド

細長いボディ

深みのあるブルーの目

レッド・タビー・ポイント

先端がソリッド・カラー（無地の単色）の尾には、はっきりしたリング状の模様がある

マスクと同じ色が輪郭に入った耳

タビーに典型的な額の「M」のマークがあり、はっきりしたしま模様の入った顔

ピンクで暗い縁取りがあるノーズ・レザー（鼻鏡）

ポイントが入ったアイボリーのボディ

淡いしま模様のある肢

チョコレート・タビー・ポイント

シャム（サイアミーズ／トーティ・ポインテッド）

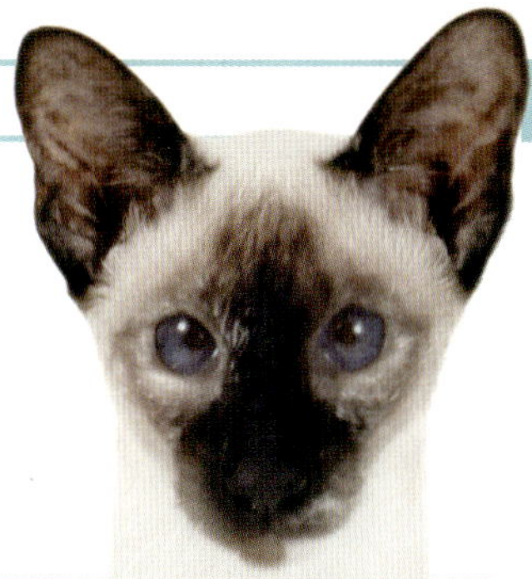

起源：1960年代のイギリス
公認する猫種登録団体：GCCF、TICA
体重：2.5〜5.5kg

グルーミング：週1回
被毛の色とパターン（模様）：シール（濃い茶）、ブルー、チョコレート、ライラック、キャラメル、シナモン、フォーンなど、さまざまな色のトーティ・ポイント・カラー

いたずら好きでやんちゃな一面を持ち成長しても子猫のように遊び好きな猫

　トーティ（トータスシェル）のシャムを作り出すプロセスには、オレンジ色を発現させる遺伝子が関係しています。この遺伝子は、シール、ブルー、フォーンなどのセルフの色に不規則な変化を起こし、レッド、アプリコット、クリームの濃淡が現れるモトルド・パターン（まだら模様）を生み出します。さらにしま模様になることもあるでしょう。子猫にはさまざまな色が徐々に現れ、その色が定着するには最長1年くらいかかります。1960年代のイギリスでトーティのシャムとして最初に公式に認められたのは、シール・トーティ・ポインテッドのシャムでした。

大きく立ち上がった耳は、頭部の輪郭になめらかにつながる

ブルー・トーティ・ポイント

細く優雅なボディ

優美なマズル

長くしなやかな尾

ポイントの色と調和するノーズ・レザー（鼻鏡）

濃いブルーの目

トーティ・ポイントの入った淡い色の被毛

まだら状に入るトーティのポイント

シール・トーティ・ポイント

猫種の解説｜短毛種

カラーポイント・ショートヘア

起源：1940〜1950年代のアメリカ
公認する猫種登録団体：CFA
体重：2.5〜5.5kg
グルーミング：週1回
被毛の色とパターン（模様）：さまざまなセルフ・カラー（単色）、タビー、トーティ・ポイント・カラー

「私を見て」とでも言いたげな猫
愛情にあふれて遊び好き、聡明なのでトレーニングも容易

　美しい毛色の組み合わせを目的に開発されたこの猫は、最初はシャムとレッド・タビーのアメリカン・ショートヘア（P113）を交配し、1940年代〜50年代にかけて作出されました。シャムのポイント・カラーにレッドを取り入れることで、この猫種が生まれたのです。シャムと同じような長いボディとスリムな頭部に、大きな耳と光り輝くブルーの目が非常に特徴的です。発現する色に差がなければ、シャムとの区別は難しいでしょう。

　賢く社交的で、とても話好きで注目されることが大好きな性質を持っています。家族の輪のなかで一緒に生活することが必要なので、長時間家を留守にするような飼い主には向きません。楽しいことが多ければ多いほど喜ぶでしょう。

- 顔全体を覆うはっきりとしたマスク
- 長い首
- タビーのポイントが入り、細いボディに密着する明るい色の短毛
- 先細りの尾
- 先細りで、くさび形の長い頭部
- 非常に大きく付け根の部分が幅広い耳
- 濃いブルーの目
- 骨が細く長いボディ
- 細長い肢
- 小さく繊細なポー（足指）

110

セイシェルワ

起源：1980年代のイギリス
公認する猫種登録団体：FIFe、TICA
体重：4〜6.5kg

グルーミング：週1回
被毛の色とパターン（模様）：セルフ、トーティ、タビーの対照的な色のマーキング。必ずバイカラーでポインテッドのパターン

**素直に愛情を表現する、エネルギッシュで社交的な猫
静かな生活を好む飼い主にはやや不向き**

まだ世界的には認められていない比較的新しい猫種。セイシェルで発見された、鮮明な模様のある猫を目指してイギリスで作られました。最初に交配されたのはシャム（P104〜109）とトーティ・アンド・ホワイトのペルシャ（P202〜203）です。後にオリエンタルの血も加えられ、長毛と短毛両方で、頭部が長く大きな耳を持つ優雅な猫が生まれました。短毛のセイシェルワは、ぶちの遺伝子によって、シャムにホワイトのパッチが現れたものだと考えられています。印象的なそのマーキングの程度により、セイシェルワは3つのタイプに分類されます。最も色や模様の少ない「ヌーヴィエーム」、「セチエーム」、そして最も大きな色のパッチが入る「ユイチエーム」です。とても愛情豊かな性質ですが、要求が多く思いがけない行動を取ることが多いともいわれています。

- アーモンド形で深いブルーの目
- コントラストのはっきりしたマーキング

シール・ユイチエーム

- くさび形の頭部と長くまっすぐな鼻
- 先のとがった大きな耳
- スリムで長いボディ
- 長い首
- 短くつやのある被毛には、薄いアンダー・コートがある
- 細長く、色の濃い尾
- 卵形でホワイトの小さなポー（足指）
- 筋肉でたくましく、細長い肢

チョコレート・セチエーム

猫種の解説｜短毛種

スノーシュー

起源：1960年代のアメリカ
公認する猫種登録団体：FIFe、GCCF、TICA
体重：2.5〜5.5kg

グルーミング：週1回
被毛の色とパターン（模様）：シャムの典型的な色にポインテッド・パターンで足がホワイト。ブルーもしくはシールが最も一般的

「スノーシュー（雪靴）」という猫種名は、特徴的なホワイトの足先に由来 人のそばにいるのが大好きで、おしゃべり好きでのんびり屋

スノーシューの大きな特徴であるホワイトの足は、もともとは予想外の毛色でした。カラー・ポイントの普通のシャムが生んだ子猫のなかにたまたま混じっていたのです。フィラデルフィア在住のアメリカ人ブリーダー、ドロシー・ハインズ＝ドーハーティはその足の白い子猫をとても気に入り、シャム（P104〜109）とアメリカン・ショートヘア（P113）を使って新しい猫の開発に着手。スノーシューを作出したのです。賢くて反応が良く、個性豊かなスノーシューは、家庭的な環境を好みます。飼い主家族が見えるところにいたがり、たいていは他の猫とも仲良く暮らすことができます。落ち着いた性格なので初めて猫を飼う人にも向いているでしょう。

クルミの形をしたブルーの目

ふっくらした高い頬骨

カラー・ポイントのある、淡い色の被毛

まっすぐな鼻

大きくて付け根の幅が広い耳は、先端が丸みを帯びる

やや丸みを帯びた、くさび形の頭部

ブルー・ポイントのある、ボディに密着した被毛。アンダー・コートはない

筋骨たくましく、長いボディ

卵形のポー（足指）

後肢の長い「ホワイト・ソックス」は、左右がそろわなければならない

アメリカン・ショートヘア

起源：1890年代のアメリカ
公認する猫種登録団体：CFA、CFA
体重：3.5～7kg
グルーミング：週2～3回
被毛の色とパターン（模様）：バイカラー、タビー、トーティ・パターンを含むほとんどのセルフ・カラーとシェーディング

丈夫で手入れが簡単な有名猫種
やさしい性質で子どもや他のペットとも仲良く暮らせる

　アメリカで最初のイエネコは、1600年代にイギリスから入植した初期のピューリタン（清教徒）と一緒にアメリカに上陸した猫だといわれています。その後、数世紀をかけて頑健で働き者の猫がアメリカ中に広がりましたが、ほとんどはペットとしてではなくネズミ捕りとして飼われていました。しかし、20世紀の初めごろまでには「ドメスティック・ショートヘア」として知られるようになり、洗練されたタイプの猫が農場などに出現し始めたのです。その後慎重な繁殖によって改良され、1960年代には「アメリカン・ショートヘア」と名を改めたドメスティック・ショートヘアが純血種のキャット・ショーで注目を集めるようになりました。健康で丈夫なアメリカン・ショートヘアは、どのようなタイプの家庭にもうまく適応できる、理想的なペットだといえるでしょう。

先がやや丸みを帯びた耳

よく発達した力強いボディ

四角いマズルと丈夫な顎

幅広く丸みのある頭部

厚みのある肉球と丸いポー（足指）

丸く大きな頭部

弾力性のある厚い短毛

丸みを帯びた先細りの尾

クラシック・シルバー・タビー

まっすぐで筋肉質な肢

猫種の解説｜短毛種

ヨーロピアン・ショートヘア

起源：1980年代のスウェーデン
公認する猫種登録団体：FIFe
体重：3.5〜7kg
グルーミング：週1回
被毛の色とパターン（模様）：バイカラーを含むさまざまな色のセルフとスモーク。パターンはカラーポイント、タビー、トーティを含む

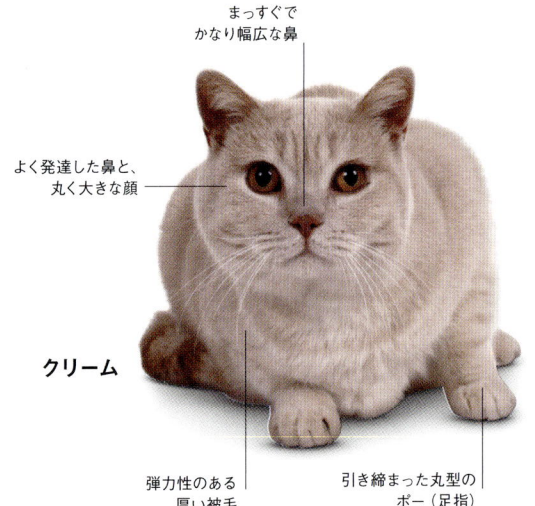

**上質で洗練された雰囲気
落ち着いて控えめな性質で訓練も容易**

　一見したところ、ヨーロピアン・ショートヘアは実に典型的なイエネコです。スウェーデンで普通のイエネコをもとに作られましたが、被毛の色と体型から選ばれた最高の個体だけを使って慎重に繁殖されました。ブリティッシュ・ショートヘア（P118〜119）を含むタイプの似た他の猫と異なり、系列の異なる猫と交配されることはありませんでした。現在では、主にスカンジナビア半島で人気のある猫です。

　丈夫でたくましい体格をしており、室内でも屋外でも健康に暮らせます。社交的ですが独立心もあり、見知らぬ人には打ち解けにくい場合もあります。

まっすぐでかなり幅広い鼻
よく発達した鼻と、丸く大きな顔
クリーム
弾力性のある厚い被毛
引き締まった丸型のポー（足指）

耳には房毛が生えていることもある
筋肉質な首
中くらいの長さで筋肉の発達した、頑健なボディ
非常に密でシェーディングのある被毛
付け根の太い尾
丸みのある胸部
ブルー
力強い肢

シャルトリュー

起源：18世紀以前のフランス
公認する猫種登録団体：CFA、FIFe、TICA
体重：3〜7.5kg

グルーミング：週2〜3回
被毛の色とパターン（模様）：ブルー

まっすぐで、わずかにストップがあるブルー・グレーの鼻

ゴールド〜カッパーの丸い目

幅が狭く先細りのマズル

大きな体でありながら敏捷
ほほ笑んでいるような表情を持つ忠実なコンパニオン猫

　フランス原産の非常に古い猫種ですが、その歴史がどこまでさかのぼるかについては、議論の余地があります。シャルトリューという名前は18世紀中ごろにつけられたもので、「シャルトリューズ」という有名なリキュールを作り出したカルトゥジオ会の修道士に由来があるという伝説もあります。しかし、カルトゥジオの修道士たちがふわふわのブルーの毛を持つ猫を飼っていたことを裏づけるような証拠はありません。

　落ち着きがあって多くを求めない性質で、鳴き声は穏やかで控えめ。非常に愛情深いペットです。静かな遊びを楽しみますが、ハンティングモードに入ると、時折エネルギーを瞬間的に発散させることがあります。

羊毛のような感触で密な被毛

密生したブルーの短毛

頬がふっくらした丸い頭部

短い首

ブルーの唇

コビーではないが、硬く筋肉質なボディ

細い骨格ながら丈夫な肢

115

ベルベットのような被毛
シルバーに輝く厚い被毛は、ロシアン・ブルーにおける際立った特徴です。名前のとおり、この美しい猫に認められている毛色はブルーのみです。

ロシアン・ブルー

起源：19世紀以前のロシア
公認する猫種登録団体：CFA、FIFe、TICA
体重：3～5.5kg
グルーミング：週1回
被毛の色とパターン（模様）：ブルー

優美でやさしく、自立した猫
人の注目をあまり求めず、見知らぬ人に対しては臆病になることも

最も広く受け入れられている説によると、ロシアン・ブルーの起源は北極圏のすぐ下にあるロシアのアークエンジェル（アルハンゲリスク）港付近だということです。おそらく、ここから船乗りによって西ヨーロッパに持ち込まれたのでしょう。イギリスでは19世紀末よりかなり前から人々の関心を集め、初期のキャット・ショーでも注目されていました。さらに20世紀初頭には北米でも見られるようになっていました。

現代のロシアン・ブルーの血統を作り出したのは、イギリス、アメリカ、そしてスカンジナビア半島のブリーダーです。グリーンの目と光沢のあるシルバー・ブルーの被毛、そして優雅な雰囲気を持つこの猫が、世界中で大人気なのは驚くことではありません。鳴き声が小さく穏やかな性質で、見知らぬ人には打ち解けにくいものの飼い主にはあふれる愛情を静かに注ぎます。家族全員というより誰かひとりと強い絆で結ばれる猫でしょう。好奇心が強く遊び好きですが、それほど要求が強いわけではありません。現在、「ロシアン・ショートヘア」の名前で、この種の色の違うバージョンが開発されています。

色の混合（ロシアン・ショートヘア）

ロシアン・ブルーのブルーの毛色は、ブラックの毛を作る遺伝子の色が薄められて生み出されます。ロシアン・ブルー2匹を交配した場合は、必ずブルーの子猫が生まれ、ブラックのロシアン・ショートヘアとかけ合わせた場合はブルーとブラックのどちらも生まれる可能性があります。ホワイトの猫とかけ合わせると、子猫の毛色は、ホワイト、ブラック、ブルーのすべての可能性があります。

子猫

- まっすぐな鼻
- ベルベットのようなブルーの厚い被毛
- 先細りの長い尾
- 長くしなやかなボディ
- 骨が細く長い肢
- 比較的大きく左右が離れた耳。先の部分は非常に薄い
- 明るいグリーンの目
- 厚い被毛は、顔の幅が広い印象を与える
- 主毛の先にシルバーのティッピング
- 丸く小さなポー（足指）

猫種の解説｜短毛種

ブリティッシュ・ショートヘア（セルフ）

起源：1800年代のイギリス
公認する猫種登録団体：CFA、FIFe、GCCF、TICA
体重：4〜8kg

グルーミング：週1回
被毛の色とパターン（模様）：すべてのセルフ・カラー

美しい外見とおおらかな性質を併せ持つ
表現は控えめながら愛情にあふれた猫

ブリティッシュ・ショートヘアは、もともとはイギリスにいたイエネコの最良の個体から作られ、19世紀末のキャット・ショーに最初に登場した純血種の1種です。その後数十年のうちに、短毛種はほとんどが長毛種（とくにペルシャ）に取って代わられましたが、かろうじて生き残って20世紀半ば以降に復活を遂げました。

農場や家庭の害獣を駆除しながら生き延びてきた猫を祖先に持つブリティッシュ・ショートヘアですが、今では暖炉のそばで丸くなる理想的なペットのモデルのような存在です。ヨーロッパで非常に人気が高く、それに及ばないまでもアメリカでも着実にファンを増やしています。

何十年にも及ぶ慎重な選択育種により、均整の取れた良質のブリティッシュ・ショートヘアが作出されました。力強い体つきで、中身の詰まった中くらい〜大きめの体と丈夫な肢を持っています。大きな丸い頭と幅の広い頬、そして大きく開いた目は、この猫の大きな特徴でもあります。また被毛は短く密で、さまざまな毛色で厚く硬い手ざわりです。

その丸々とした頬と穏やかな表情から想像されるとおり穏やかでやさしい性質で、都会でも田舎でも良いペットになることでしょう。丈夫ですがとくに運動神経が発達しているわけではなく、活発でもありません。跳び回るより静かにしていることを好むので、室内でソファーを占領して幸せに暮らせるのです。また外で過ごす時間も好きなので、いつでも狩りの腕前を披露してくれるでしょう。

愛情を内に秘めたこの猫は、飼い主のそばにいることを好みます。家の中で起こっていることに注意はしますが、過度に人の注意を引こうとすることはありません。

概して健康なので、寿命も長い傾向があります。厚い被毛は、もつれたり絡まったりしにくく手入れも簡単で、定期的にブラッシングをすれば良好な状態を保つことができます。

厚い短毛

大きく力強いボディ

少し先細りになった尾

丸く引き締まったポー（足指）

子猫

短毛種

スタンダード（猫種標準）の確立

1871年にロンドンで開催された世界初の組織的なキャット・ショーは、ブリティッシュ・ショートヘアの愛好家であるハリソン・ウィアーの発案によるものでした。その努力は彼の所有するタビーの猫が「ベスト・イン・ショー（BIS）」を獲得したことで、大いに報われたといえるでしょう。「キャット・ファンシャーの父」として知られるウィアーは、猫種スタンダードを確立するために選択育種を奨励しました。ウィアーには『Our Cats（私たちの猫）』という著作があり、猫のさまざまなタイプや品種がイラスト入りで紹介されています。

ハリソン・ウィアー

短く力強い首

左右の間隔があいた小さな耳

丸く大きな目

頬がふっくらした非常に大きな頭

中くらい〜短めで骨格のがっしりした肢

ブラック

猫種の解説｜短毛種

ブリティッシュ・ショートヘア（カラーポインテッド）

起源：1800年代のイギリス
公認する猫種登録団体：FIFe、GCCF、TICA
体重：4〜8kg

グルーミング：週1回
被毛の色とパターン（模様）：ブルー・クリーム、シール、レッド、チョコレート、ライラックを含むさまざまなポイント・カラー。タビーもしくはトーティ・パターンがあるものを含む

新しい毛色を持つ伝統的な猫
子どもが大好きで、犬とも仲良く暮らせる理想的なペット

　ブリティッシュ・ショートヘアの最新のバリエーションとして登場した、カラーポインテッド。この毛色が認められたのは、1991年とごく最近のことです。シャムのポインテッドの被毛を持つブリティッシュ・ショートヘアを作ろうとする異種交配の結果、生まれた猫種です。多くの毛色が作出されましたが、シャムと同様にどのタイプも目はブルーで、ショートヘアに典型的なずんぐりした体型と丸い頭は保持されました。名前が似ていることで、アメリカ原産のオリエンタル・タイプであるカラーポイント・ショートヘア（P110）と混同されることがありますが、異なる猫種です。

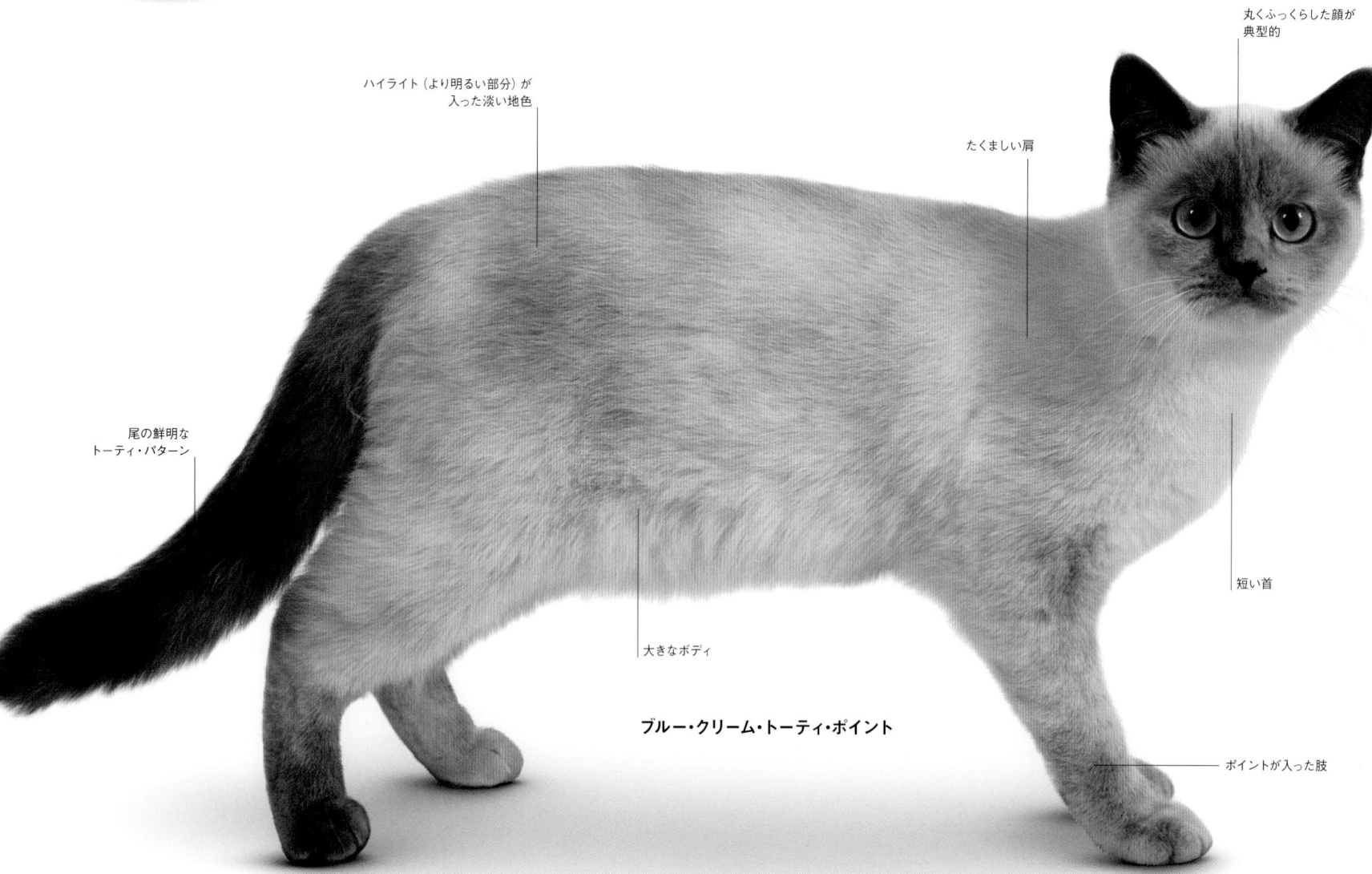

ブルーの丸い目

丸くふっくらした顔が典型的

ハイライト（より明るい部分）が入った淡い地色

たくましい肩

短い首

尾の鮮明なトーティ・パターン

大きなボディ

ブルー・クリーム・トーティ・ポイント

ポイントが入った肢

短毛種

ブリティッシュ・ショートヘア
（バイカラー）

起源：1800年代のイギリス
公認する猫種登録団体：CFA、FIFe、GCCF、TICA
体重：4〜8kg
グルーミング：週1回
被毛の色とパターン（模様）：ブラック・アンド・ホワイト、ブルー・アンド・ホワイト、レッド・アンド・ホワイト、クリーム・アンド・ホワイトなどのバイカラー

**飼い主への要求が少なく、やさしい性質の猫
さわられるのを嫌がることも**

　ブラック・アンド・ホワイトのブリティッシュ・ショートヘアは、作出された19世紀には今よりはるかに評価されていましたが、まだ一般的ではありませんでした。現在はバイカラーと呼ばれ、ホワイトとその他の色の組み合わせはいくつかあります。猫種として確立されたのは1960年代になってからですが、当時のスタンダードはほぼ実現不可能なほど厳しいもので、頭のパッチも胴体のパッチも完全に左右対称で入っていることが要求されました。その後この規定は緩和されましたが、現在でも最高といわれるバイカラーの猫には左右均等のマーキングが入っています。

単色の尾
ふわふわの被毛
幅広く丸い頬
子猫

力強く大きなボディ

ブルー・アンド・ホワイト

大きくて丸い目
ピンクのノーズ・レザー（鼻鏡）
2色からなる被毛
骨の発達したまっすぐな前肢
丸いポー（足指）
四肢と腹部に入るホワイト

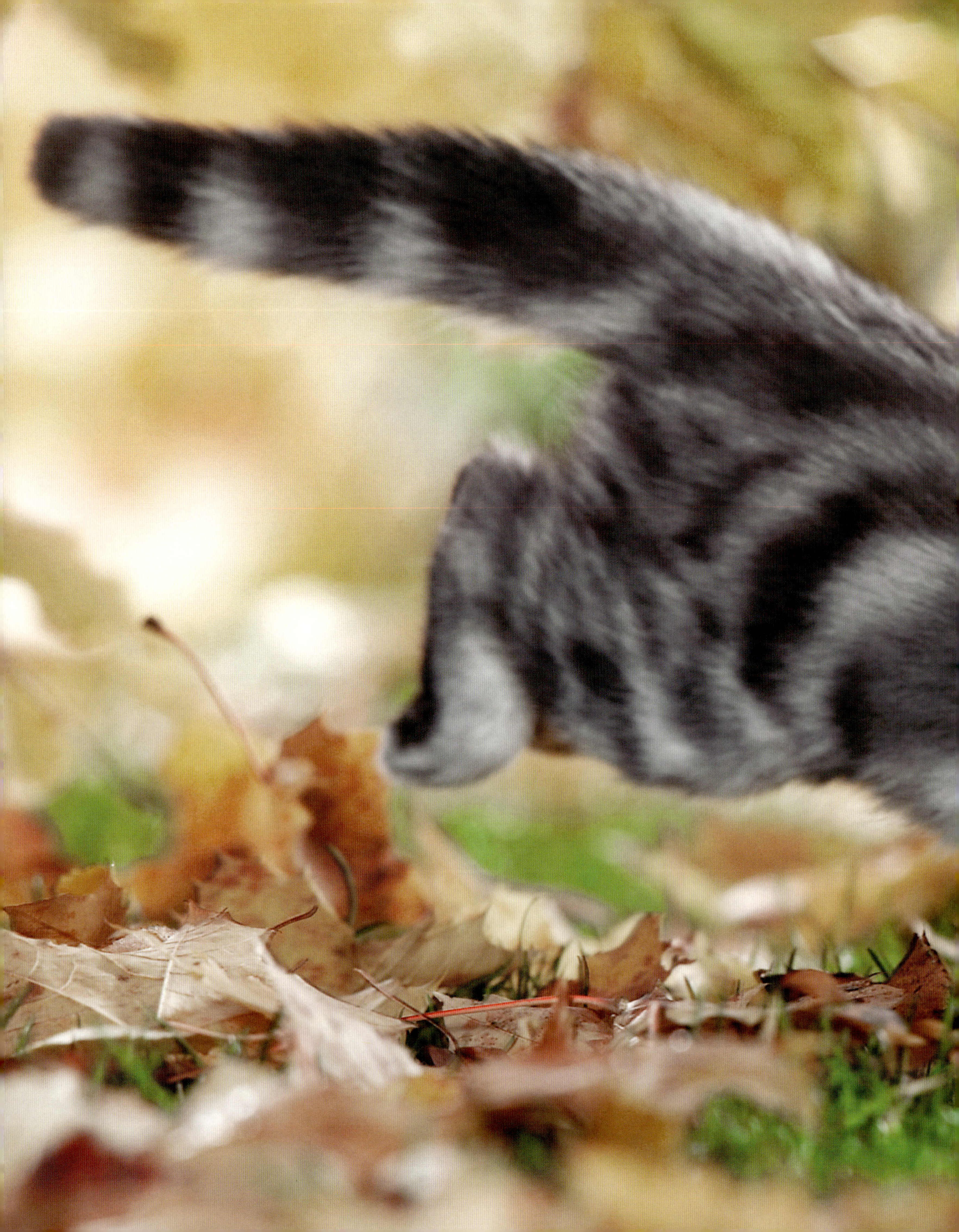

チェシャ猫
この猫は、クラシック・タビーの典型的な「ブルズ・アイ（牛の目）」模様がはっきりわかります。ブリティッシュ・ショートヘアは「不思議の国のアリス」に出てくるチェシャ猫のモデルになったことでも知られています。

猫種の解説｜短毛種

ブリティッシュ・ショートヘア（スモーク）

起源：1800年代のイギリス
公認する猫種登録団体：CFA、FIFe、GCCF、TICA
体重：4〜8kg

グルーミング：週1回
被毛の色とパターン（模様）：あらゆるセルフ・カラーのスモーク・パターン、トーティ・パターン、ポインテッド・パターン

シルバーのアンダー・コートが魅力的な被毛
ショーキャットとしても人気を誇る

スモーク・パターンの猫は一見すると単色のように見えますが、動いたときや被毛に分かれ目が入ったときに、細いシルバーの帯が毛の根元に入っているのがわかります。これはシルバーの遺伝子の働きによるもので、この遺伝子があると被毛の色の発生を抑制します。スモークのブリティッシュ・ショートヘアは、その遺伝子を先祖であるシルバー・タビーから受け継ぎました。オーバー・コートの毛に2つの色を持つトーティの場合、スモーク・パターンはより繊細な魅力を生み出します。

丸い目

引き締まった丸く大きなポー（足指）

先細りで、先端が丸い尾

先が丸みを帯びた耳

丸みを帯びた額

目立つウィスカー・パッド

厚みのある胸

スモークのオーバー・コートの下にシルバーのアンダー・コート

中くらい〜短めのたくましい肢

124

ブリティッシュ・ショートヘア（タビー）

起源：1800年代のイギリス
公認する猫種登録団体：CFA、FIFe、GCCF、TICA
体重：4〜8kg
グルーミング：週1回
被毛の色とパターン（模様）：シルバーのバリエーションを含むさまざまな色。伝統的なタビー・パターンのすべて。シルバーのバリエーションを含むさまざま色のトーティ・タビー

猫種のなかでも最大級のサイズ
毛色はさまざまで、美しく魅力的な猫

猫種のなかでも非常に情緒の安定した猫。タビー・パターンを持つ野生の祖先を思い起こさせます。ブラウン・タビーは1870年代にキャット・ショーに登場した最初のブリティッシュ・ショートヘアの1種で、レッドとシルバーのタビーはブリティッシュ・ショートヘアの歴史において初期に人気がありました。現在はさらに幅広く多様な色が加わり、幅の広い渦巻き状に模様が現れる「クラシック（またはブロッチト）・タビー」、幅の狭いしま模様の「マッカレル・タビー」、そして斑点模様の「スポッテッド・タビー」という伝統的な3つのタビー・パターンも見られます。また、トーティ・タビーの被毛には2つの地色があります。

- 丸く大きな目
- 背骨に沿って入る縦の線
- 切れ目のないリングが規則正しく現れる尾
- 体全体に一様に現れる地色
- 額にはタビーを象徴する「M」のマーク
- 頬にはより細いマーキングがある
- 首の周りには「ネックレス」のようなしま模様
- 色の濃い「ブレスレット」が縞模様を作る肢
- タビーの被毛

レッド・クラシック・タビー

猫種の解説｜短毛種

ブリティッシュ・ショートヘア（ティップト）

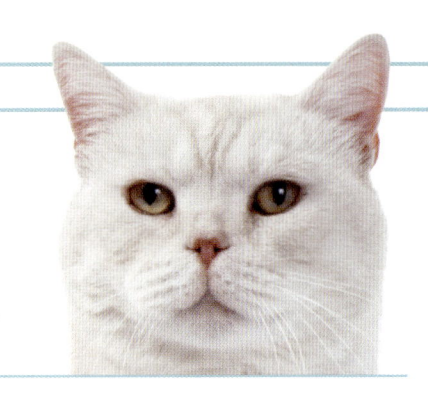

起源：1800年代のイギリス
公認する猫種登録団体：CFA、FIFe、GCCF、TICA
体重：4〜8kg
グルーミング：週1回
被毛の色とパターン（模様）：さまざま。ホワイトやシルバー、ゴールドのアンダー・コートにブラック・ティッピング、ホワイトのアンダー・コートにレッド・ティッピングが入ることも

繊細な色彩で輝きのある被毛が特徴
愛情深く、子どもや他のペットと一緒にいるのが大好き

　ティップトの被毛は、淡い色のアンダー・コートに別の色が軽く振りかかったようにかぶっています。これは主毛の毛先1/8ほどに色が付いていることで生み出される視覚的な効果です。「チンチラ・ショートヘア」と呼ばれていたティップトのブリティッシュ・ショートヘアには、シルバー（ホワイトのアンダー・コートにブラックのティッピング）、ゴールデン（赤みがかったゴールドあるいはアプリコットのアンダー・コートにブラックのティッピング）、希少なレッド（ホワイトのアンダー・コートにレッドのティッピング）を含むさまざまな色が見られます。レッドのタイプは、アメリカでは「シェル・カメオ」として知られています。

黒の縁取りがあるレッドのノーズ・レザー（鼻鏡）

軽くティッピングが入る肢

小さめ〜中くらいの大きさの耳

短く太い首

ティッピングのある被毛

丸みを帯びたマズル

背中、脇腹、頭部に入るティッピング

尾は先端が濃い色、裏側が白

ティッピングのある被毛と対照的なホワイトの腹部

脇腹のあたりには厚みがある

126

ブリティッシュ・ショートヘア（トーティ）

起源：1800年代のイギリス
公認する猫種登録団体：CFA、FIFe、GCCF、TICA
体重：4〜8kg

グルーミング：週1回
被毛の色とパターン（模様）：トータスシェル（ブラック・アンド・レッド、ブラウン・アンド・レッド、ブルークリームなど）、トーティ・アンド・ホワイトを含む

数色が混ざり合った被毛が生み出す独特の大理石模様が魅力的

　トータスシェル（トーティ）は、2色がやわらかく混ざり合う毛色です。バリエーションは豊富ですが、最も一般的なのはブラックにレッドが混ざったトーティで、これはブリティッシュ・ショートヘアで最初に作出されたトーティの色でもあります。ブラックがブルーに、レッドがクリームに置き換えられたブルー・クリーム・トータスシェルも古くから見られる色で、1950年代以降認められています。トーティ・アンド・ホワイト（アメリカでは「キャリコ」と呼ばれる）ではよりはっきりした色のパッチになっています。遺伝的な理由により、トーティはほとんどメスで、まれに見られるオスは無精子です。

トーティのパターンがはっきりしている部分

トーティ・アンド・ホワイト

わずかにへこみがある鼻
付け根部分が幅広い耳
厚いトーティの被毛
短く平らな背中
幅の広い胸
丸みを帯びたポー（足指）

猫種の解説｜短毛種

ターキッシュ・ショートヘア

起源：1700年代以前のトルコ
公認する猫種登録団体：新猫種につき未定
体重：3～8.5kg
グルーミング：週1回
被毛の色とパターン（模様）：チョコレート、シナモン、ライラック、フォーンをのぞくすべての色と、ポインテッドをのぞくすべてのパターン

**まだ知られていないものの、愛情深くおおらかな猫
早い段階での社会化がおすすめ**

歴史は不明ですが、ターキッシュ・ショートヘアはトルコのさまざまな地域で自然発生しているようで、かなり前から存在すると考えられています。「アナトリアン」や「アナトーリ」、またトルコでは「アナドル・ケディシ」としても知られるこの猫は、より毛の長いターキッシュ・バンによく似ているためしばしば混同されます（実際にはターキッシュ・バンの短毛バージョンです）。

原産国トルコでもなかなか見かけないような珍しい猫種ですが、とくにドイツとオランダのブリーダーがその数を増やすべく努力を続けています。

トーティ・アンド・ホワイト

- 筋肉質な首
- 形の整った卵形のポー（足指）

タビー・アンド・ホワイト

- 中くらいの大きさの力強いボディ
- アンダー・コートがなく、厚い短毛
- 付け根の部分が幅広く、左右の間隔があいた耳
- アーモンド形のやや大きな目
- 丸みを帯びた顎とほどほどに幅広い頭部
- 筋肉質でたくましい肢
- 先端がやや丸みを帯びた尾

オホサスレス

起源：1980年代のアメリカ
公認する猫種登録団体：TICA
体重：4〜5.5kg

グルーミング：週1回
被毛の色とパターン（模様）：あらゆる色とパターン

新しく純血種に仲間入りした、珍しくて不思議な猫
活動的で人懐こく、手入れも簡単

　1984年にアメリカのニューメキシコ州で発見されたオホサスレス（スペイン語で「青い目」の意味）は、世界で最も希少な猫の1種です。青い目は被毛の色やパターンを問わず、片方の目にも両方の目にも、長毛種も含めて発現します。しかし頭蓋骨の形成不全などの深刻な健康上の問題が明らかになってきたため、現在遺伝学者によってこの猫種開発はモニターされています。他の短毛種との異種交配が、純血種のオホサスレスに見られる健康上の問題を回避するのに有効かもしれません。

　繁殖された数があまりに少ないため、この美しくて優美な猫の特徴についてはほとんど知られていませんが、愛情深く人懐こい性質だといわれています。

- 頭部の比較的高い位置に付いた耳
- 両目がブルーか左右の目の色が異なるオッド・アイ（片目はブルー）
- 頬骨が目立つ三角形の頭
- わずかにストップがある鼻
- やさしい表情
- 絹のような細い被毛
- 先細りの尾
- 四角いマズル
- 前肢よりもわずかに長い後肢

129

猫種の解説｜短毛種

エジプシャン・マウ

起源：1950年代のエジプト
公認する猫種登録団体：CFA、FIFe、GCCF、TICA
体重：2.5〜5kg

グルーミング：週1回
被毛の色とパターン（模様）：ブロンズ及びシルバーでスポッテッドのパターン。ブラック・スモークには「ゴースト」のタビー・マーキング

**油断のない表情と堂々とした身のこなし
自然発生的なスポット模様が際立つ猫**

　古代エジプトのファラオの墓の壁画に描かれた、胴が長く斑点のある猫によく似ていますが、その直系の子孫であるかどうかは定かではありません。現代のエジプシャン・マウは、亡命中のロシアの王女ナタリー・トルベツコイによって作出されました。1956年に、ナタリー王女はスポットのある猫を何匹かイタリアからアメリカに輸入したのです。アメリカにおける繁殖用のエジプシャン・マウの数は、20世紀後半に新たに輸入されて遺伝子プールが復活するまでは少ないままでした。

　走るスピードに優れ、イエネコのなかで最速といわれています。性質的には愛情深い猫ですが、繊細で人見知りをしがち。初期段階で慎重に社会化することが必要で、経験豊富な飼い主向けでしょう。一度家族と絆を結べば、生涯従順です。

- 色の濃いリングが入り、先端の色が濃くなる尾
- 付け根の部分が幅広く、かなり大きな耳
- 中くらいの長さでくさび形の頭部
- ブロンズ・スポテッド・タビー
- スポッテッド・タビーの被毛
- 額にはタビーに典型的な「M」のマーク
- スポットがランダムに入る被毛
- 前肢よりも長い後肢
- アーモンド形の大きな目
- 脇腹と後肢の間の皮膚にたるみがある
- 胸の上から首にかけて切れ目のある「ネックレス」模様
- やや卵形の小さなポー（足指）

130

アラビアン・マウ

起源：2000年代のアラブ首長国連邦（近代種）
公認する猫種登録団体：新猫種につき未定
体重：3〜7kg

グルーミング：週1回
被毛の色とパターン（模様）：タビー、バイカラーを含む
さまざまなパターンとさまざまなセルフ・カラー

飼い猫の生活にうまく適応した砂漠の猫
狩りの本能を保持しているため、活発で好奇心旺盛

アラビア半島生まれのアラビアン・マウはもともとは砂漠に生息していましたが、人間が砂漠を開発したことで都市部に住むようになりました。2004年、この猫の本来の形質と生まれながらの頑健さの保持を目的とした繁殖計画がスタートしました。その被毛はボディに密着しており、アンダー・コートはありません。

エネルギーにあふれ知的刺激もかなり必要とするため、飼い猫としては手に余る場合があります。また、1日のんびり過ごすような生活では、この猫を満足させることはできません。しかし忠実で愛情深いので、活動的な性質を理解する飼い主にはぴったりのペットになるでしょう。

- 先のとがった大きな耳
- ややつり上がった楕円形の目
- わずかにへこみがある鼻
- 長い肢と卵形のポー（足指）
- 高く目立つウィスカー・パッド
- 「ネックレス」のようなマーキング
- 中くらい〜大きめで筋肉質のボディ
- 硬い手ざわりのシングル・コート

スポッテッド・タビー

ホワイト

マッカレル・タビー

131

猫種の解説｜短毛種

アビシニアン

起源：19世紀のイギリス
公認する猫種登録団体：CFA、FIFe、GCCF、TICA
体重：4〜7.5kg

グルーミング：週1回
被毛の色とパターン（模様）：ルディ、シナモン、ブルー、フォーン。この猫種の特徴であるティッキングと顔のマーキングはすべてに見られる

**忠実で愛情深く、好奇心旺盛でエネルギーがいっぱい
しなやかで優雅な外見も魅力的**

アビシニアンの歴史については、古代エジプトの聖なる猫の子孫であるという興味深い話から、ありそうにない話までさまざまな説があります。少し信ぴょう性がありそうなものでは、1860年代終わりのアビシニア戦争終結時に兵士がアビシニア（現在のエチオピア）からイギリスに持ち帰った猫が、アビシニアンの祖先であるという話があります。ところが遺伝学的調査によると、アビシニアンのティックト・パターンの被毛はインド北東部の沿岸地域に由来する可能性が示されました。確かなのは、イギリスでタビーのブリティッシュ・ショートヘア（P125）を珍しい輸入猫種とかけ合わせることにより、現代のアビシニアンが開発されたということです。

筋肉質のボディと美しいティックトの被毛を持ち、貴族的ともいえるその身のこなしは、まるで小型のマウンテン・ライオン（ピューマ）のような野生的な雰囲気を漂わせます。もともとの毛色は、土のような濃い赤茶色ですが、その他にはフォーン、チョコレート、ブルーなどのバリエーションがあります。賢く愛情いっぱいで、良いコンパニオンになりますが、なるべく多くの時間を人と過ごせるような、活動的で刺激に満ちた環境を好みます。

ルディの子猫

『ズーラ』

アビシニアンの歴史については、何度も繰り返し語られる話があります。1868年にアビシニア（現在のエチオピア）での軍務を終えてイギリスに帰国した陸軍将校が連れ帰った『ズーラ』という名の猫が、アビシニアンの基礎になったというものです。1870年代にロンドンのクリスタル・パレスで開かれたキャット・ショーに何匹かのアビシニアンが出陳されましたが、それらがズーラの子孫だったという記録はとくにないようです。1876年に発行された右の絵のズーラには、ティックトの被毛以外に今日のアビシニアンとの類似点はほとんどありません。

ズーラのイラスト

- 黒の縁取りがある目
- ふくらみが目立つウィスカー・パッドと、丸みを帯びたマズル
- 絹のような光沢のある被毛
- 先細りの長い尾
- 左右離れて付き、警戒を怠らない大きな耳
- 周りに特徴的な黒いマーキングがある目
- バランスのとれた美しいボディ
- やわらかい感触の被毛
- すべての毛に対照的な色の帯のティッキングがある
- 細い肢
- 比較的小さいポー（足指）
- 色が明るくなった腹部

ブルー

132

目を輝かせ、やる気満々
アビシニアンは用心深く、全身を耳や目にしたかのように絶え間なく動かしています。並外れて賢いこの猫にとっては、ほとんどすべてのものが興味や関心の対象であり、日常的にたくさんの刺激を必要としています。

猫種の解説｜短毛種

短毛種

オーストラリアン・ミスト

起源：1970年代のオーストラリア
公認する猫種登録団体：GCCF
体重：3.5〜6kg

グルーミング：週1回
被毛の色とパターン（模様）：スポッテッドもしくはクラシック・タビーに、霧に覆われたようなティッキング

落ち着いて愛情深く、美しい被毛を持つ猫
誰にとってもすばらしいペットに

オーストラリアン・ミストはオーストラリアで開発された最初の純血種であり、バーミーズ（P87〜88）、アビシニアン（P132〜133）、オーストラリアのドメスティック・ショートヘアを交配して作られたものです。以前は「スポッテッド・ミスト」として知られていたこの猫には、スポットまたはクラシック・タビーの美しいパターンが多様にあり、その色もさまざまです。また、模様や色を問わず、すべての個体に霧のベールをかぶせたような繊細な印象のティッキングがあり、被毛の色が定着するには最長2年くらいかかります。

原産国では非常に人気で、とても飼いやすいといわれています。健康で落ち着いており、愛情あふれる性質を持つので室内でも幸せに暮らします。また、子どもの遊び相手としても、あまり活動的でない飼い主の忠実なコンパニオンとしても適した猫です。人を惹きつける外見と社交的な性質で、キャット・ショーにおいてもその人気が高まりつつあります。

新しい猫種の作出

ブリーダーのトゥルーダ・ストレイド博士がオーストラリアン・ミストを作出し、公式に認定を受けるまでには9年の歳月を要しました。博士は最も愛する猫種の資質を組み合わせてこの猫を作出したのです。落ち着いた美しい色合いとおおらかな性質を得るために、基礎となる猫にはバーミーズ（P87〜88）を選び、ティッキング模様と明るい性質を得るためにアビシニアンを使いました。さらにドメスティック・ショートヘアからは、大理石模様など被毛の多様性と、健康で丈夫な猫を作るための幅広い遺伝子のプールを得たのです。

クラシック・タビーの子猫

スポッテッド・ピーチの子猫

体の大きさに比べて長く太い尾
光沢のある短毛
中くらいの大きさで引き締まったボディ
付け根の部分が幅広く、やや前傾する耳
幅広く、やや丸みを帯びた頭部
幅広く、わずかにストップがある鼻
上の瞼がまっすぐな目
はっきりと目立つウィスカー・パッド
切れ目のある「ネックレス」の模様
幅広く丸い胸
より色が薄くなる腹部
形の整った卵形のポー（足指）

スポッテッド・タビー

135

猫種の解説｜短毛種

セイロン

起源：1980年代のスリランカ
公認する猫種登録団体：新猫種につき未定
体重：4〜7.5kg

グルーミング：週1回
被毛の色とパターン（模様）：マニラ（サンディ・ゴールドの地色にブラック・ティッキング）。ブルー、レッド、クリーム、トーティを含むさまざまなマーキングとティッキング

注意深い性格ながら人懐こく、遊び好きでエネルギッシュ
ティッキングのある被毛が美しい

　原産国（現在のスリランカ）にちなんで名づけられたセイロンは、1980年代の初期に輸入され、イタリアで猫種として開発されました。他の猫種ほど知名度はありませんが、今では世界中で見られ、なかでもイタリアではかなり人気があります。ティッキングの入った砂色の被毛を持ち、外見はアビシニアン（P132〜133）によく似ていますが、直接関係はありません。額には「コブラ」と呼ばれる独特のパターンがあり、これが非常に高く評価されています。ブリーダーは人懐こい性質と反応の良さを称賛しています。

暗い縁取りがある目

頭の高い位置に付いた大きな耳

はっきりしたタビー・パターンがある肢

子猫

より色の濃いラインが入った頬

特徴的な「コブラ」のマークがある額

ティッキングが入った砂色の被毛

のどの周りに「ネックレス」のマーキング

広い胸

はっきりしたティッキングがあるボディ

細い短毛で薄いアンダー・コートがある

骨は細いが、筋肉質な肢

オシキャット

起源：1960年代のアメリカ
公認する猫種登録団体：CFA、FIFe、GCCF、TICA
体重：2.5〜6.5kg

グルーミング：週1回
被毛の色とパターン（模様）：シルバー、ブラウン、ブルー、ライラック、フォーンなどのスポッテッド・タビー。ティッキングあり

好奇心が強く遊び好きで、自信にあふれる
適応力がありトレーニングによく反応する

　猫種名からは、中南米に生息するネコ科の野生動物オセロットとイエネコとの異種交配で生まれたかのような印象を受けますが、そうではありません。しかし、オセロットの血が入っているに違いないと思わせる美しい斑点を持っています。実際には、アビシニアン（P132〜133）のティックトの被毛にマッチしたカラー・ポイントを持つシャム（P104〜109）を作ろうとして、1964年に思いがけず生まれた猫です。最初に生まれたスポッテッドの子猫はペットとして飼われましたが、後に生まれた子猫は新種の開発に使われました。繁殖にアメリカン・ショートヘア（P113）を使った結果、より大きくがっしりとした個体も生まれるようになりました。人と一緒にいるのが大好きで適応力があり、扱いやすい猫でもあります。

シルバー・スポッテッド・タビー

黒い縁取りがある大きなアーモンド形の目

先端に最も濃い色が入った尾

子猫

色の濃いラインがある頬

幅広くやや四角いマズル

「母印」を押したかのようなシルバーの斑点があり、光沢のあるスポッテッド・タビーの短毛

長く、わずかに先が細くなる尾

タビーに特徴的な「M」のマークがある額

目の周りと頬により明るい色のマーキング

力強く筋骨たくましいボディ

「ネックレス」の模様がある首

チョコレート・スポッテッド・タビー

楕円形のポー（足指）

137

猫種の解説｜短毛種

オシキャット・クラシック

起源：1960年代のアメリカ
公認する猫種登録団体：GCCF
体重：2.5～6.5kg

グルーミング：週1回
被毛の色とパターン（模様）：シルバーを含むさまざまな色。クラシック・タビー・パターン

大きく美しいタビー・パターンが特徴的
非常に愛情深く、忠実なペットに

　斑点ではなくクラシック・タビー・パターンのあるこの猫は、オシキャット（P137）のクラシック・タビー・バージョンで、オシキャットと別の猫種として認められたのはごく最近のことです。すべての登録団体が別の猫種と認定しているわけではありません。オシキャット・クラシックの歴史は、斑点のあるオシキャットと同じで、シャム（P104～109）、アビシニアン（P132～133）、アメリカン・ショートヘア（P113）の血が入っています。エネルギッシュでゲームや高いところに上がることに熱中し、性質はすばらしくとても社交的です。長い時間ひとりで過ごすのは苦手なため、いつでも人がいる活動的な家庭にふさわしい猫でしょう。

- 大きくしなやかで、筋肉の発達したボディ
- 全体に色の濃いリング・パターンがある尾
- ティッキングのある被毛に色の濃いタビー・パターン
- 付け根部分の幅が広く大きな耳
- 額にはタビーに典型的な「M」のマーキング
- 耳の付け根に向かってわずかにつり上がる、アーモンド形の大きな目
- 長く幅の広いマズル
- 肩から背骨に沿って入る切れ目のないライン
- 肢にはブレスレットのマーキングが入る

ブラウン・クラシック・タビー

ソコケ

起源：1970年代のケニア（近代種）
公認する猫種登録団体：FIFe、TICA
体重：3.5〜6.5kg

グルーミング：週1回
被毛の色とパターン（模様）：ブラウン・クラシック・タビー

性質の穏やかな希少種
家や家族への独占欲が強くなることもある

　美しいタビー・パターンを持つこの猫は、ケニア沿岸部のアラブコ・ソコケ・フォレストという熱帯雨林地帯が原産で、1970年代の終わりにケニアに住むイギリス人女性に発見されました。彼女は独特のマーキングのある2匹の野良猫を連れ帰り、繁殖に使ったのです。後に欧米に送られ、21世紀に新しい血統が取り入れられることになります。被毛はベースの色合いと独特のパターンとが合わさり、シースルー効果が生まれています。今日のソコケは、「オールド・ライン（古い系統）」、「ニュー・ライン（新しい系統）」という2つの系統の特徴を併せ持っています。

　飼い主家族と強い絆を作り、鳴き声で意思を伝えるような才能を持った猫もいます。子猫の時代を過ぎても非常に活動的であり、ゲームや遊びを好みます。

黒の縁取りがある目

目立つウィスカー・パッド

付け根部分が広く、まっすぐに立ち上がる大きな耳

先の黒い尾

クラシック・タビー・パターン

上部がほとんど平らな頭蓋骨

顎ひものようなマーキングがあるのど

細長い肢

硬い感触で、鞭のように長くしなやかな尾

つま先立ちで歩いているような長い後肢

猫種の解説｜短毛種

カリフォルニア・スパングル

起源：1970年代のアメリカ
公認する猫種登録団体：新猫種につき未定
体重：4〜7kg
グルーミング：週1回
被毛の色とパターン（模様）：スポッテッド・タビー。地色はシルバー、ブロンズ、ゴールド、レッド、ブルー、ブラック、ブラウン、チャコール、ホワイトを含む

**ジャングルを彷彿とさせるエキゾチックな容貌
強い狩猟本能を持つが、どう猛さはなく愛情深い猫**

　ヒョウやオセロットなど野生のネコ科動物のミニチュア・コピーともいえる猫。ポール・ケイシーという熱心な保護活動家が、毛皮目的の野生動物の殺戮を阻止しようと作出しました。斑点のある毛皮と自分のペットが関連づけられれば、流行やファッションのために野生動物を犠牲にすることに人々が嫌悪感を覚えるようになるのではないかと考えたのです。カリフォルニア・スパングルはさまざまなイエネコを使って作り出されたもので、野生のネコ科動物の血は入っていません。何より好きなのは狩りと遊びですが、社交的で愛情深いところもあり、飼いやすい猫といえるでしょう。

少し丸みを帯びた額

目立つウィスカー・パッド

丸い斑、ブロック状の斑、楕円形の斑など、さまざまな形のはっきりした斑点

耳にかけて少しつり上がった目

頭部の高い位置に付いた耳

やわらかくベルベットのような手ざわりの被毛

黒いリング状のマーキングがあり、先端の黒い尾

幅の広い頬骨

筋肉質で引き締まった長いボディ

黒いしま模様がある肢

140

トイガー

起源：1990年代のアメリカ
公認する猫種登録団体：TICA
体重：5.5〜10kg

グルーミング：週1回
被毛の色とパターン（模様）：ブラウン・マッカレル・タビー

驚くほど美しい外見を持つ猫
人懐こくて頭も良く、性質はおおらか

1990年代にしま模様のある短毛の猫とベンガル（P142〜143）を交配して作られた猫種。その被毛は、縦のしまがランダムに入った、どのタビー・パターンとも異なるトラ模様です。がっしりとして筋肉質なので「トイ・タイガー（小さいトラ）」とも呼ばれ、その動きには、野生のビッグ・キャットの持つ優雅さと力強さがあります。

トイガーは自信にあふれ社交的な性質ですが、のんびりしたところもあるため、どのような家庭にもうまく順応します。運動神経が良く活動的ですが、比較的従順なのでゲームやリードを付けての散歩を覚えさせることも可能でしょう。

長く幅広い頭部

豊かで光沢のある短毛

厚く毛が生えた丸く小さな耳

子猫

蝶を思わせるマーキングがある頭部

色に深みのある丸い目

筋肉の発達した首

低い位置にある長くたくましいボディ

低い位置に付いた筋肉質な長い尾には、リング・パターンがある

力強い前躯

ブラウン・マッカレル・タビーの被毛

141

猫種の解説｜短毛種

ベンガル

起源：1970年代のアメリカ
公認する猫種登録団体：FIFe、GCCF、TICA
体重：5.5～10kg

グルーミング：週1回
被毛の色とパターン（模様）：ブラウン、ブルー、シルバー、スノー・カラー。
スポッテッド・クラシック・タビー及びマーブルド・クラシック・タビー

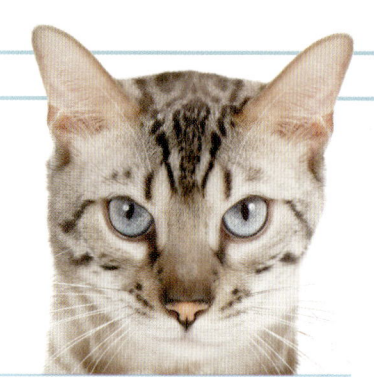

**際立って美しいスポッテッドの被毛が特徴
活発で好奇心が強く、エネルギッシュ**

　1970年代に科学者によって、野生のアジアン・レオパード・キャット（ベンガルヤマネコ）と短毛のイエネコの異種交配が行われました。ヤマネコが先天的に持つ、猫白血病に対する免疫力をペットの猫に取り入れようという試みによるものでした。その試み自体はうまくいかなかったものの、アメリカの猫愛好家がその生まれたハイブリッドに興味を持ったのです。その後の品種改良で、アビシニアン（P132～133）、ボンベイ（P84～85）、ブリティッシュ・ショートヘア（P118～127）、エジプシャン・マウ（P130）を含むさまざまな純血種の猫と、このハイブリッドとの異種交配が行われ、その結果生まれたのがベンガルです。最初は「レオパーデット」と呼ばれ、1980年代に新しい猫種として正式に認められました。

　美しい被毛と筋肉質な体を持つこの猫は、まるでジャングルにいるかのような雰囲気を感じさせてくれます。野生の血が入っているにもかかわらず危険性はまったくなく、とても愛情深い猫なのです。ただしあり余るエネルギーの持ち主なので、猫を飼った経験のある飼い主のもとで暮らすのがよいでしょう。人懐こい性格で常に家族の中心にいたい猫であり、人と一緒にいることと、多くの肉体的かつ精神的刺激が必要です。

胴が長くがっしりした体格

太い尾は低い位置に付く

野生種の血

ベンガルの作出に使われたアジアン・レオパード・キャット（ベンガルヤマネコ／学名:Prionailurus bengalensis）は、インド、中国、インドネシアを含む東南アジアに生息しています。斑点のある被毛は地域によって色のバリエーションがあり、これらのいくつかがベンガルの繁殖に取り入れられました。その毛皮の美しさのために毛皮商やペット用野生種の売人に狙われ、ベンガルヤマネコの数は激減しています。ベンガルヤマネコの亜種は、絶滅の危機に瀕しているものもあります。

ヤマネコの郵便切手

短毛種

子猫

縦の長さが横幅を上回る頭部

絹のような手ざわりで、スポッテッドのゴージャスな被毛

突出した頬骨

先が丸く付け根部分の幅が広い、比較的短い耳

目の周りにある「マスカラ」のようなマーキング

力強く筋肉質な肢

大きく丸いポー（足指）

143

ヤマネコの優雅さ
カナーニは天性のアスリートですが、その力強さと優雅さは動きを見れば明らかです。つやのあるスポッテッドの被毛は、先祖であるヤマネコの被毛を思わせます。

短毛種

カナーニ

起源：2000年代のイスラエル
公認する猫種登録団体：新猫種につき未定
体重：5〜9kg
グルーミング：週1回
被毛の色とパターン（模様）：スポッテッド・タビー及びクラシック・タビー。地色はさまざま

筋肉質なボディで運動神経抜群
先祖である野生猫の性質を受け継ぎ、非常に活発

カナーニ（旧約聖書の「カナン人」に由来）は、スポッテッドのリビアヤマネコに似た猫を目指して作出された希少種です。エルサレム在住の彫刻家によって繁殖されたこの新しい猫種は、登録団体には猫種として公式に認められていません。しかし、ドイツとアメリカのブリーダーを中心に、徐々に知名度が上がってきています。

カナーニの繁殖プログラムでは、スポッテッドの被毛であることを条件にリビアヤマネコ、ベンガル（P142〜143）、オリエンタル・ショートヘア（P91〜101）との異種交配が2010年まで許されていました。2010年以降は、両親ともにカナーニでなければいけないとされています。大きくて細い胴体、長い肢に長い首、房毛のある耳を持つカナーニは、まるで野生の砂漠猫のように見えます。やさしく愛情深い性質ですが、先祖からの野生の独立心を保持しており、今なお優れたハンターでもあります。

模様の変化

エルサレム在住のドリス・ポラスチェックがカナーニの繁殖計画を始めたとき（写真）は、リビアヤマネコのようなスポッテッド・タビーの被毛を持つ、野生の猫に見える猫を作りたいと考えていました。しかし、現在カナーニの猫種スタンダードでは、リビアヤマネコに自然に発現することのないクラッシック・タビーも認められています。ブリーダーは色に関してはまだ保守的で、ベンガル（P142〜143）やサバンナ（P146〜147）など類似性のある猫種で人気のシルバーは、まだ取り入れられていません。

- アーモンド形の大きな目
- 幅の広い、三角形の頭部
- 赤レンガ色のノーズ・レザー（鼻鏡）
- 細長く、筋肉質なボディ
- 尾の先端は黒で、黒のリング・パターンが少なくとも3つある

子猫

- タビーに典型的な「M」のマークがある額
- 先端に房毛がある大きな耳
- ティッキングにより薄くなった斑点
- 粗い手ざわりで、タビーの短毛
- 長い首
- コンパクトな卵形のポー（足指）

猫種の解説｜短毛種

短毛種

サバンナ

起源：1980年代のアメリカ
公認する猫種登録団体：TICA
体重：5.5〜10kg
グルーミング：週1回
被毛の色とパターン（模様）：ブラウン・スポッテッド・タビー、ブラック・シルバー・スポッテッド・タビー、ブラック、ブラック・スモーク

体高が高く優雅で独特の外見
好奇心旺盛だが要求が多いので、飼い主は経験が必要

最も新しい猫種のひとつであるサバンナが正式に公認されたのは、2012年のことです。アフリカの平原に生息するネコ科の野生動物サーバルのオスとイエネコのメスが偶然交配して生まれたもので、斑点のある被毛や長い肢や直立した大きな耳などサーバルの特徴を多く受け継いでいます。ブラックあるいはブラック・スモークの個体にはゴースト・スポッティング（色の薄い斑点模様）が見えることがあります。それぞれの目から涙の跡のように伸びる、チーターにあるような「ティア・マーク（涙模様）」もしばしば見られます。

冒険好きで運動神経が非常に発達しており、2.5mくらいの高さまでジャンプできます。ふだん楽しいことがないかとつねに目を光らせており、食器棚の中を確認したりドアを開けたり、水で遊ぶこともあるでしょう。忠実で社交的でも、ありまるで犬のようですが、きわめて主張が強く要求が多い場合もあるので、初めて猫を飼う人には、あまり向かないでしょう。国によってはサバンナの飼育に制限をしているところもあり、とくに異種交配後まもない世代の個体は注意が必要です。

子猫

異種交配

系統や種の異なる個体間の交配を行う場合によく起こることですが、雑種第一代（F1）は繁殖力が損なわれてしまいます。サバンナの場合、繁殖力のあるメスの子猫が持つサーバルの遺伝子がさらに薄められるまで（通常は第五代〔F5〕か第六代〔F6〕までかかります）、生まれたオスは生殖能力を持たない傾向にあります。しかしF5あるいはF6のオスとメスのサーバルとの戻し交配がうまくいけば、生まれる子猫はかなりサーバルに近づき、とくに被毛にはサーバルの模様がより鮮明に現れます。

雑種第六代（F6）のサバンナ

やや粗い感触の、平らに寝たスポッテッド・タビーの被毛。斑点はよりやわらかい手ざわり

細長く頑丈なボディ

やや下がり気味のまぶた

非常に長く筋肉質な肢

長い首

ブラウン・スポッテッド・タビー

体の大きさに比べて小さめの三角形の頭部

頭の高い位置に付いた直立した大きな耳

他の部分より小さい斑点がある肢

147

猫種の解説｜短毛種

セレンゲティ

起源：1990年代のアメリカ
公認する猫種登録団体：TICA
体重：3.5〜7kg

グルーミング：週1回
被毛の色とパターン（模様）：ブラック・セルフ。ブラウン（濃淡を問わず）の
スポッテッド・タビー、もしくはシルバーのスポッテッド・タビー、ブラック・スモーク

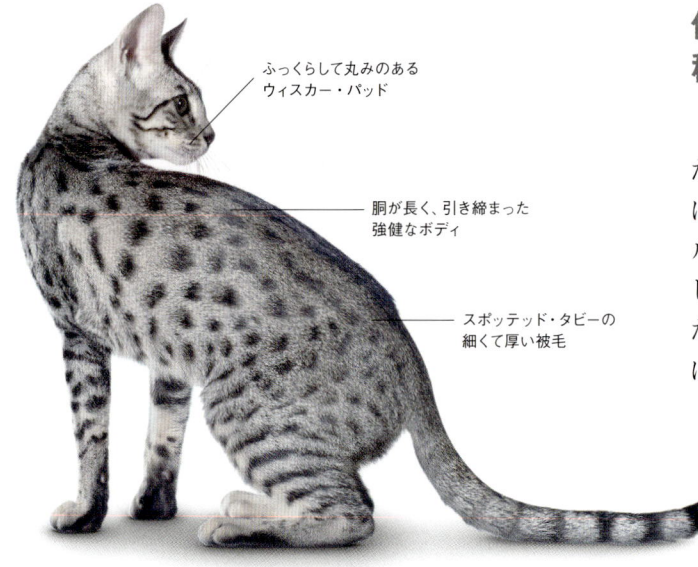

体高が高くエレガントで、高いところに登るのが大好き
穏やかながら社交的な性質

　セレンゲティは、サーバル（アフリカの草原に生息する小型で肢の長い野生の猫）によく似た猫を目標に作出されました。1990年代半ばにアメリカのカリフォルニアで作出され、現在はヨーロッパ及びオーストラリアでも知られています。ベンガル（P142〜143）とオリエンタル（P91〜101）の交配により生まれ、長い首と肢とすっとしたたたずまいが特徴といえるでしょう。極端に大きな耳の長さは、頭部の長さと同じくらいあります。敏捷で高いところに登ったり探索したりするのが大好き。飼い主が行くところはどこへでもついて行くほど強い絆で結ばれるため、家で過ごす時間の多い人にはぴったりのペットになるでしょう。

ふっくらして丸みのある
ウィスカー・パッド

胴が長く、引き締まった
強健なボディ

スポッテッド・タビーの
細くて厚い被毛

縦長の頭部

付け根部分が幅広く
先端が丸みを
帯びた大きな耳

丸く大きな目

体の大きさに比べて
長い首

シルバー・スポッテッド・タビー

独特の斑点

先が黒い尾

非常に長い肢

148

チャウシー

起源：1990年代のアメリカ
公認する猫種登録団体：TICA
体重：5.5〜10kg

グルーミング：週1回
被毛の色とパターン（模様）：ブラック・セルフ、ブラウン・ティックト・タビー、グリズルド・ブラック

カリスマ的な魅力を感じるスマートで美しい猫
愛情と時間をたっぷりかけられる飼い主に向く

過去には野生のジャングルキャットとイエネコの間で自然に異種交配が起こる可能性もあり（おそらく起こっていたと考えられます）、チャウシーは1990年代に作られたハイブリッド種から生まれました。猫種名は、ジャングルキャットのラテン語の学名である「Felis Chaus（フェリス・チャウス）」に由来します。当初はジャングルキャットとさまざまな猫の交配が行われていましたが、今日ではチャウシーの体型と被毛の色の一貫性を保つため、アビシニアン（P132〜133）と特定のドメスティック・ショートヘアのみが使われます。

他のハイブリッド種と同様に非常に活発で、あれこれ探索することを楽しみます。頭が良くとても好奇心が強いため、あっという間にドアを開けることを覚えて、食器棚を開けては中を覗き込むようになるかもしれません。長時間家で過ごして相手をしてあげられるような、猫の飼育経験が豊富な飼い主を必要とします。

先が丸まった耳
耳に向かってややつり上がる目
長く高い頬骨
タビー・パターンがあり、先端が黒い尾
体の大きさに比べて小さなポー（足指）

ブラウン・ティックト・タビー

引き締まった筋肉質のボディ
左右が非常に近い位置に付いていて、高さのある耳
横顔に勾配がある長い頭部
ふっくらしたウィスカー・パッド
外側に薄くしま模様が入る長い肢

猫種の解説｜短毛種

マンチカン（ショートヘア）

起源：1980年代のアメリカ
公認する猫種登録団体：TICA
体重：2.5〜4kg
グルーミング：週1回
被毛の色とパターン（模様）：あらゆる色、シェーディング、パターン

人懐こくて愛すべき性質の短足猫
社交的でおもちゃを使った遊びが大好き

ダックスフンドの猫バージョンともいえそうな外見のマンチカンは、肢が短く体高が低いのですぐに見分けられます。当初は1980年代にアメリカのルイジアナで繁殖されましたが、非常に短いその肢は突然変異で発生したものです。

肢の短い猫は何年も前から多くの国で自然発生してきましたが、この特徴がブリーダーによって保持されTICAにより正式に猫種として認定されるに至ったのです。マンチカンの人気はショートヘア、ロングヘア（P233）ともに高まりつつありますが、前述のTICA以外のほとんどの団体はまだこの猫種を認めていません。

ちなみに、短い肢が動きの妨げになることはなく、フェレットのように走り、ウサギやカンガルーのように後肢の上に体を乗せるように座ります。また、短い肢の遺伝子が健康や寿命に影響することもないと考えられています。肢の長い猫ほどジャンプ力はないかもしれませんが、家具によじ上ることもありますし、活動的で遊び好きです。ただし身づくろいには飼い主の手助けが必要かもしれません。マンチカンは、ミンスキン（P155）など他の肢の短い猫種の作出にも使われています。

子猫

「カンガルー猫」

猫種としてマンチカンの開発が始まったのは1980年代ですが、極端に肢の短い猫が見られるのは最近の現象ではありません。肢が短い野良猫に関する記述は、少なくとも1930年代までさかのぼることができます。前肢が後肢に比べて極端に短く、草を食むカンガルーのような印象を与えることから、「カンガルー・キャット」というニックネームをつけた記述も見られます。当初は肢の短い猫と通常の長さの猫が同時に生まれるのも確認されましたが、これは今日でもマンチカンでよく見られる現象です。下の写真の2匹の猫は同時に生まれたきょうだいです。

短毛種

高くはっきり
した頬骨

非常に
丸みのある胸

胴体と同じぐらい
長いこともある尾

平らな額

付け根の幅が広い耳が
頭頂部に付く

厚く密な被毛

丸みを帯びた
くさび形の頭部

クルミの形をした目

わずかに
ストップがある鼻

他の猫種の半分ほどの
長さの肢

151

猫種の解説｜短毛種

キンカロー（ショートヘア）

起源：1990年代のアメリカ
公認する猫種登録団体：TICA
体重：2.5〜4kg
グルーミング：週1回
被毛の色とパターン（模様）：タビー及びトーティを含む豊富な色とパターン

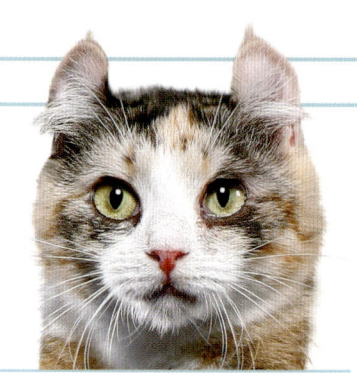

賢くて遊び好き、新種の珍しい猫
飼い主の膝の上が大好き

　ドゥワーフ（小型）のデザイナー・キャットであるキンカローは、1990年代にマンチカン（P150〜151）とアメリカン・カール（P159）を交配させて意図的に作られました。作出したのは、アメリカ人ブリーダー、テリ・ハリス。いまだ珍しい猫種で、小型でよく引き締まったボディにマンチカンの特徴である非常に短い肢、アメリカン・カールの特徴である後ろに曲がった折れ耳を併せ持つことが理想とされます。しかしキンカローの子猫が、すべて遺伝的突然変異の結果であるこのような形質を受け継いでいるわけではありません。普通の長さの肢と立ち耳の子猫も生まれます。キンカローの開発と猫種スタンダードの確立は現在も進行中。今のところ特定の健康障害は見られず、肢が短いことで活動が制限されることもないようです。

やわらかく光沢のある被毛

ブラック

丸いポー（足指）

アメリカン・カールから受け継いだ折れ耳

大きさの割に重く感じられる、短くコンパクトなボディ

ピンクのノーズ・レザー（鼻鏡）

絹のような被毛

ボディと比較して長い尾

トーティ・アンド・ホワイト

とくに短い前肢

ラムキン・ドゥワーフ

起源：1980年代のアメリカ
公認する猫種登録団体：TICA
体重：2〜4kg
グルーミング：週2〜3回
被毛の色とパターン(模様)：あらゆる色、シェーディング、パターン

とてもやさしく愛らしく、飼いやすい猫
短い肢にもかかわらず、活動的で優れたジャンパー

肢の短いマンチカン（P150〜151）とカーリー・コートのセルカーク・レックス（P174〜175）を交配して作られたハイブリッド種で、まだほとんど知られていません。「ナナス・レックス」（ナナスは「ドゥワーフ」の意味）と呼ばれることもあります。まだ実験的な猫種とみなされ、スタンダードに合った個体の繁殖がきわめて難しいため、非常に珍しい存在です。一方の親の短い肢ともう一方の親のカーリー・コートの突然変異遺伝子を両方とも受け継いでいる子猫と、肢が短く直毛の子猫、肢が長くて直毛の子猫、あるいは肢が長くてカーリーの子猫が同時に生まれることもあります。この猫には、レックスの従順さとマンチカンのちゃめっ気の両方があるといわれています。

- ピンクのノーズ・レザー（鼻鏡）
- やわらかい感触の被毛
- 非常に長い尾
- モジャモジャに見える被毛
- くさび形の頭部
- 先のとがった耳
- 左右が離れた丸い目
- 肢の長さに対して、かなり長い胴
- 前肢より長い後肢

ブルー・クリーム・トーティ・アンド・ホワイト

猫種の解説 | 短毛種

短毛種

バンビーノ

起源：2000年代のアメリカ
公認する猫種登録団体：TICA
体重：2〜4kg
グルーミング：週2〜3回
被毛の色とパターン（模様）：あらゆる色、パターン

世にも奇妙な印象を与える新種
性質は穏やかだが活動的で愛情深く、愉快なペットに

21世紀の実験的ドゥワーフ（小型）・ブリードのなかで最も変わった猫のひとつといえるでしょう。マンチカン（P150〜151）とヘアレスのスフィンクス（P168〜169）のハイブリッドとしてアメリカで開発されたこの猫は、極端に肢が短く耳が大きく、しわの多い皮膚を持っています。完全な無毛に見えますが、よく見ると桃の綿毛のような非常に細かい毛で全身が覆われており、肢の短い個体と長い個体が一緒に生まれることもあります。

見た目は華奢ですが、引き締まった筋肉とたくましい骨格を持ち、走ることも跳ぶことも登ることも上手にできる、健康的な猫です。とても賢く社交的でもありますが、毛がないため強い日差しと寒さに弱いのが特徴。室内飼いにしなければならないでしょう。また、定期的に入浴させ、皮膚に皮脂が溜まるのを防ぐ必要があります。

子猫

ミンスキン

アメリカ人ブリーダーのポール・マクサーリーが、マンチカンとスフィンクスの異種交配をさらに発展させて肢の短い猫種をもうひとつ作り、「ミンスキン」と名づけました。この名前はミニチュアの「ミニ」と皮膚の「スキン」の組み合わせから来ています。名前からは無毛のような印象を受けますが、（むき出しのお腹は別として）細くてやわらかい体毛が生えています。頭と耳、肢と尾に部分的に厚毛が生えている個体がある点でバンビーノとは異なります。マクサーリーはデボン・レックス（P178〜179）とバーミーズ（P87〜88）も取り入れ、目的にかなうミンスキンを作り上げました。ミンスキンにはタビー、カラー・ポイントを含む、あらゆる色のバリエーションがあります。

鞭のようにしなやかな先細りの尾

スエードのような手ざわりの細い短毛

付け根の幅広い大きな耳

丸く大きな目

もろく、切れやすいひげ

丈夫な首

ふっくらと丸みを帯びた腹部

短いながら筋肉質で引き締まった肢

はっきりと目立つしわのある頭部

くさび形の頭部

卵形で細長い足指（ポー）

猫種の解説｜短毛種

スコティッシュ・フォールド（ショートヘア）

起源：1960年代のイギリス／アメリカ
公認する猫種登録団体：CFA、TICA
体重：2.5～6kg
グルーミング：週1回
被毛の色とパターン（模様）：ポインテッド、タビー、トーティを含むほとんどの色、シェーディング、パターン

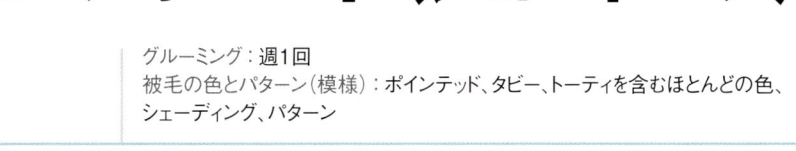

折れ耳が特徴的
子どもとも仲良く暮らせる、静かでとても忠実な猫

　非常に珍しい遺伝子突然変異によって、頭に帽子をかぶっているように前方に曲がる折れ耳を持つ猫。この耳が頭部の丸いユニークな印象を作り出しています。最初に発見された折れ耳の猫は、1960年代にスコットランドの農場で生まれた『スージー』という名の、全身ホワイトのロングヘアのメスでした。当初はスージーも、スージーから生まれた折れ耳の子猫も地元で興味を引いただけでした。しかし、やがて遺伝学者が注目し始め、子孫の何匹かがアメリカに送られて、アメリカで猫種として確立されたのです。交配に使われたのはフォールドとブリティッシュ・ショートヘア（P118～127）、アメリカン・ショートヘア（P113）でしたが、作出の過程でロングヘア・バージョン（P237）も生まれました。折れ耳を発現させる遺伝子には骨格上の問題が起こることがあるので、繁殖には注意が必要です。またこのリスクがあるために、登録団体のすべてがスコティッシュ・フォールドを公認しているわけではありません。生まれるときは必ず立ち耳ですが、折れ耳の遺伝子を持つ子猫の耳は生後3週間ほどで前に倒れ始めます。立ち耳のままの個体は「スコティッシュ・ストレート（まっすぐなスコティッシュ）」と呼ばれています。

　スコティッシュ・フォールドは現在でも珍しい存在で、家庭のペットとしてよりキャット・ショーで見かけることの多い猫です。忠実な性質で知られ、ペットとして飼われる場合はどのような家庭環境にも順応しやすく、静かで愛情深いコンパニオンになります。

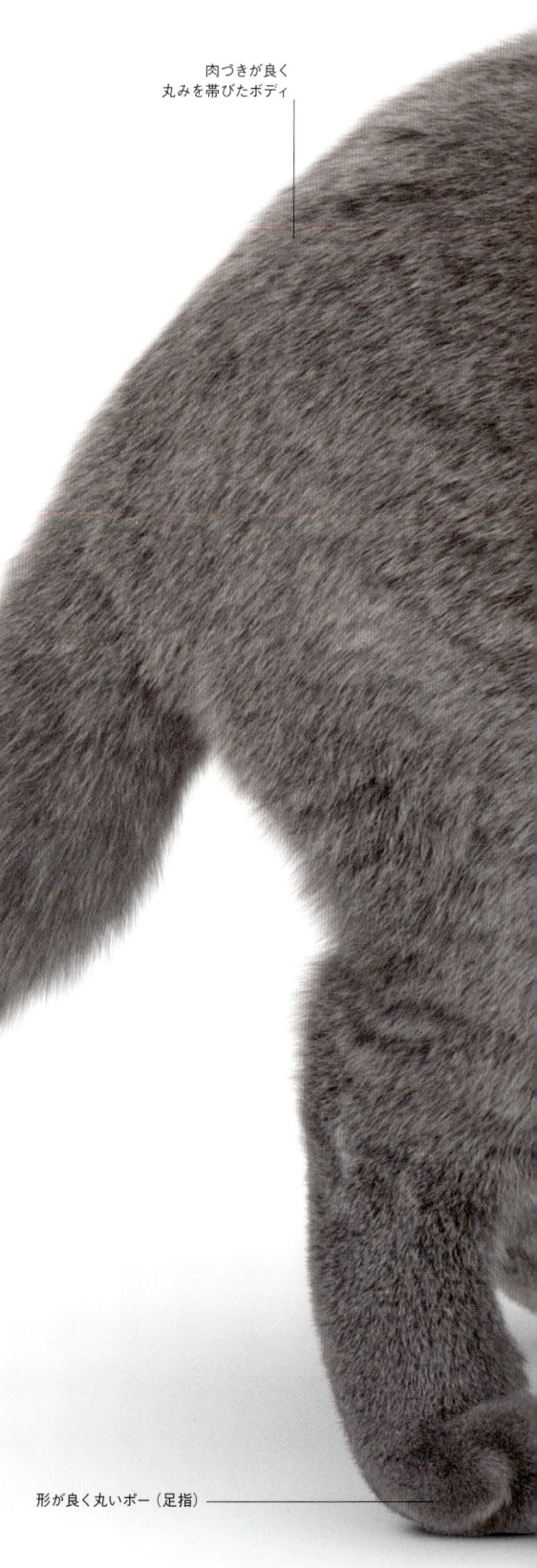

肉づきが良く丸みを帯びたボディ

先細りで、先端が丸みを帯びた非常に長い尾

形が良く丸いポー（足指）

子猫

旅の友

　アメリカ人の作家ピーター・ゲザースは、ペットであるスコティッシュ・フォールドの『ノートン』との旅の様子をつづった3部作を2009～2010年に出版。この猫の人気を押し上げました。スコティッシュの子猫を贈られたゲザースは、あっという間に猫マニアになります。ノートンは主人と一緒に世界を旅し、長時間のフライトにも同伴してレストランでは横に座っていました。書籍の出版によって非常に有名になったこの猫が16歳で死んだときには、ニューヨークタイムズに死亡記事が掲載されたほどでした。

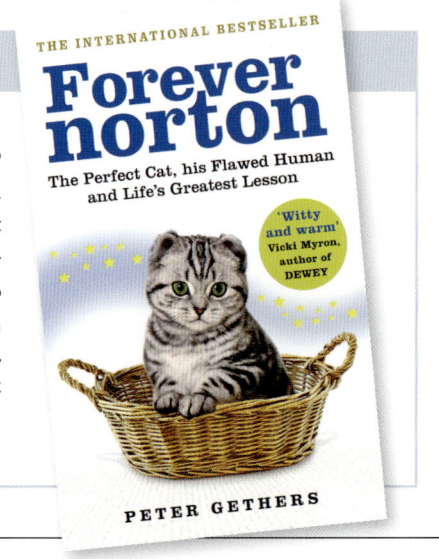

短毛種

体から立ち上がるように生える密な短毛

前方下向きに折れ曲がる特徴的な耳

丸く大きな目

短い首

幅広くやや曲線的で短い鼻

157

猫種の解説｜短毛種

ハイランダー（ショートヘア）

起源：2000年代のアメリカ
公認する猫種登録団体：TICA
体重：4.5〜11kg

グルーミング：週1回
被毛の色とパターン（模様）：カラー・ポイントを含むあらゆるタビー・パターン、さまざまな色

エネルギッシュで活動的、そして遊び好き
注目されることが大好きで、人を楽しませてくれる猫

ごく最近開発された猫で、非常にまれながらロングヘア・タイプ（P240）もあります。体が大きく尾は短く、被毛の厚いこの猫には独特の印象があります。しかし何といっても目立つのはカールした大きな耳で、豊富に生えた房毛が野性的な雰囲気を高めています。

まだそれほど普及はしていませんが、とてもすばらしい性質を持つペットとして評価されつつあります。誰にでもすぐに懐くため愛情あふれるコンパニオンになりますし、遊び心にあふれつねに楽しいことを求めています。トレーニングも容易だといわれており、飼い主を楽しませてくれる猫なのです。

左右が離れて付く大きな目
幅の広いマズル
はっきりとわかるウィスカー・パッド
背中の一番高いところでしま模様と融合するスポット
太く短い尾
先端がゆるく後ろにカールする特徴的な耳
筋肉の発達した幅広い肩
幅広い鼻
大きく丸いボー（足指）

ブラウン・スポッテッド・タビー

158

アメリカン・カール（ショートヘア）

起源：1980年代のアメリカ
公認する猫種登録団体：CFA、FIFe、TICA
体重：3〜5kg
グルーミング：週1回
被毛の色とパターン（模様）：あらゆる色、シェーディング、パターン

子猫のように好奇心旺盛で元気いっぱい
エレガントで人を惹きつける愛らしい猫

最初のアメリカン・カールはロングヘアでした（P238〜239）。カリフォルニアで発見され、この猫種の基礎となった個体と同じです。やがてショートヘア・バージョンが作られましたが、本質的にはロングヘアと同じで被毛のタイプが異なるだけです。

大きな目と優雅なプロポーションが特徴的で、見た目にとても美しい猫です。生後1週間ほどで現れるカールした耳は、自然発生した突然変異であるにもかかわらず、人の手による交配を経たかのようなシックな雰囲気を醸し出しています。愛らしい性質で知られ、家族とは密接なつながりを持ち、つねに家族の輪の中にいたいと思っている猫です。

- 光り輝く大きな目
- ふっくらして目立つウィスカー・パッド
- 付け根が太く、しなやかな尾
- 少なくとも90度は曲がる折れ耳
- くさび形の頭部
- 長方形でほど良く筋肉質なボディ
- 平らに寝た、絹のような被毛
- 丸いポー（足指）

ブラウン・スポッテッド・タビー

猫種の解説｜短毛種

ジャパニーズ・ボブテイル（ショートヘア）

起源：17世紀ごろの日本
公認する猫種登録団体：CFA、TICA
体重：2.5～4kg
グルーミング：週1回
被毛の色とパターン（模様）：あらゆる色とパターン。タビー、トーティ、バイカラーを含む

**美しい声とポンポンのような尾が特徴的
遊び好きで元気いっぱいの猫**

　生まれ故郷の日本ではこの猫は幸運をもたらすとされ、陶製の置物（招き猫）として非常に人気があります。1960年代に猫好きのアメリカ人の目に留まり、繁殖のために何匹かがアメリカに送られました。このショートヘア・バージョンが知られるようになったのは1970年代で、それから10年ほど後にロングヘア・バージョン（P241）も広く認知されるようになりました。

　美しいプロポーションで魅力的なこの猫は社交的で頭が良く、豊かな旋律の美しい声の持ち主でもあります。猫が自分に話しかけるという飼い主もいますし、歌を歌ってくれるのだという飼い主もいるほどです。

- ウィスカー・パッドが目立つ幅の広いマズル
- 筋肉質で細身、バランスのとれたボディ
- 長めの毛に覆われたポンポン状になる、先の曲がった短い尾
- 三角形でやわらかな曲線を描く頭部
- 左右が離れて付いた大きな耳
- 中くらいの長さで、絹のようなやわらかい被毛
- 前肢より長い後肢
- 卵形のポー（足指）

160

クリリアン・ボブテイル（ショートヘア）

起源：20世紀の千島列島（クリル列島）
公認する猫種登録団体：FIFe、TICA
体重：3〜4.5kg

グルーミング：週1回
被毛の色とパターン（模様）：ほとんどのセルフ・カラー及びシェーディングに、バイカラー、トーティ、タビー・パターン

曲がった尾を持つ、丈夫で四肢のがっしりした猫
頭が良くて社交的な性質

　北太平洋とオホーツク海の間にある千島列島が原産で、20世紀には飼い猫としてロシア本土で人気が出ました。1990年代以降、この猫のロングヘア・バージョン（P242〜243）もショートヘア・バージョンもロシアのキャット・ショーに定期的に出陳されていますが、ロシア以外ではほとんど知られていません。興味深い形の尾は自然に起きた突然変異の結果生まれたもの。個体によって異なりますが、どの猫の尾にも必ずねじれがあり、ありとあらゆる方向に巻かれているか曲がっています。のんびりして社交的な性質ですが、優れたネズミハンターでもあります。

筋肉の発達したコンパクトなボディ
幅広くまっすぐな鼻

曲がった短い尾は、少なくとも尾椎2個分の長さがある
体に密着した被毛。アンダー・コートはわずかしかない
わずかに前に傾く三角形の耳
ややつり上がった大きな目
幅広くやや丸みを帯びた顎
よく発達した太腿
骨格が丈夫でがっしりした四肢

ブラウン・マッカレル・タビー

猫種の解説｜短毛種

メコン・ボブテイル

起源：20世紀以前の東南アジア
公認する猫種登録団体：新猫種につき未定
体重：3.5〜6kg

グルーミング：週1回
被毛の色とパターン（模様）：シャム（P104〜109）と同じカラー・ポイント

つやのある短毛でアンダー・コートも短い

中くらいのサイズで付け根の幅が広い耳

**シャムの特徴であるポインテッドの被毛を持つ猫
活発で愛情深いため、ペットにぴったり**

　中国、ラオス、カンボジア、そしてベトナムを流れるメコン川にちなんだ名前を持つ尾の短い猫。東南アジアの広範囲に自然発生的に見られます。東洋の伝説によると、メコン・ボブテイルは王家の猫であり古代の僧院の守護者であったともいわれています。

　メコン・ボブテイルは、猫種としてはロシアで実験的に開発された2004年以降いくつかの登録団体が公認していますが、世界的にはあまり知られていません。丈夫な体と輝くブルーの目、そしてシャムのカラー・ポイントの被毛を持っています。活動的かつ機敏で、ジャンプや何かによじ登ることも得意です。友好的でバランスのとれた性質を持ち、静かな猫ともいわれます。

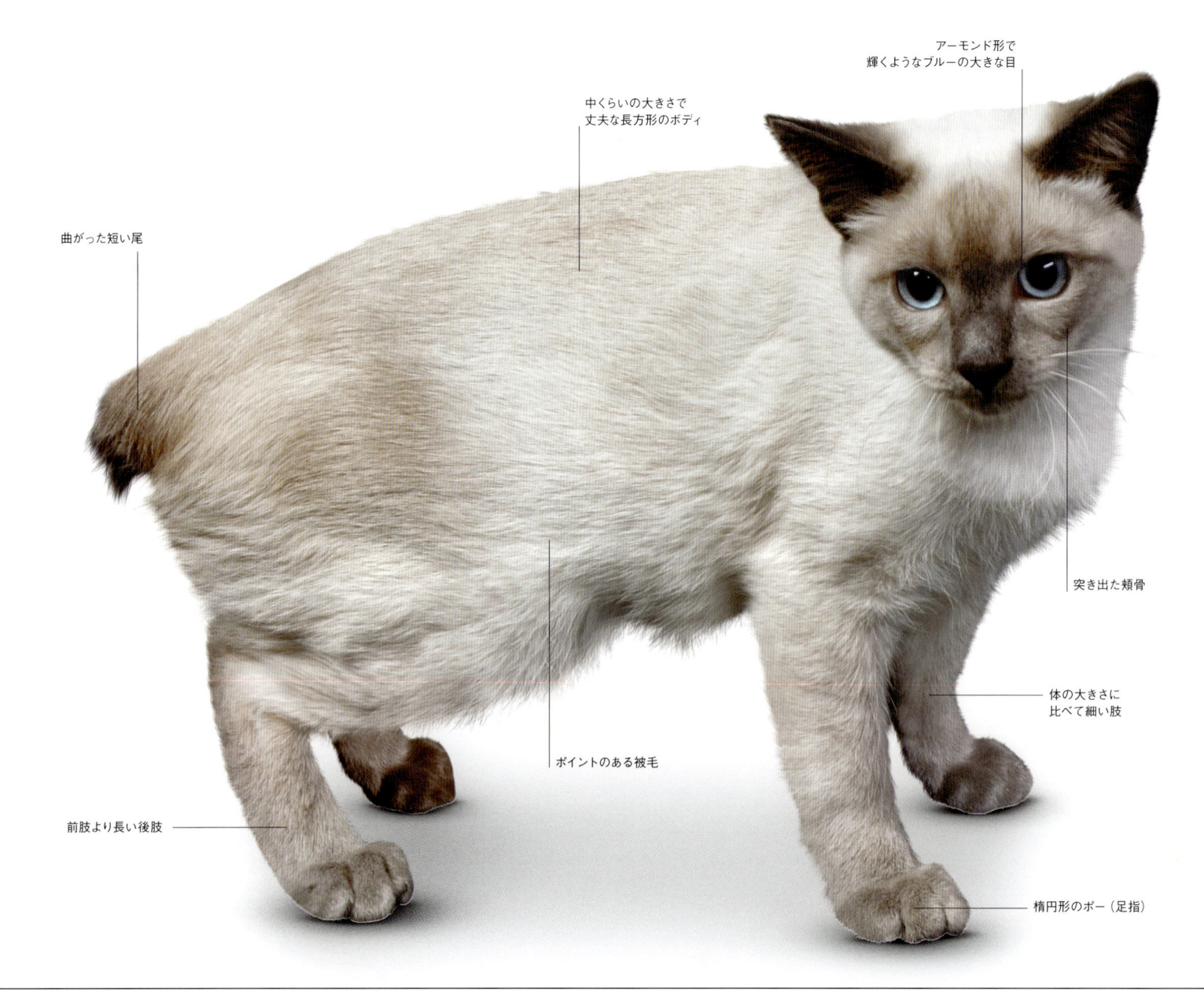

アーモンド形で輝くようなブルーの大きな目

中くらいの大きさで丈夫な長方形のボディ

曲がった短い尾

突き出た頬骨

体の大きさに比べて細い肢

ポイントのある被毛

前肢より長い後肢

楕円形のポー（足指）

アメリカン・ボブテイル（ショートヘア）

起源：1960年代のアメリカ
公認する猫種登録団体：CFA、TICA
体重：3〜7kg

グルーミング：週1回
被毛の色とパターン（模様）：タビー、トーティ、カラー・ポイントを含むあらゆる色、シェーディング、パターン

**高い順応性を持つ、大きくて美しい猫
多くを要求することはないすばらしいペット**

　20世紀半ば以降、アメリカでは自国産でボブテイルを持つ家庭猫の作出について幾度か報告されています。しかし、認定されているのはアメリカン・ボブテイルのみです。ロングヘア・バージョン（P247）もありますが、どちらも名前の由来となる短い尾を生まれつき持っています。力強い筋肉と大きな骨を持つがっしりとした体の持ち主で、賢くて注意深くほど良く活発。同時に、静かに過ごすことも楽しみます。人に囲まれているのが好きですがうるさくはなく、どんな家庭にもうまくなじむでしょう。

- 垂れ下がり気味の独特なまぶた
- 大きなウィスカー・パッド
- 幅が長さをやや上回るマズル
- 飾り毛があり、先端がやや丸みを帯びた耳
- くさび形の幅広い頭部
- 適度に長くがっしりしたボディ
- 大きなノーズ・レザー（鼻鏡）のある幅広い鼻
- 付け根の幅が広い尾には、〜ルのポインティングがある
- やわらかいアンダー・コートがあり、部分的に密生するミディアム・ショート（やや長めの短毛）の被毛
- 厚みがある脇腹
- 丸く大きなポー（足指）

尾のタイプ
マンクスは尾の長さによって、まったく尾がない「ランピー」、1個から3個の尾椎がある「スタンピー」、普通の長さの尾を持つ「ロンギー」に分類されます。

マンクス

起源：18世紀以前のイギリス
公認する猫種登録団体：CFA、FIFe、GCCF、TICA
体重：3.5〜5.5kg
グルーミング：週1回
被毛の色とパターン（模様）：タビー、トーティを含むあらゆる色、シェーディング、パターン

「キャビット」伝説

マンクスは、猫（キャット）とウサギ（ラビット）が交配して生まれた「キャビット」だという古くからの伝説があります。この異種交配は生物学的に不可能ではありますが、このような荒唐無稽な話が生まれたことは理解し難いものではありません。マンクスが、丸まった尻と長い後肢と太くて短い尾という、まるでウサギのような特徴を持っているからです。驚くべきことに「キャビットに違いない動物を見た」という証言は、21世紀に入った今日でも時折あるほどなのです。

尾のない猫のなかで最も高い知名度を持つ 穏やかさが人気でペットとして大人気

その起源について、マンクスほどいろいろな物語がある猫種はないといえるほどです。なかでも興味深いのは、「ノアの箱舟での事故で尾を失ってしまった」という話でしょう。しかし実際にはアイリッシュ海に浮かぶマン島原産で、尾がないのは自然に起きた突然変異によるものです。他には、マンクスは猫とウサギのハイブリッドだという伝説もあります。20世紀初め以降、この猫に興味を持つ猫愛好家が増えてきたことで、ロングヘアの親類にあたる「キムリック」とともに世界的に知られるようになりました。尾がない個体と部分的（あるいは普通に）尾がある個体の両方が見られ、一緒に生まれることもあります。ただしキャット・ショーへの出陣資格があるのは、尾がない個体のみです。尾がないことに関連して起こる脊髄の障害を避けるため、マンクスの繁殖は注意深くコントロールされています。

穏やかで賢く飼い主に忠実で、トレーニングによって「フェッチ（取ってこい）」やリードを付けての散歩ができるようになる場合もあります。伝統的に働く猫として飼われており、今でも優れたネズミハンターで、チャンスがあれば狩りの技術を披露してくれるでしょう。

子猫

- 太く短い尾
- 丸みを帯びた特徴的な尻
- 鼻に向かって少し垂れ下がる目
- 脇腹に厚みがあり、がっしりして引き締まった体
- 前肢よりかなり長く非常に筋肉質な後肢
- がっしりした骨格の四肢
- 丸く頬がふっくらした頭部
- 大きなウィスカー・パッド

レッド・クラシック・タビー

猫種の解説｜短毛種

ピクシーボブ（ショートヘア）

起源：1980年代のアメリカ
公認する猫種登録団体：TICA
体重：4〜8kg
グルーミング：週1回
被毛の色とパターン（模様）：ブラウン・スポッテッド・タビー

大きく筋肉質で野性的な容貌
性質はとても愛情深く、社交的な猫

厚い被毛と飾り毛のある耳、先のとがった顔、力強いボディを持ち、柔軟な四肢で優雅な動きを見せる猫です。まるで名前の由来である野生のボブキャットのように見えます。よく見られる特徴に多指症（P245）があり、1本もしくはそれ以上足の指が多い奇形で、異例なことですがスタンダードで認められています。ショートヘアとロングヘア・バージョン（P244〜245）のいずれも色の濃い斑点入りの被毛を持ち、まさにヤマネコのような印象です。

しかし外見とは裏腹に、性質的には完全に飼い猫です。家族との生活を愛し、飼い主家族の後をついて子どもと遊びます。そして寛容に他のペットを受け入れるでしょう。

- 赤レンガ色のノーズ・レザー（鼻鏡）
- 筋肉質なボディ
- 短いボブテイル
- 厚みのある脇腹
- ブラウン・スポッテッド・タビーの被毛
- 目の上に厚く毛が生える
- 羊毛のような感触で、体から立ち上がるように生える短毛
- 幅の広い胸
- 他より明るい色の毛が生える腹部、のど、胸
- 骨のがっしりした長い肢
- 長く幅の広いトー（足指）

アメリカン・リングテイル

起源：1990年代のアメリカ
公認する猫種登録団体：CFA、TICA
体重：3〜7kg
グルーミング：週1回
被毛の色とパターン（模様）：あらゆる色、シェーディング、パターン

がっしりした体格とビロードのような被毛を持つ猫
人懐こい性質ながら、見知らぬ人には打ち解けないことも

　背中や脇腹の上で柔軟にカールするユニークな尾を持つ猫は、他には存在しません。アメリカン・リングテイルはカリフォルニアで偶然発見されました。開発に取り入れられた血統にはオリエンタル・タイプがあり、ロングヘア・バージョンも作られました。いまだに非常に珍しい猫ですが、ブリーダーの関心は高まりつつあります。ゲームをしたり何かによじ登ったりするのが大好きで、好奇心が強く興味を持ったものなら何でも嗅ぎ回ります。ソフトに声を震わせるように鳴くことから、当初は「リングテイル・シング・ア・リング」という名前がついていました。

- ビロードのような感触で、やわらかく厚い被毛
- 背中の上でリング状に巻かれるしなやかな尾
- 胴が長く筋骨たくましい体つき
- くさび形の幅広い頭部
- カップ状の深い耳
- アーモンド形の大きな目
- 中くらいの長さの四角いマズル
- 力強い後躯
- 前肢より若干長い後肢

167

猫種の解説｜短毛種

スフィンクス

起源：1960年代のカナダ
公認する猫種登録団体：CFA、FIFe、GCCF、TICA
体重：3.5～7kg

グルーミング：週2～3回
被毛の色とパターン（模様）：あらゆる色、パターン

かわいらしくいたずら好きのヘアレス種
あふれる愛情を飼い主に注ぐような性質を持つ

ヘアレスのなかで最も有名なスフィンクスはカナダに起源があり、古代エジプトの神話に登場するスフィンクスの像に似ていることから名づけられました。この猫の毛がないのは自然発生の突然変異によるもので、猫種として開発しようという動きは1966年にさかのぼります。

カナダのオンタリオにいた短毛の農場猫から1匹のオスのヘアレスが生まれ、その後10年の間に生まれた他の無毛の子猫とともに猫種の確立に使われました。他の突然変異とともに無毛が発現することは珍しくありませんが、コーニッシュ・レックス（P176～177）やデボン・レックス（P178～179）との異種交配を含む慎重な選択育種により、スフィンクスには遺伝的問題があまりありません。

ヘアレスとはいえ完全に無毛というわけではなく、たいていはスエードのような細い産毛が生えており、頭部と尾と足先に薄く毛が見られることもよくあります。大きな耳、しわのある皮膚、丸いお腹が特徴的なこの猫は、間違いなくひときわ目立つ存在ですが、外見的には万人に好かれるタイプではないでしょう。しかし社交的で愛情あふれる性質により、この猫のファンは少なくありません。ペットとしては非常に飼いやすいのですが、室内飼いで暑さと寒さから保護してやる必要がありますし、被毛がなく皮脂が吸収されないため、定期的にシャンプーしなければなりません。早い段階で入浴に慣らせば、とくに嫌がることはないでしょう。

筋肉質で丸みを帯びた尻

『ミスター・ビグルスワース』

1997年に第1作が上映された3部作のコメディ・スパイ映画『オースティン・パワーズ』で、邪悪なドクター・イーブルがかわいがる猫の『ミスター・ビグルスワース』として登場し、スフィンクスは一躍有名になりました。映画でこの猫を演じたのは『Ted Nude-Gent（テッド）』という名の、キャット・ショーで優勝した猫です。キャット・ショーで注目を浴びることに慣れていたテッドは、映画のセットの大きな音や動きに動じることなく、トレーニングにもすばらしい反応を見せたそうです。

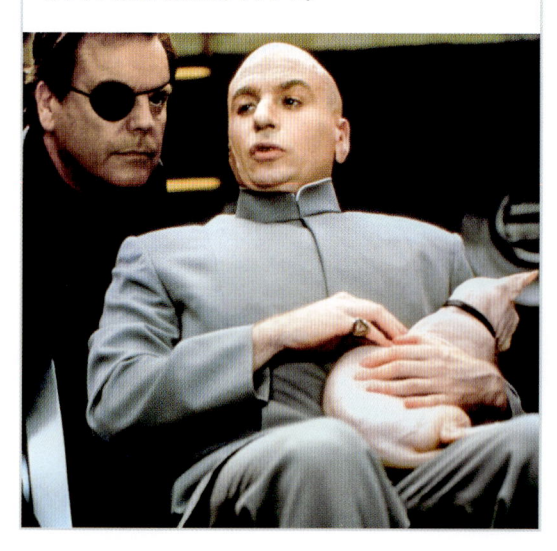

子猫

細くとがった先端に向かってさらに細くなる、鞭のようにしなやかな尾

厚みのある肉球

168

付け根部分が幅広く、
まっすぐに立ち上がる大きな耳

桃の綿毛のような
細い産毛が生えたボディ

高く目立つ頬骨

頭部及び肩の
あたりの皮膚には
しわがある

丸みのある腹部

ひげの生えて
いない、目立つ
ウィスカー・パッド

やや弓なりの首

ブラック・トーティ・アンド・ホワイト

169

猫種の解説｜短毛種

ドンスコイ

起源：1980年代のロシア
公認する猫種登録団体：FIFe、TICA
体重：3.5〜7kg

グルーミング：週2〜3回
被毛の色とパターン（模様）：あらゆる色、パターン

まるで別世界の生き物のような不思議な外見
性質は穏やかで人懐こく、活動的

「ドン・スフィンクス」という名前でも知られるこの猫種のもとになったのは、ロシアのロストフ・ナ・ドヌという都市で、いじめられていたところを助けられた子猫でした。普通に生えていた被毛は成長するにつれ抜けてしまい、その子どももまた同じ突然変異を見せたのです。さまざまな皮膚・被毛のタイプがあり、完全に無毛の個体もあれば綿毛のような被毛やウエーブがかった毛が部分的に生えている個体もあります。また無毛のタイプには、冬の間だけ部分的に毛が生えるという珍しい特徴があります。

皮膚にはしわがあり、耳は大きすぎるので誰もが好むような猫ではありません。しかし熱心なファンは、その穏やかな性質や社交性を称賛しています。また、トレーニング次第ではコマンドに従うようになることもあります。皮膚から出る皮脂を取りのぞくため、定期的に入浴をさせることが必要です。

- 平らな額
- 弓なりの力強い首
- 弾力性があるしわの多い皮膚
- しわのある額
- 左右が離れて付き、非常に大きく開いてやや前傾した耳
- 無毛やワイアー状、ウエーブがかったものまでさまざまなタイプの被毛
- つり上がった目
- 骨格のしっかりした筋肉質のボディ
- 幅の広い胸
- 鞭のようにしなやかな長い尾
- クッションのような厚い肉球
- 非常に長く水かきの付いたポー（足指）

170

ピーターボールド

起源：1990年代のロシア
公認する猫種登録団体：FIFe、TICA
体重：3.5〜7kg

グルーミング：週2〜3回
被毛の色とパターン（模様）：あらゆる色、パターン

被毛のタイプがいくつかある、エレガントで優美な猫
人懐こくよく鳴き、注目を浴びるのが大好き

ロシアに起源のあるピーターボールドは、オリエンタル・ショートヘア（P91〜101）とドンスコイ（P170）の交配により生まれた比較的新しい猫種です。被毛にさまざまなタイプがあり、完全に無毛のタイプもあれば細くやわらかい産毛や厚く硬いブラシのような手ざわりの被毛に覆われているケースもあります。生まれ持った被毛は、成長とともに抜け落ちることもありますし、部分的に産毛が残る場合もあります。

性質が良く、ペットとしてふさわしい猫です。飼い主は、この猫が遊ぶ姿をしばしば「空中バレエを見ているようだ」と形容します。無毛あるいは被毛が非常に薄い場合は、暑さや寒さから体を保護する必要があり、室内飼いが適しています。皮膚は皮脂でベタベタしがちなので、他の無毛タイプの猫同様に定期的な入浴が必要でしょう。

- 先端がずんぐりした印象のマズル
- 骨が細く長い肢
- 付け根の幅が広く、大きく開いた巨大な耳
- 平らな額からまっすぐ伸びる鼻
- 頬骨が高く三角形の長い頭部
- 引き締まった優雅な体つき
- 曲がったり切れたりしているひげ
- 鞭のようにしなやかな長い尾
- 柔軟性がある卵形のポー（足指）

猫種の解説｜短毛種

ウラル・レックス（ショートヘア）

起源：1980年代のロシア
公認する猫種登録団体：新猫種につき未定
体重：3.5〜7kg

グルーミング：週2〜3回
被毛の色とパターン（模様）：タビーを含むさまざまな色、パターン

変わった外見が特徴のレックス種
まだ知名度は低いものの、どんな家庭にも順応できる猫

ウエーブがかった被毛を持つこの猫種は、ウラル山脈の丘陵地帯にあるロシアの都市エカテリンブルグ近郊で生まれました。30年にわたる慎重な繁殖によって作出され、ロシアの猫愛好家の間で人気があるのはもちろん、ドイツでも数多く繁殖されています。

細く密なダブル・コートにはショートとセミロングがあります。体に密着した特徴的なウエーブには弾力性があり、完成するまでには最長2年ほどかかります。子猫の被毛には半分閉じた状態のカールがあり、やがてはっきりとしたウエーブになります。グルーミングは定期的に行う必要がありますが、それほど難しくはありません。静かで性質が良く、すばらしいペットになるといわれています。

- 頭部の高い位置に付いた立ち耳
- 左右が離れて付いた楕円形の大きな目
- 高い頬骨
- ゆるい巻き毛になった、細く絹のような被毛が体に密着して生える
- スリムで筋肉質、比較的胴の短い体型
- 幅広く平らな額
- くさび形の短い頭部
- 中くらいの長さで、やや細い尾
- 細い肢に小さなポー（足指）

ラパーム（ショートヘア）

起源：1980年代のアメリカ
公認する猫種登録団体：CFA、GCCF、TICA
体重：3.5〜5.5kg
グルーミング：週2〜3回
被毛の色とパターン（模様）：カラーポイントを含むあらゆる色、シェーディング、パターン

人間とかかわることを好み、頭が良く探究心旺盛 大人になっても子猫のように元気な猫

レックスの被毛を持つラパームは、アメリカ・オレゴン州の農場で生まれ、後にこのショートヘア・バージョンとロングヘア・バージョン（P250〜251）が開発されました。被毛はウエーブ状か巻き毛で、ふわふわと軽く弾力性があるので、なで心地は最高です。

社交的で臆せず、人の注目を求めるこの猫は、愛情深く元気いっぱいのペットになります。どのような家庭にも難なく溶け込み、飼い主家族と深い絆で結ばれるでしょう。人と一緒に過ごしたい猫なので、長時間ひとりにすることは避けましょう。被毛の良い状態を保つには、やさしくコーミングをするか、ときどきシャンプーとタオルドライをするのがおすすめです。

- 幅広く長い鼻
- やや丸みを帯びた、くさび形の頭部
- 中くらいの長さで筋肉の発達したボディ
- とても長く、ウエーブがかったひげ
- 表情豊かで大きな目
- 引き締まった顎
- 縮れ毛のラフ（首周りの毛）
- 中くらいの長さの肢
- 丸いポー（足指）

猫種の解説｜短毛種

セルカーク・レックス（ショートヘア）

起源：1980年代のアメリカ
公認する猫種登録団体：CFA、TICA
体重：3〜5kg
グルーミング：週2〜3回
被毛の色とパターン（模様）：あらゆる色、シェーディング、パターン

**猫版「ハッピー・テディベア」ともいわれる猫
愛情にあふれ忍耐強く、人と一緒にいることを好む**

　セルカーク・レックスという猫種名は、アメリカ・モンタナ州にある生まれ故郷近くのセルカーク山脈に由来します。1980年代の終わりに作出されたこの猫の始まりは、動物保護施設でした。保護された野良猫が産んだ直毛の子猫のなかに巻き毛の子猫が1匹いて、このメスの子猫がセルカーク・レックスのもとになったのです。その後の種を確立するための純血種との計画的な繁殖により、ショートヘアとロングヘア（P248）の両方が誕生しました。長毛種はペルシャとの交配で生まれましたが、いずれでも直毛の猫が一般的に見られます。密でやわらかい被毛に見られる規則性のない巻き毛（またはウエーブ）は、他のレックス種に見られるような整ったライン状のものではありません。首の周りと腹部にはよりきつくカールした被毛が見られ、ひげはまばらで縮れており、簡単に切れてしまいます。

　グルーミングは難しくありませんが、ブラッシングは力を入れると巻き毛が伸びてしまうことがあるので、軽く行うのが良いでしょう。落ち着きがあり寛容で人に抱かれるのが大好きです。大人になってもしばらくは子猫のように喜んで遊ぶような猫です。

巻き毛の完成

　セルカーク・レックスの巻き毛は完成までに2年ほどかかります。巻き毛になる個体のひげは生まれたときから縮れているため、成長後に巻き毛になることはすぐわかります。巻き毛で生まれてくる子猫のひげ以外の被毛は、通常数カ月の間一時的に直毛になり、生後8カ月ほどで再びカールし始めます。この猫種で最高とされる被毛は、不妊手術を施されたメス及び成猫のオスに現れますが、オスの場合去勢されているかどうかは関係ありません。

巻き毛の子猫

巻き毛が平らに張りつく尾

短毛種

子猫

筋肉の発達した長方形のボディ

ビロードのような巻き毛

丸くなめらかな頭部

左右の間隔があき、付け根の幅が広い耳

短く四角いマズル

ブラック・アンド・ホワイト

中くらいの長さで骨のがっしりした肢

やさしい表情の大きな目

縮れたひげは切れやすい

大きくて丸いポー（足指）

175

猫種の解説｜短毛種

コーニッシュ・レックス

起源：1950年代のイギリス
公認する猫種登録団体：CFA、FIFe、GCCF、TICA
体重：2.5〜4kg

グルーミング：週1回
被毛の色とパターン（模様）：あらゆるセルフ、シェーデッド・カラー及びあらゆるパターン。タビー、トーティ、カラーポイント、バイカラーを含む

2つのタイプ

イギリスで生まれた初期のコーニッシュ・レックスは、今日見られるタイプに比べるとずんぐりしていました。繁殖に使われた猫種で圧倒的に多かったのが、がっしりした体格のブリティッシュ・ショートヘアだったからです。アメリカでは、より細身のオリエンタル種の血が取り入れられました。現在はブリティッシュ・バージョンもアメリカン・バージョンもほっそりしていますが、はっきり異なるタイプに発展しています。アメリカン・バージョンはウエストラインがたくし上げられたように引き締まり、より筋骨たくましい体つきを持つようになったのです（写真）。

ひげや尾を含めて縮れ毛を持つ猫
エネルギーにあふれ、探究心旺盛で運動神経抜群

縮れ毛が印象的なこの猫の基礎となったのは『カリバンカー』という名のオスで、1950年にイギリスのコーニッシュ農場で生まれました。カリバンカーだけがきょうだいと異なった外見で、縮れ毛にスリムな体、長い肢に骨ばった顔、そして大きな耳を持っていたのです。縮れ毛をはじめその他のレックス種の特徴は、近くのスズ採鉱場から出る成分が突然変異の原因だという説がありますが、実際は劣性遺伝子によるものです。初期のブリーダーは近親交配によりこの特徴を保持しようとしましたが、そのような繁殖は健康上の問題を生むことになりました。そこでカリバンカーの子孫は、アメリカン・ショートヘア（P113）やブリティッシュ・ショートヘア（P118〜127）、シャム（P104〜109）などの他の猫種と交配されたのです。これにより体力の向上と遺伝的多様性の向上が図られ、色の種類も豊富になりました。さざ波のように波打つ非常に細い被毛と流線型の体は、この猫を際立った存在にしています。社交的で滑稽なしぐさでいつでも人を楽しませ、子猫のような無邪気さをいつまでも失いません。そして遊んだ後は飼い主の膝の上で眠る愛らしい猫に変身します。被毛が薄いため暑さ寒さには敏感で、グルーミングはやさしく行う必要があるでしょう。

子猫

先端に向かってさらに細くなる長い尾

白く細い短毛は、きつく一様なウエーブを形作る

耳の外側には毛が生えていない

まっすぐな鼻

くさび形のかなり小さな頭部

はっきりした高い頬骨

左右が離れて付いた楕円形の大きな目

スリムで長く、筋肉質の体

骨が細く、スリムで長い肢

小さな卵形のポー（足指）

カーリー・コートが完成するまで
コーニッシュ・レックスの子猫はウェーブがかった被毛をまとって生まれてきますが、毛が一時的に抜け落ち、数週間スエードのような皮膚が現れる個体があります。生後3カ月を迎えるころには、縮れ毛の被毛が完成しているでしょう。

猫種の解説｜短毛種

デボン・レックス

起源：1960年代のイギリス
公認する猫種登録団体：CFA、FIFe、GCCF、TICA
体重：2.5～4kg

グルーミング：週1回
被毛の色とパターン（模様）：あらゆる色、シェーディング、パターン

ニックネームは「ピクシー・キャット（いたずら好きな妖精のような猫）」
やんちゃでエネルギーに満ちあふれ、犬のような性質の持ち主

イギリスのデボン州バックファストリーに由来する猫種。基礎になったのは、巻き毛の野良猫のオスと元野良猫のトータスシェルのメスです。このペアから生まれたなかにいた1匹の巻き毛の子猫が、猫種を確立するため最初に繁殖に使われました。当初はデボン州生まれのこの新しい系統と、数年前に近くで発見された縮れ毛のコーニッシュ・レックス（P176～177）を交配することで、縮れ毛の子猫が生まれるだろうと考えられました。しかし、その組み合わせで生まれた子猫はすべて直毛だったそうです。このことから、2つの異なる劣性遺伝子が地理的に近い場所で突然変異によって発生し、若干異なるレックスの被毛を作り出したということがわかったのです。

デボン・レックスの被毛は細く非常に短く、主毛はほとんどありません。ゆるいウエーブで体全体にむらなく生えてるのが理想ですが、ウエーブの度合いは個体によって異なり、季節的な脱毛や成長とともに大きく変化することがあります。ひげは縮れ毛でもろく、成長するまでに切れてしまう傾向があります。

被毛が薄いため、さわると他の猫よりも温かく感じられるのですが、逆に冷えやすいのですき間風の入らないような暖かい寝場所が必要です。被毛は通常は濡れタオルでふく程度で良い状態を保てますし、子猫のうちに水に慣らし、やさしく洗ってあげれば入浴も嫌がりません。見た目は細く肢もスラッとしていますが、きわめて元気で無尽蔵のエネルギーを発散させて遊びます。人に注目されるのが大好きな猫なので、留守にする時間が長い家庭にはあまり向かないでしょう。

引き締まった筋肉質のボディ

先細りの長い尾

レックスの被毛

レックス種の巻き毛に大きな差はありませんが、巻き毛を発現させる突然変異遺伝子は種ごとに異なります。劣性遺伝子の場合はその形質を発現させるためには両親のそれぞれから遺伝子を受け継がなければなりませんが、優性遺伝子はどちらか一方から受け継げば発現します。デボン・レックスとコーニッシュ・レックス（P176～177）は地理的に近いところで生まれましたが、この2つのレックスの巻き毛は異なる劣性遺伝子によって引き起こされています。コーニッシュ・レックスの遺伝子突然変異は毛包の形に影響し、丸というより楕円形の毛包を形成して巻き毛になっているのです。

コーニッシュ・レックス

短毛種

子猫

長い首の上に載る
比較的小さな頭

付け根部分の幅が広く、
非常に大きな耳

縮れ毛のひげが
生えた短めの
マズル

シルバー・タビー

明瞭なストップ
がある鼻

幅の広い頬骨

主毛がほとんどない、
細い巻き毛

細長い肢と
小さな卵形の
ポー（足指）

179

猫種の解説｜短毛種

ジャーマン・レックス

起源：1940年代のドイツ
公認する猫種登録団体：FIFe
体重：2.5〜4.5kg
グルーミング：週2〜3回
被毛の色とパターン（模様）：あらゆる色、シェーディング、パターン

子猫

- カールした短いひげ
- ウエーブがかったビロードのような短毛
- 丸いポー（足指）

非常に人懐こく、飼い主家族とともに過ごす時間を多く必要とする猫

　ジャーマン・レックスの基礎になったのは、第二次世界大戦終戦直後のドイツで飼い主に引き取られた1匹のメスの野良猫でした。猫種として開発されると、ヨーロッパの他の国々やアメリカに輸出されるようになりました。この巻き毛は、コーニッシュ・レックス（P176〜177）に現れる突然変異遺伝子と同じ遺伝子から発生します。繁殖プログラムには何年間かコーニッシュ・レックスが含まれていたこともあってか、国によってはこれら2種は別の猫種として認められていません。性質が良く人懐こいため誰とでも遊びますが、飼い主のそばで静かな時間を過ごすことも好みます。短い被毛は皮脂を効率良く吸収しないため、定期的な入浴を必要とします。日に焼けやすいので、淡い色の被毛の猫には、夏のあいだ耳に日焼け止めクリームを塗る必要があるかもしれません。

- 輝く目
- 付け根部分が広い耳
- 頬骨の目立つ丸い頭
- 中くらいの長さのがっしりした体格
- 丸みのあるがっしりした胸
- 中くらいの長さで細めの肢

180

アメリカン・ワイアーヘア

起源：1960年代のアメリカ
公認する猫種登録団体：CFA、TICA
体重：3.5〜7kg

グルーミング：週1回
被毛の色とパターン（模様）：さまざまなセルフ・カラーに、シェーディングでバイカラー、タビー、トーティを含むさまざまなパターン

静かで人懐こく、誰とでもうまくやっていける猫
室内飼いでもそうでなくても幸せに暮らす

　1966年、通常の被毛を持つ2匹のイエネコから生まれたなかにワイアーヘアの子猫が1匹混ざっていました。その子猫が基礎となり、さらにアメリカン・ショートヘア（P113）を使ってアメリカン・ワイアーヘアが開発されたのです。独特の硬いワイアーヘアを作り出す突然変異の遺伝子は、知られている限りアメリカ以外では発現していません。1本1本の毛が縮れて曲がっているか、先端がかぎ状になって金属たわしのような粗く弾力性のある手ざわりを生み出しています。被毛が非常にもろい個体もあるので、グルーミングは被毛を傷めないようにやさしく行う必要があり、できれば入浴させるのが良いでしょう。

密で弾力性のある被毛。縮れ毛で粗い手ざわり

縮れたひげ

ブラウン・クラシック・タビー・アンド・ホワイト

先が丸まった中くらいの大きさの耳

丸く大きな目

丸みを帯びた尻

筋肉の発達したボディ

肩から尻にかけて平らな背中

目立つ頬骨

中くらいの骨格で筋肉質な肢

引き締まった丸いポー（足指）

猫種の解説｜短毛種

その他の短毛の猫たち（未公認）

世界中で大人気の短毛の猫たち
丈夫で飼いやすく、すばらしいペット

　最初のイエネコは短毛でしたが、今でも猫がペットとして飼われているところでは、場所を問わず短毛の猫が優勢です。ほとんどすべての配色が起こり得る短毛の雑種ですが、タビー、トーティ、伝統的なセルフ・カラーなどがよく見られます。体型は大部分が中くらいの範囲に収まります。選択育種により極端なラインの猫種がいくつか作出されましたが、短毛の雑種はその対象となりませんでした。しかし体の締まったオリエンタルに似た体型なども見られることから、通常とは異なる血が入っていることをうかがわせる場合もあります。

ブルー・マッカレル・タビー・アンド・ホワイト
ホワイトのマーキングのあるタビーはよく見られますが、ブルー・バージョンは雑種では珍しいため、見つけたらラッキーでしょう。この猫のマーキングは、周囲の色に対しぼやけて見えます。

レッド・クラシック・タビー・アンド・ホワイト
体が大きくて被毛が厚く美しいこの猫には、ブリティッシュ・ショートヘアもしくはアメリカン・ワイアーヘアの血がどこかで入っているかもしれません。しかし、目はグリーンなので、これら2種とは異なる遺伝的形質である可能性があります。

ブルー・アンド・ホワイト
雑種ではホワイトのマーキングが左右対称になっていることはまれです。しかし、ホワイトが入ったソリッド・カラーはつねに人目を引く、ランダムに入るホワイトは猫の魅力を増しています。

不規則なしま模様が入る尾

ブラウン・タビー
この猫の切れ目のあるタビー・パターンは、マッカレル・タビーとスポッテッド・タビーの中間です。タビー・パターンはイエネコにしばしば見られ、短毛の場合際立って見えます。

黒と赤が混ざり合う模様

トーティ・アンド・ホワイト
「トーティ」ともいわれるトータスシェルのパターンはさまざまな色で起こりますが、ブラック・アンド・レッドは古くから見られる組み合わせです。トーティでホワイト部分が体の半分以上を占めている猫を、アメリカでは「キャリコ」と呼びます。

性格も重要
ペットとしての猫を選ぶ場合、外見はもちろん重大な要素ですが、飼い主の多くは、猫種スタンダードに完璧に沿った色や体型よりも、性質が大切だと考えているようです。

寒冷気候に適した被毛
ノルウェージャン・フォレスト・キャットの長く厚い被毛は、寒さを遮断し暖かさを閉じ込めます。このタイプの被毛は、気象条件が過酷な寒冷地の猫に典型的なものです。

長毛種（ロングヘア）

イエネコに見られる長い被毛は、自然発生した遺伝子の突然変異と考えられています。おそらくは、寒冷な気候に適応するために起こったものでしょう。山岳地帯のような隔絶された環境でこの遺伝子が受け継がれた地域では、長毛の個体群が生まれたと考えられます。長い被毛を持つ野生の猫はほとんど見られず、このことからイエネコの長毛種の起源には野生の猫がかかわっていないという事実がわかります。

長毛のタイプ

　西ヨーロッパで最初と見られる長毛種は、スリムなボディに絹のような被毛を持ったトルコ原産のアンゴラで、16世紀に現れました。19世紀に登場した長毛のペルシャに人気を奪われるまでは、長毛種ではポピュラーな存在の猫でした。アンゴラよりもがっしりした体つきのペルシャは、より長く密な被毛に、ふさふさの大きな尾と丸い顔を持っています。19世紀の終わりにはペルシャが猫愛好者のお気に入りの長毛種になっていました。その結果、アンゴラはほとんど見られなくなりますが、1960年代にようやく熱心な支持者によって猫種として復興されることになります。ペルシャの人気はそれからも衰えていませんが、20世紀以降は他の長毛種が注目を集めています。

　「セミロングヘア」といわれる、長毛ではあるもののペルシャほど厚くふわふわではないアンダー・コートを持つ猫も、そうした新しい長毛種に含まれるでしょう。

　北米原産のメインクーンは、最も堂々として見える猫のひとつです。大きくて美しいこの猫は、オーバー・コートの毛の長さがさまざまなため不ぞろいなシャギーのような印象があります。メインクーンと同じくらい印象的な猫としては大きなブルーの目を持つラグドールがいますし、ブラシのような尾を持つソマリはアビシニアンから受け継いだボディラインが優雅です。アンゴラのもともとのスタイルに近い美しいバリニーズは、シャムのセミロングヘア・バージョンであり、絹のような被毛が体に密着して流れるように生えています。

　ブリーダーはさらに多様な猫種を開発しようと、長毛種をいくつかの珍しい短毛種と交配させました。ボブテイルや耳のカールした猫に折れ耳の猫、ウエーブのある被毛を持つセルカーク・レックスやデボン・レックス、羊毛のような巻き毛のラパームなどに、今ではみなロングヘア・バージョンがあるのです。

長毛種のグルーミング

　長毛種の多くは、毛がよく抜けます。暖かい季節はとくに抜け毛が多く、外見的にはさらにつややかになります。ブラッシングなどのグルーミングを習慣的に行うことで抜け毛を取りのぞけば、厚いアンダー・コートが絡まるのを防げるでしょう。猫種によっては毎日のグルーミングが必要なものもあります。お手入れに関しては短毛種よりも手をかけなければならないでしょう。

猫種の解説｜長毛種

ペルシャ（セルフ）

起源：1800年代のイギリス
公認する猫種登録団体：CFA, FIFe, GCCF, TICA
体重：3.5〜7kg

グルーミング：毎日
被毛の色とパターン（模様）：ブラック、ホワイト、ブルー、レッド、クリーム、チョコレート、ライラックなどのセルフ・カラー

世界中で人気を誇るロングヘアの"最初のタイプ"
穏やかな性質を持ち、献身的な飼い主に向く

　19世紀の終わりに純血種のキャット・ショーが世界的な関心を集めるようになるころには、ペルシャ（「ロングヘア」と呼ばれることも）はイギリスとアメリカで人気を博していました。ゴージャスな被毛を持つこの猫のヨーロッパでの歴史は、キャット・ショーに登場するはるか以前にさかのぼります。しかし詳細はわかっておらず、祖先が本当にペルシャ（現在のイラン）に由来するのかも定かではありません。最初に公認されたのは、全体が単色の被毛で覆われたセルフ・カラーの猫でした。

　知られている最も初期のペルシャは純粋なホワイトで、しばしばブルーの目を持っていました。しかしこれは慎重に繁殖しないと、聴覚障害を持ちやすいとされる色の組み合わせです。ホワイトのペルシャは色の異なるセルフのペルシャと交配すると、オレンジの目を持つ個体が生まれます。そうしてオレンジやブルー、オッド・アイ（オレンジとブルー）の目を持つホワイトのペルシャも認められるようになりました。ブルーの目を持つペルシャの人気が高まったのは、イギリスのヴィクトリア女王の功績でしょう。ブルーの目のペルシャは女王のお気に入りだったのです。ブラックやレッドも初期に見られたセルフ・カラーですが、1920年代ごろからはクリーム、チョコレート、ライラックなど、さらに多様なセルフ・カラーが開発されました。

　ペルシャは丸い頭、平らな顔、低くて上を向いた鼻、大きくて丸い魅力的な目が特徴的です。体はコンパクトでがっしりしており、肢は短くて丈夫。長く厚い被毛は、毛がもつれたり絡まりができやすいので毎日のグルーミングが必須で、飼い主が手間ひまかけて手入れをしなければなりません。

　穏やかで愛情深く家庭的な性質で知られ、おもちゃを与えればかわいらしく遊びますが、それほど活動的な猫ではありません。

　昨今の繁殖プログラムではつぶれた顔が過剰に強調され、呼吸障害や涙管に関連した問題がよく見られるので注意が必要でしょう。

子猫

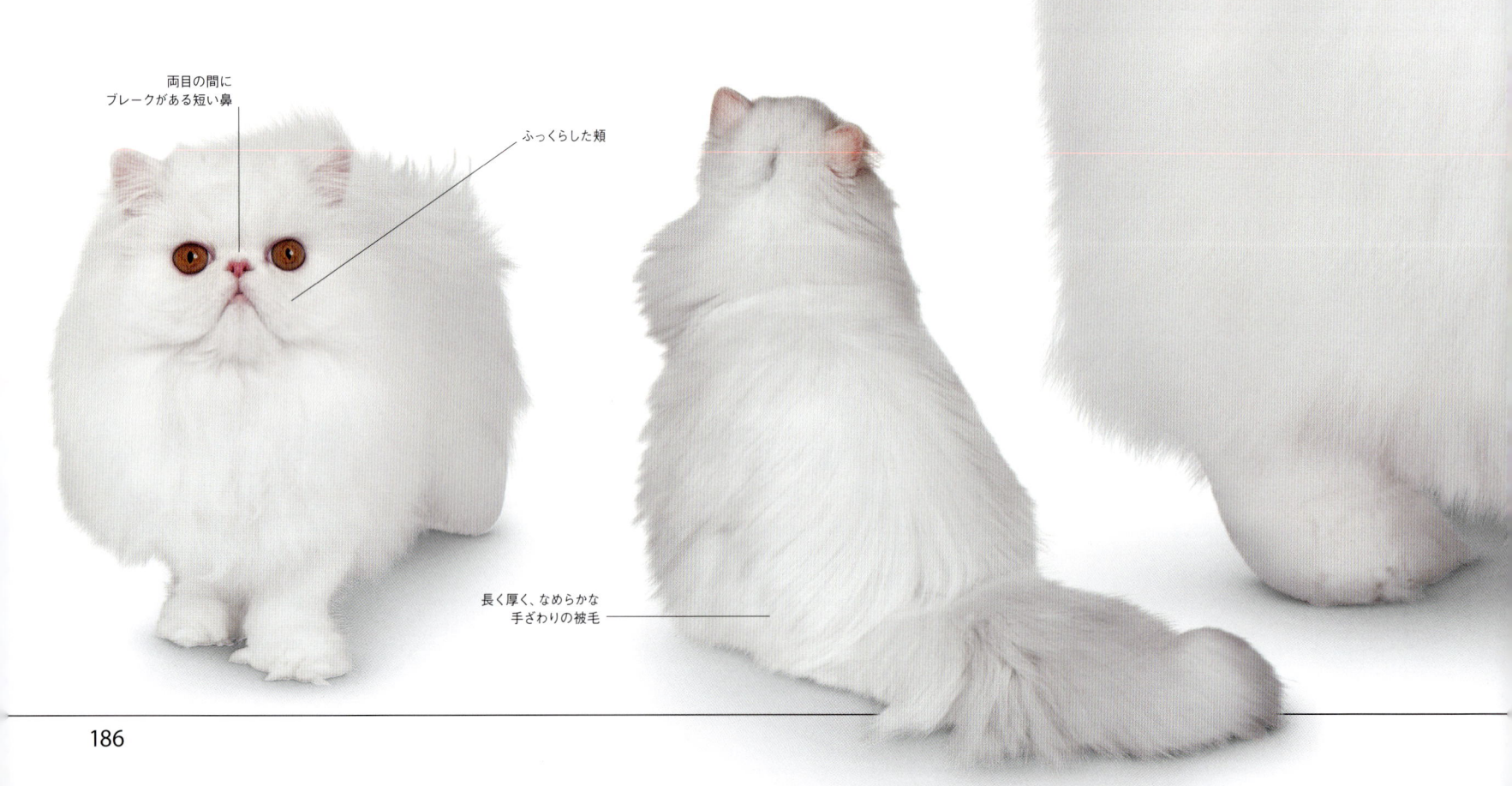

両目の間にブレークがある短い鼻

ふっくらした頬

長く厚く、なめらかな手ざわりの被毛

長毛種

際立つ歴史

19世紀の終わり、トラディショナル（伝統的）なペルシャ（「ドール・フェイス」ペルシャと呼ばれることも）を復興させようとする動きが、イギリス上流階級の間で高まりました。キャット・クラブ・オブ・イングランドの創設者であるマーカス・ベレスフォード夫人は、猫の繁殖を行う貴族のひとりでした。右の写真のブルー・ペルシャ『Gentian（ジェンシャン）』は、夫人の数多い成功例のひとつで、ショーでの受賞歴があります。夫人に敬意を表して名がつけられたアメリカの「ベレスフォード・クラブ」は、初期のキャット・ショーの後援者となりました。

頭蓋骨が幅広い大きな頭

長いタフト（房毛）が生えた、小さな丸い耳

厚みのある胸とコビーな体型

深みのあるラフ（襟毛）

ホワイト

がっしりした短い肢

猫種の解説｜長毛種

ペルシャ
（バイカラー〔ブルー・アイ／オッド・アイ〕）

起源：1800年代のイギリス
公認する猫種登録団体：CFA、FIFe、GCCF、TICA
体重：3.5～7kg
グルーミング：週2～3回
被毛の色とパターン（模様）：ホワイトにブラック、レッド、ブルー、クリーム、チョコレート、ライラックを含むさまざまなセルフ・カラーが入ったバイカラー

めったに見られない珍しいペルシャ
その人気は徐々に拡大しつつある

　ブルー・アイ及びオッド・アイのバイカラー、トライカラーのペルシャが愛好家に受け入れられるようになったのは1990年代の終わりごろのことですが、これらはバイカラーのペルシャ（P204）の変種です。オッド・アイはブルー・アイより珍しい存在ですが、一方がブルーでもう一方がカッパーという輝く目の魅力的な外見で、人気が高まりつつあります。2匹のオッド・アイを交配すればオッド・アイの子猫が生まれるとは限らず、作り出すのがとても難しい猫なのです。

- 平らな背中
- 非常に離れて付いた耳
- 短く上を向いた鼻
- 深みのあるラフ
- 長いタフト（房毛）が生えた丸いポー（足指）
- 2色の被毛
- 両目がブルー、あるいはオッド・アイ
- 中にホワイトのタフト（房毛）が生えた耳
- ふっくらした頬
- 短めの尾
- 体から立ち上がるように生えた被毛

ペルシャ（カメオ）

起源：1950年代のアメリカ、オーストラリア、ニュージーランド
公認する猫種登録団体：CFA、FIFe、GCCF、TICA
体重：3.5〜7kg

グルーミング：週2〜3回
被毛の色とパターン（模様）：レッド、クリームのシェーディング・カラー

色がやわらかく混ざり合い、さざ波のように見える被毛が特徴
定期的なグルーミングが必要

　猫愛好家の多くが、ペルシャの色の中で最も魅力的な色のひとつとするカメオ。1950年代にスモークのペルシャ（P196）とトータスシェルのペルシャ（P202〜203）を交配して作られました。ホワイトの毛の先端に色が入った被毛で、毛のどの部分に色が入るのかはさまざまです。「ティップト」はそれぞれの毛の先端にのみ色が入り、「シェーデッド」になると色の入った部分が毛幹の1/3ほどになります。カメオの被毛は色合いによってさざ波が揺れているような印象を与え、この特徴は猫が動くとより一層際立つのです。

- 頭部の側面近くに付いた耳
- 深いカッパー色の目
- ピンクのノーズ・レザー（鼻鏡）
- より明るいシェーディングが見られる肢

- 主に色が入るのは背中と脇腹
- 内側に色の薄いタフト（房毛）が生えた耳
- より色の濃いマーキングが入る顔
- 下側の色が明るく、ふさふさした尾
- より淡い色の被毛がある胸部と腹部
- 体より短い毛が生えた肢

クリーム・シェーデッド・カメオ

猫種の解説｜長毛種

ペルシャ（チンチラ・シルバー）

起源：1880年代のイギリス
公認する猫種登録団体：CFA、FIFe、GCCF、TICA
体重：3.5〜7kg
グルーミング：毎日
被毛の色とパターン（模様）：ホワイト、シルバーにブラックのティッピング

銀色に輝く被毛を持つ、映画スターのような猫
その美しさで知られ、不動の人気を誇るペルシャ

　この猫が最初に登場したのは1880年代ですが、名声を得たのは1960年代に始まった映画『007』シリーズに、主人公ジェームズ・ボンドの宿敵であるブロフェルドのペットとして出演してからでしょう。ブラックのティッピングが入ったシルバー・ホワイトのきらめく被毛が特徴的な猫種です。「チンチラ」という名前は、美しくやわらかい毛皮のために乱獲された、南アメリカに生息する「げっ歯類チンチラ（ネズミの仲間）」に、被毛の色がよく似ていることからつけられました。目の周りのアイラインのようなブラックの縁取りは、まるでメイクをしているかのような印象を与えます。

レッドのノーズ・レザー（鼻鏡）

ブラックの縁取りがある目、鼻、唇

ホワイトの長いタフト（房毛）

銀のような輝きがある被毛

ブルー・グリーンの目

ホワイトの被毛には、ブラックのティッピングが一様に入る

純白の胸部と腹部

肢の下部の被毛は短い

ペルシャ（チンチラ・ゴールデン）

起源：1920年代のイギリス
公認する猫種登録団体：CFA、FIFe、GCCF、TICA
体重：3.5～7kg
グルーミング：毎日
被毛の色とパターン（模様）：シール・ブラウンまたはブラックのティッピングが入ったアプリコット～ゴールド

かつては「不適切」とされていた毛色
今では最も美しいとされるペルシャの1種

　1970年代以降、アメリカで新種と認識されるようになった猫種。濃いアプリコットからゴールドの美しく輝く被毛が特徴的です。しかし、1920年代にチンチラ・シルバー（P190）の子として現れた最初のチンチラ・ゴールデンは、純血種の世界では「失格」とされました。そうした猫は一般的には「ブラウニー」と呼ばれ、キャット・ショーでは出陳資格がなかったのです。しかし、ペットとしては魅力的な存在になりました。やがてブリーダーがこのゴールデンに可能性を見出し、このすばらしい変種の開発に取り組んだのです。生まれながらに美しく濃い色の被毛を持つゴールデンもいますが、色が完成するのに2～3年かかる場合もあります。

- ブラックの縁取りがある目、唇、鼻
- ローズ・ピンクのノーズ・レザー（鼻鏡）
- ドーム形の頭部
- 最も明るい色の被毛が見られる胸部、腹部

成猫と子猫

- ブルー・グリーンの目
- 淡いアプリコットの長いタフト（房毛）
- ゴールドの被毛で、背中には色の濃い毛が生える
- 厚いラフ（襟毛）のある首
- 下側がさらに淡い色の尾
- シール・ブラウンのティッピングがある、色が濃くなった肢

191

猫種の解説｜長毛種

ペルシャ（ピューター）

起源：1900年代のイギリス
公認する猫種登録団体：CFA、FIFe、GCCF、TICA
体重：3.5〜7kg
グルーミング：毎日
被毛の色とパターン（模様）：ブラックもしくはブルーのティッピングが入った、やや淡い色

**カッパー色の目と流れるような美しい被毛が特徴
穏やかな性質で非常に人気のあるペット**

当初はチンチラ・シルバーのペルシャ（P190）を交配に使うなど、何年にも及ぶ慎重な繁殖により、現在ピューターには2つの色のバリエーションがあります。もともと「ブルー・チンチラ」と呼ばれていたこれらの猫は、ほぼホワイトに見えるような淡い被毛に、ブルーもしくはブラックのティッピングが入っています。これによって頭頂から背中にかけてマントを羽織っているようにも見えます。生まれたときは伝統的なタビーのマーキングが入っており、徐々に薄れていくものの成猫になっても若干残ります。特別な印象の外見が、深いオレンジからカッパー色の目によってさらに引き立てられています。

- ゴーストのタビーの「M」マーキングがある額
- 暗色の縁取りがあるカッパー色の目
- 淡い色の胸部
- かすかにタビーのマーキングが見られる肢
- 先端の色が濃くなる尾
- 最も色の濃いティッピングが見られる背中と脇腹
- 色が薄くなる顔のティッピング
- 目と目の間にあるノーズ・ブレーク
- ブラック・ピューターの被毛

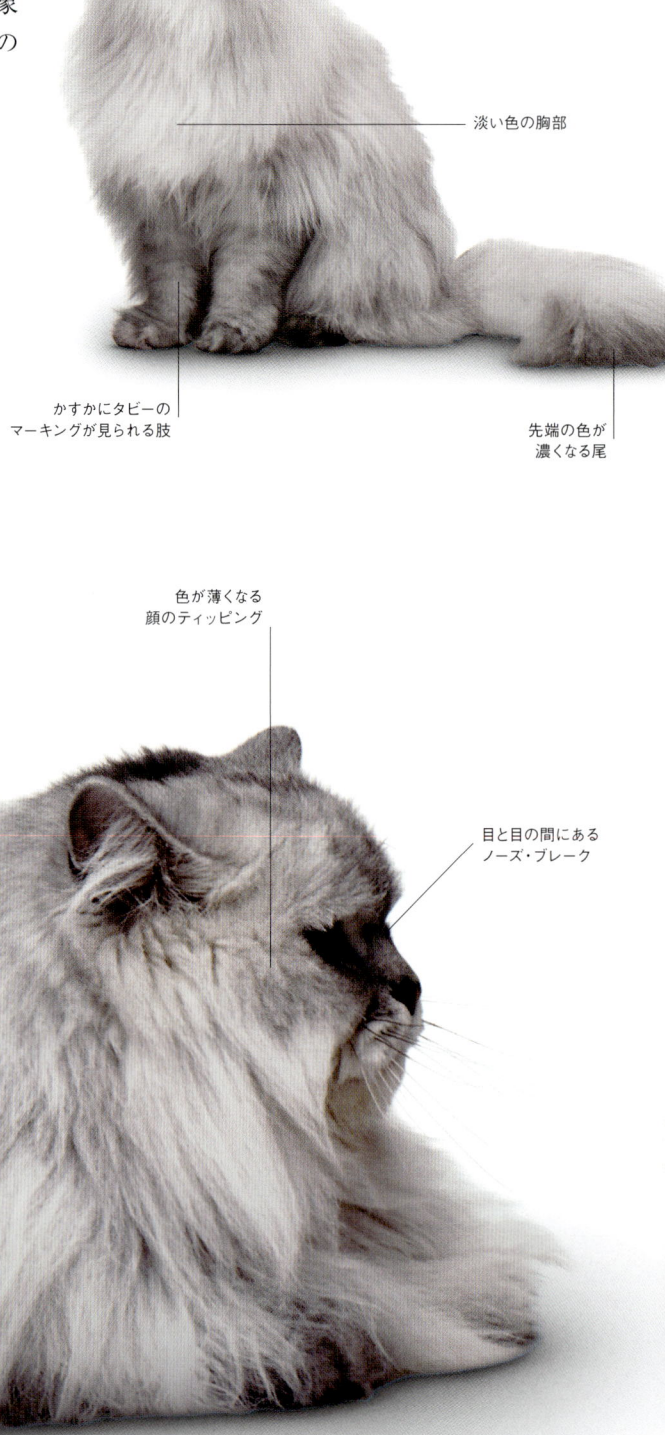

ペルシャ（カメオ・バイカラー）

起源：1950年代のアメリカ、ニュージーランド、オーストラリア
公認する猫種登録団体：CFA、FIFe、GCCF、TICA
体重：3.5〜7kg
グルーミング：毎日
被毛の色とパターン（模様）：レッド、クリームのシェーディング・カラーにホワイトの入ったバイカラー

**エレガントで優雅、見事な被毛と穏やかな性質
ペルシャのすべての魅力を兼ね備えた猫**

カメオのペルシャ（P189）の変種の猫。際限なくさまざまな色の組み合わせがあります。カメオの被毛を特徴づける、毛幹の一部にのみ色が入るシェーディングやティッピングだけでなく、バイカラーやトライカラーも加わり、同じ種類でもまるで異なる猫のように見えるのです。レッドのシェーディングが一般的ですが、ブラック、ブルー、チョコレート、クリーム、トータスシェル（ブラックとレッド、もしくはブルーとクリーム）も見られ、どの猫にもホワイトが豊富に入ります。輝くホワイトと濃淡の異なる色のコントラストは、まさに見事です。

- 淡い色のタフト（房毛）
- 深みのあるカッパー色の目
- 短く丸い体
- 頭部の横に付いた耳
- ピンクのノーズ・レザー（鼻鏡）
- より色の濃いマーキングが入る顔
- 主に背中と脇腹に入るレッド・シェーディング
- 裏側がより明るい色の尾
- 体の大部分を占めるホワイトの被毛

猫種の解説｜長毛種

ペルシャ（シェーデッド・シルバー）

起源：1800年代のイギリス
公認する猫種登録団体：CFA、FIFe、GCCF、TICA
体重：3.5〜7kg
グルーミング：毎日
被毛の色とパターン（模様）：ホワイト、シルバーにブラックのティッピング

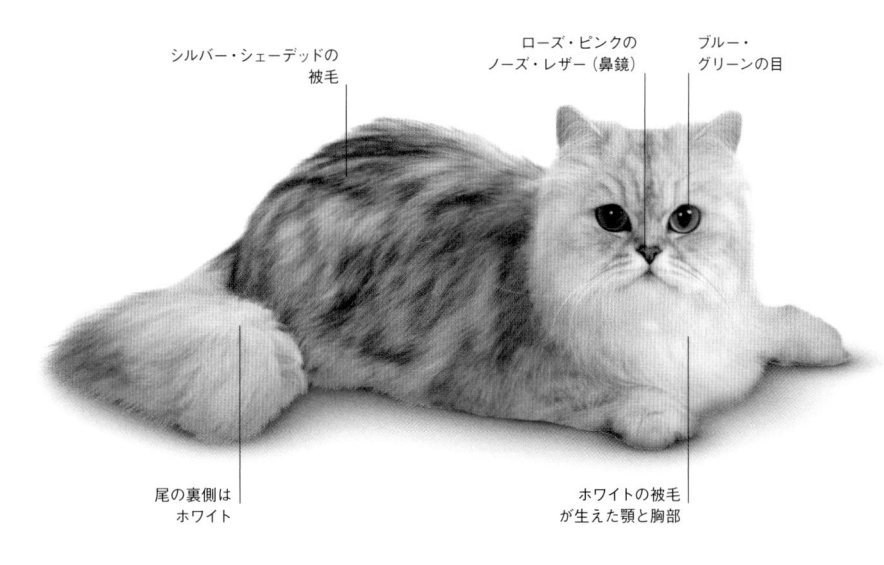

**非常に美しい外見と穏やかな性質
他のペルシャより活動的になることも**

　このペルシャは、同じようにホワイトの被毛で毛先に色の濃いティッピングが入ったチンチラ・シルバー（P190）にやや似ています。かつてはどちらも「シルバー」とひとくくりされていたこともありました。しかし20世紀以降の長年の品種改良によってチンチラの色はより薄くなり、シェーデッド・シルバーはより暗い色味の被毛を持つようになりました。ブリーダーはこの猫の特徴である、背中に濃い色の被毛を出すことに力を入れています。そして、この猫には犬のような性質があり、飼い主の後を喜んでついて回ります。

- シルバー・シェーデッドの被毛
- ローズ・ピンクのノーズ・レザー（鼻鏡）
- ブルー・グリーンの目
- 尾の裏側はホワイト
- ホワイトの被毛が生えた顎と胸部
- 黒の縁取りがある目、鼻、唇
- 明瞭なストップがある鼻
- がっしりした短い肢
- 背中、脇腹、尾の上側の色が最も濃くなるブラック・ティッピング

ペルシャ（シルバー・タビー）

起源：1800年代のイギリス
公認する猫種登録団体：CFA、FIFe、GCCF、TICA
体重：3.5〜7kg

グルーミング：週2〜3回
被毛の色とパターン（模様）：シルバー・タビー、トーティ・シルバー・タビー

伝統的なタビーのシルキーな"シルバー・バージョン" ロングヘアで最も魅力的な種類のひとつ

　ペルシャのなかで最も繊細な色の被毛を持つのは、シルバー・タビーの猫だといえるでしょう。被毛のタビー・パターンは明瞭で、ベースの色が、シルバーもしくはブルーがかったホワイトのアンダー・コートです。これらのタビーは抑制遺伝子によって、色が入るのが毛の先端だけに限られています。バイカラー・シルバー・タビーはホワイトの部分がはっきりしており、最低限マズルや胸、腹部、時には肢にもホワイトが入ることが望ましいとされます。トライカラーの場合は、他にレッドやブラウンの色合いも融合しています。

- ピンクのノーズ・レザー（鼻鏡）
- 大きな目
- タフト（房毛）が豊富なポー（足指）
- 首周りから胸まで伸びる、深みのあるホワイトのラフ（襟毛）
- シルバーがかったホワイトのアンダー・コート
- 長いホワイトのタフト（房毛）
- はっきりと「M」のマーキングが入る額
- 濃いタビーのマーキングが見られるボディ
- ふさふさの短い尾
- はっきりしたタビー・パターンのある肢

猫種の解説｜長毛種

ペルシャ（スモーク）

起源：1860年代のイギリス
公認する猫種登録団体：CFA、FIFe、GCCF、TICA
体重：3.5〜7kg

グルーミング：毎日
被毛の色とパターン（模様）：ホワイトに深みのある色のティッピング。
ティッピングの色はブラック、ブルー、クリーム、レッドを含むスモーク・パターン

ペルシャのなかで最も人目を引くパターンのひとつ
絶滅の危機から復興された珍しい毛色

スモークのパターンでは1本1本の毛の根元は淡い色で、先端に向かって徐々に濃くなります。生まれたときは毛先の色が変わりそうな徴候はなく、生後何カ月かして初めて色が出始めます。

スモークのペルシャに関する記録は1860年代にまでさかのぼりますが、さほど人気が広まることはなく、1940年代までにその姿はほとんど見られなくなりました。幸い少数の熱心な愛好家がスモークの繁殖を続けたことでこの猫への関心が新たに生まれ、毛色の種類も広がることになりました。

左右が離れて付いた耳

ふさふさの短い尾

ブラック・スモーク

単色の肢

ペルシャに典型的なコビー体型

濃い色のマスクと耳

動くとさらによくわかるホワイトのアンダー・コート

ブルー・スモーク

体の下側はより明るい色

ペルシャ（スモーク・バイカラー）

起源：1900年代のイギリス
公認する猫種登録団体：CFA、FIFe、GCCF、TICA
体重：3.5〜7kg

グルーミング：毎日
被毛の色とパターン（模様）：ブルー、ブラック、レッド、チョコレート、ライラック、多様なトータスシェルを含むスモーク・カラーにホワイトが入ったバイカラー

穏やかでやさしい性質を持つ
色が美しく混ざり合った被毛で、ペルシャのなかでも美しい猫種

被毛は多色で、ホワイトとさまざまなスモーク・カラーとの組み合わせで構成されています。1本1本の毛のほとんどの部分に色が付いていますが、根元はホワイトです。スモークはシェーデッドやティップトよりも色が深く、猫が動かなければ根元に淡い色が隠れていることはわからないほどです。バイカラーのスモーク・ペルシャはホワイトの被毛にブラック、ブルー、チョコレート、ライラック、レッドのスモークが入り、トライカラーのスモーク・ペルシャにはブルーとクリームのトーティのようなトータスシェルのスモークが何通りか見られます。ペルシャの目の色は被毛の色によって異なり、スモーク・バイカラーのペルシャはカッパー色の目を持っています。

- ブラックのノーズ・レザー（鼻鏡）
- 純白の厚いラフ（襟毛）がある胸
- 毛のふさふさした尾
- 濃い色の頭部
- ホワイトのタフト（房毛）
- 輝くゴールド〜カッパー色の目
- ホワイトのマズル
- やわらかく色が混ざり合うスモークの被毛
- 長い主毛

ブルー・スモーク・アンド・ホワイト

猫種の解説｜長毛種

ペルシャ（タビー、トーティ・タビー）

起源：1800年代のイギリス
公認する猫種登録団体：CFA、FIFe、GCCF、TICA
体重：3.5〜7kg

グルーミング：毎日
被毛の色とパターン（模様）：ティッピングの入った多様な色。タビーもしくはトーティ・タビーのパターン

基本的にはのんびりした性質
要求がかなえられないとつむじを曲げることも

タビーのペルシャには、他のペルシャに比べて長い歴史があります。ブラウン・タビーはイギリスで1870年代に開催された最も初期のキャット・ショーに登場していますし、最も古い純血種のためのキャット・クラブである「キャット・ファンシー・クラブ」はタビーのペルシャの普及のために設立されたものです。以来いくつかの毛色が開発され、クラシック（もしくはブロッチト）、マッカレル（細めのタビー・パターン）、スポッテッドの3つのパターンが認められています。トーティ・タビー（パッチト・タビー）では、トーティの被毛にタビーのマーキングが重なっています。

目と目の間の部分にはっきりしたブレークがある鼻

目の縁から伸びるライン

タビー・パターンのある肢

ブラウン・クラシック・タビー

毛量豊富でブラシのような尾

マーキングが密に入るボディ

カッパー色の丸い目

タビーの「M」のマークがある額

短くがっしりした肢と、丸く大きなポー（足指）

レッドのノーズ・レザー（鼻鏡）

上部に「ネックレス」のようなマーキングが入る胸

198

ペルシャ（タビー・アンド・ホワイト）

起源：1900年以降のイギリス
公認する猫種登録団体：CFA、FIFe、GCCF、TICA
体重：3.5〜7kg

グルーミング：週2〜3回
被毛の色とパターン（模様）：クラシック及びマッカレル・タビー・パターン。ホワイトが入ったさまざまな色

濃い色のタビーが入った猫
穏やかで注目されるのが大好き

　このペルシャの変種の被毛には、輝くホワイトと暖かみのある色のタビーが混ざっています。大きく不鮮明にマーキングが入ったクラシック・タビー（ブロッチト・タビー）と、より暗い色の細いしまのマーキングが入ったマッカレル・タビーという2つのタイプのマーキングが認められています。猫種スタンダードに沿ったタビー・アンド・ホワイトは、足先、腹部、胸部、そしてマズルにホワイトがなければいけません。このペルシャは、1980年代に初めてチャンピオンシップのステータスを付与されました。ふさふさの被毛とやわらかくぼやけた美しいマーキングにより、ブリーダーや飼い主からの人気を保っています。

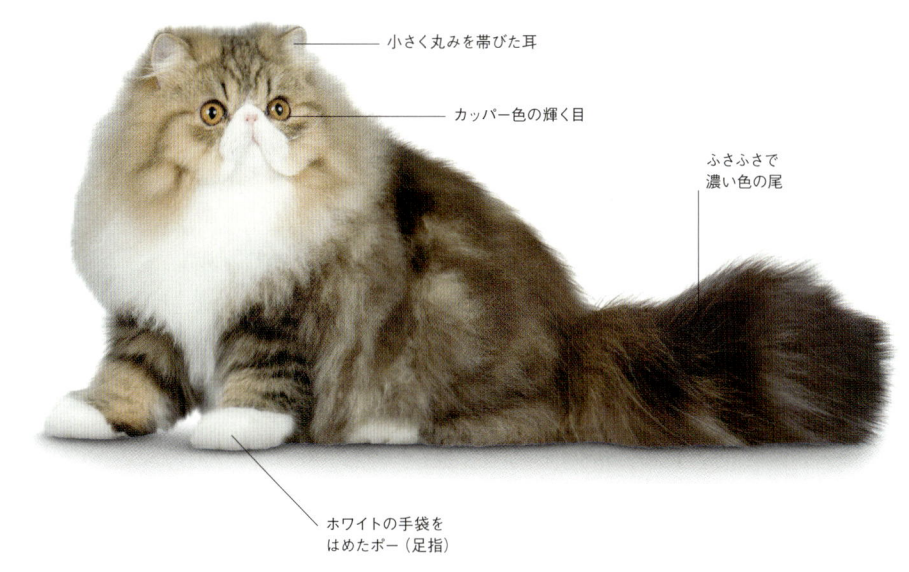

- 小さく丸みを帯びた耳
- カッパー色の輝く目
- ふさふさで濃い色の尾
- ホワイトの手袋をはめたポー（足指）
- 他の部分より短い毛が生える顔と額
- ホワイトのマズル、胸部、腹部
- やわらかいタビーのマーキングのある被毛
- 肢は短く体高は低め

199

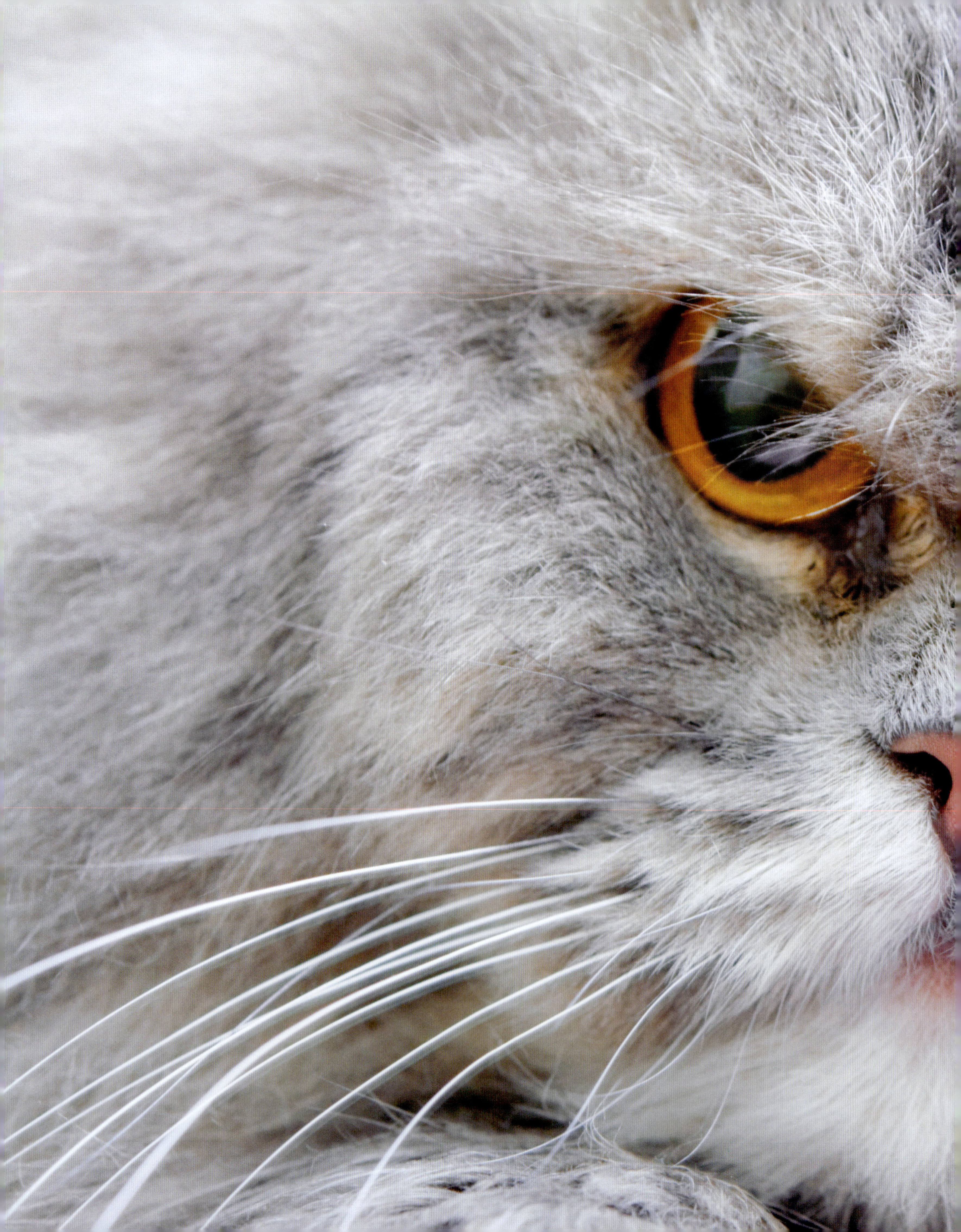

永遠のお気に入り
豊富な長い被毛に、平らなマズルと丸い目を持つペルシャ。他の猫と見間違えることはありません。19世紀にキャット・ショーへデビューして以来、絶大な人気を博しています。

絵の具を散らしたような模様
ブラック・アンド・ホワイトにレッド・タビーが散る、鮮やかな色の組み合わせです。「キャリコ」とも呼ばれるトーティ・アンド・ホワイトが、絹のような被毛のペルシャに現れるとドラマチックな印象を生み出します。

長毛種

ペルシャ（トーティ、トーティ・アンド・ホワイト）

起源：1880年代のイギリス
公認する猫種登録団体：CFA、FIFe、GCCF、TICA
体重：3.5〜7kg
グルーミング：毎日
被毛の色とパターン（模様）：トータスシェル（ブラック・アンド・レッド、ブラウン・アンド・レッド、ブルー・クリームなど）。トーティ・アンド・ホワイトはホワイトのパッチ入り

すばらしい色の組み合わせで人気のペルシャ
数が少ないため繁殖が難しい

しばしばトーティと呼ばれるトータスシェルの被毛は2色で、人目を引くパッチか、またはより繊細な斑模様を作っています。ブラックとレッドが主流ですが、最近の変種としてブラウンとレッドのチョコレート・トーティやトーティ・アンド・ホワイト（アメリカでは「キャリコ」）と呼ばれるトライカラーのペルシャがあり、どちらも輝くカッパー色の目を持っています。

トーティのペルシャの存在は19世紀の終わりから知られていますが、ペルシャの被毛の色として認められるまでには時間がかかりました。1914年にようやくアメリカのキャット・ファンシャーズ・アソシエーション（CFA）が猫種スタンダードを規定し、公認されました。トーティを一貫して作出するのは困難がつきまといます。遺伝子構造のため、トーティの猫はほぼすべてがメスであり、わずかに生まれるオスは無精子なのです。他のペルシャ同様、家庭でもキャット・ショーのリングでも同じようにリラックスしていられますが、より自信にあふれ外向的な性格だといわれています。

トーティ・アンド・ホワイトの子猫

ピークフェイス・キャット

ペルシャの特徴でもある平坦な顔は、ここ数十年ブリーダーによって極端化され、つぶれた顔が誇張されたタイプの猫が作られてきました。「ピークフェイス」（つぶれた顔が特徴である犬のペキニーズから来た表現）ともいわれるこの容貌は、自然に発生した突然変異であり、キャット・ショーでは人気がありますが、もともとペルシャによく見られる呼吸障害、食餌に影響する噛み合わせの問題、涙管が圧迫されることで涙が出やすい問題などをさらに悪化させることになりました。

トーティ
- 輝くカッパー色の目
- 長いタフト（房毛）
- 非常に短い鼻
- 丈夫な太い肢

トーティ・アンド・ホワイト
- シルキーできめ細かな手ざわりの被毛

猫種の解説｜長毛種

ペルシャ（バイカラー）

起源：1800年以代のイギリス
公認する猫種登録団体：CFA、FIFe、GCCF、TICA
体重：3.5〜7kg

グルーミング：毎日
被毛の色とパターン（模様）：ブラック、レッド、ブルー、クリーム、チョコレート、ライラックを含むさまざまなセルフ・カラーにホワイトが入ったバイカラー

**被毛の大胆なパッチが魅力的な猫
日々のていねいなグルーミングが必要**

　1960年代まで、ペットとしてのみふさわしい猫だと考えられていたため、ブリーダーはこの猫にほとんど関心を示しませんでした。しかし今やバイカラーは、キャット・ショーでセルフ・カラーに匹敵する人気があります。ブラック・アンド・ホワイトは最初に認められたバイカラーのひとつで、かつては「マグピー（カササギ）」とも呼ばれていました。現在は多くのソリッド・カラーとホワイトの組み合わせが認められています。ブリーダーは、バイカラーやトーティ・アンド・ホワイトの繁殖においては、左右対称のはっきりした理想的なマーキングを目標としています。涙が多いために、涙やけが見られることがあります。

はっきりした色のパッチ

付け根部分に長い毛が生えた耳

絹のような細い被毛

チョコレート・アンド・ホワイト

204

ペルシャ（カラーポイント／ヒマラヤン）

起源：1930年代のアメリカ
公認する猫種登録団体：CFA、FIFe、GCCF、TICA
体重：3.5〜7kg
グルーミング：毎日
被毛の色とパターン（模様）：さまざまなカラー・ポイント

美しいブルーの目とさまざまなカラー・ポイントが特徴 人目を引く美貌の持ち主

カラー・ポイントのペルシャは、アメリカでは「ヒマラヤン」と呼ばれています。シャムのマーキングを持った長毛種を作ることを目指し、10年以上をかけた選択育種の結果作出されました。上を向いた鼻と大きな目のある丸い顔、短くがっしりしたボディ、豊富な長い被毛と、ペルシャの特徴がすべてそろっています。

要求が少なく、静かな性質ですが、飼い主から愛されることを必要とします。厚いダブル・コートの被毛は絡まりやすいので、毎日のグルーミングが必須でしょう。

- 対照的な濃い色のフェイス・マスク
- ポイントの入った被毛
- 幅広い頭蓋骨と丸い顔
- 幅広くずんぐりした体つき
- 目の間にはっきりしたストップがある短い鼻
- 体全体を覆う厚い長毛
- 大きなブルーの目
- 先端が丸みを帯びた小さな耳
- ポイントが入ったブラシのような尾
- 深いラフ（襟毛）
- 間にタフト（房毛）が生えた、丸く大きなポー（足指）

205

猫種の解説｜長毛種

バリニーズ

起源：1950年代のアメリカ
公認する猫種登録団体：CFA、FIFe、GCCF、TICA
体重：2.5〜5kg
グルーミング：週2〜3回
被毛の色とパターン（模様）：シール、チョコレート、ブルー、ライラックなどセルフ・カラーのポイント

洗練された容貌に強さを秘めた猫
愛情深く社交的で、飼い主に繊細に反応する

　シャムのロングヘア・バージョンであるバリニーズは、シャム譲りの細く優雅な体に絹のような流れる被毛をまとった、非常に美しい猫です。短毛のシャムの子猫にときどき長毛の個体が現れるという記録が何十年も前からあり、1950年代になると数名のブリーダーがこの長毛を新種として本格的に開発し始めました。

　外向的な性格でエネルギーと好奇心にあふれる性質を持つ猫ですが、シャムほど大きな声で鳴くことはありません。つねに注目されていたい、いたずら好きなところがある魅力的な猫です。

付け根の広い大きな耳

まっすぐでブレークがない長い鼻

ポイントのある細長い被毛が体に密着する

毛のふさふさした尾

鼻に向かって傾斜する、アーモンド形で深いブルーの目

ポイントの入った被毛

先細りでくさび形の長い頭部

しなやかで強く、長いボディ

顔の大半を覆うはっきりしたマスク（顔の色の濃い部分）

ボディのシェーディングとマッチする肢のポイント

細長い肢

シール・ポイント

バリニーズ（ジャバニーズ）

起源：1950年代のアメリカ
公認する猫種登録団体：CFA
体重：2.5〜5kg

グルーミング：週2〜3回
被毛の色とパターン（模様）：多くのポイント・カラー、タビー及びトーティのパターン

**好奇心いっぱいで怖いもの知らず
自信にあふれ、おしゃべり好きで自分の存在を主張する猫**

シャムのロングヘア・バージョンであるバリニーズ（P206）から開発された猫。体の構造と被毛のスタンダードはまったく同じです。両者の違いは色とパターンの幅で、ジャバニーズにはカラーポイント・ショートヘア（P110）との交配から得られた多くの色と模様が認められています。

外見は繊細そうに見えますが、しなやかかつ壮健な猫で、そのたくましさにふさわしい強い性格の持ち主です。また、愛情深く話好きで飼い主の後をついて歩くのが大好きです。そうでなければ家の中を隅から隅まで探検しているような好奇心旺盛な猫です。絹のような被毛はあまり絡まることがなく、グルーミングは比較的簡単です。

細長くふさふさの尾

絹のような細い被毛

シール・トーティ・タビー・ポイント

明るく輝くブルーの目

形の良い卵形の小さなポー（足指）

先のとがった大きな耳

頭蓋骨が平らな、くさび形の長い頭部

同じ幅の肩と腰

細く優雅な首

ポイントの入った被毛

優雅で筋肉質な長い体

骨が細く長い肢で、ポー（足指）は卵形

シール・トーティ・ポイント

猫種の解説｜長毛種

ヨーク・チョコレート

起源：1980年代のアメリカ
公認する猫種登録団体：新猫種につき未定
体重：2.5〜5kg
グルーミング：週2〜3回
被毛の色とパターン（模様）：チョコレート、ラベンダーのセルフ・カラーとチョコレート・アンド・ホワイト、ラベンダー・アンド・ホワイトのバイカラー

やさしく愛らしい見た目ながら優れたハンター
俊敏で、追いかけて狩りをするのが大好き

　この猫種の基礎となったのは、アメリカ・ニューヨーク州で生まれた濃いチョコレート・ブラウンのメスで、ヨーク・チョコレートという猫種名の由来にもなりました。このメスが産んだ子猫も同じく濃いチョコレート・ブラウンだったことから、関心を抱いた飼い主が繁殖を始めました。この猫種のもとになった子猫は2匹の雑種から生まれましたが、片方の親はシャムの潜在遺伝子を持っていました。現在でも比較的珍しい猫で、北米で開催されるキャット・ショーでは注目を集めています。この猫種は、チョコレートもしくはラベンダーのパッチがあるバイカラーを含みます。

　愛情深い性質で、飼い主の膝の上が好きなやさしい猫です。なでられるととても喜びます。家の中では飼い主の後をどこへでもついて回り、小さい声で鳴いて静かにその気配を感じさせながら、飼い主のすることに何でも参加したがります。

- アーモンド形の目
- 細長い首
- ふさふさで先細りの尾
- 丸い頭部
- 先のとがった大きな耳
- 中くらいの長さのマズル
- 長くてがっしりしているが重くはないボディ
- 薄いアンダー・コートを持つ、絹のようなセミロングの被毛
- 指の間にタフト（房毛）があるポー（足指）

チョコレート・アンド・ホワイト

オリエンタル・ロングヘア

起源：1960年代のイギリス
公認する猫種登録団体：CFA、FIFe、GCCF、TICA
体重：2.5〜5kg

グルーミング：週2〜3回
被毛の色とパターン（模様）：セルフ、スモーク、シェーデッドを含む多くの色。トーティ、タビー、及びバイカラーのパターン

活発で愛嬌たっぷり、典型的なオリエンタル
愛情深いペットを望む飼い主に理想的

もともとは「ブリティッシュ・アンゴラ」と呼ばれていましたが、ターキッシュ・アンゴラ（P229）との混同を防ぐため、2002年にオリエンタル・ロングヘアと改名されました。1960年代に、絹のような被毛を持つアンゴラを再現しようと開発された猫種です。ペルシャの登場まではイギリス・ヴィクトリア朝時代の家庭で人気のあった猫です。繁殖にはバリニーズ（P206〜207）などさまざまな長毛のオリエンタルが使われ、シャムのロングヘア・バージョンであるしなやかな体を持つ、カラー・ポイントのない優雅なこの猫が生まれました。

好奇心が強く遊び好きで非常に活動的な性質。家族の注目を浴びるのが大好きですが、家族のなかで誰かひとりを選んで強い絆を結ぶ傾向があります。

- 人目を引くアーモンド形の目
- 絹のような細いセミロングの被毛には、アンダー・コートがない
- 長くエレガントな首
- 先細りでふさふさの尾
- くさび形の頭部
- 付け根が幅広い三角形の耳
- 角ばった筋肉の発達した長いボディ
- 骨格が細くスリムな肢
- 形の良い卵形のポー（足指）

チョコレート

猫種の解説｜長毛種

ティファニー

起源：1980年代のイギリス
公認する猫種登録団体：GCCF
体重：3.5〜6.5kg

グルーミング：週2〜3回
被毛の色とパターン（模様）：すべてのセルフ及びシェーデッドの色。タビー及びトーティ・パターン

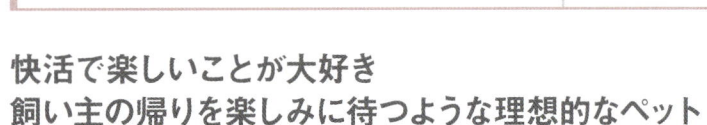

快活で楽しいことが大好き
飼い主の帰りを楽しみに待つような理想的なペット

かつて「エイジアン・ロングヘア」と呼ばれていたアメリカ原産のこの猫は、シャンティー／ティファニーといった呼び名のある猫種（P211）とよく混同されます。最初はバーミラのロングヘアの変種として偶然誕生しましたが、バーミラ自体がヨーロピアン・バーミーズ（P87）とペルシャ（チンチラ・シルバー／P190）の計画外の交配による幸運な偶然で生まれた猫です。

ティファニーは抱きしめたくなるようにかわいらしい猫ですが、バーミーズから受け継いだと思われるいたずらっ気も少しあります。ひとりでも上手に遊びますが、そこへ人間が加わるととても喜ぶでしょう。繊細で聡明なため、飼い主の気分に敏感に反応するといわれます。

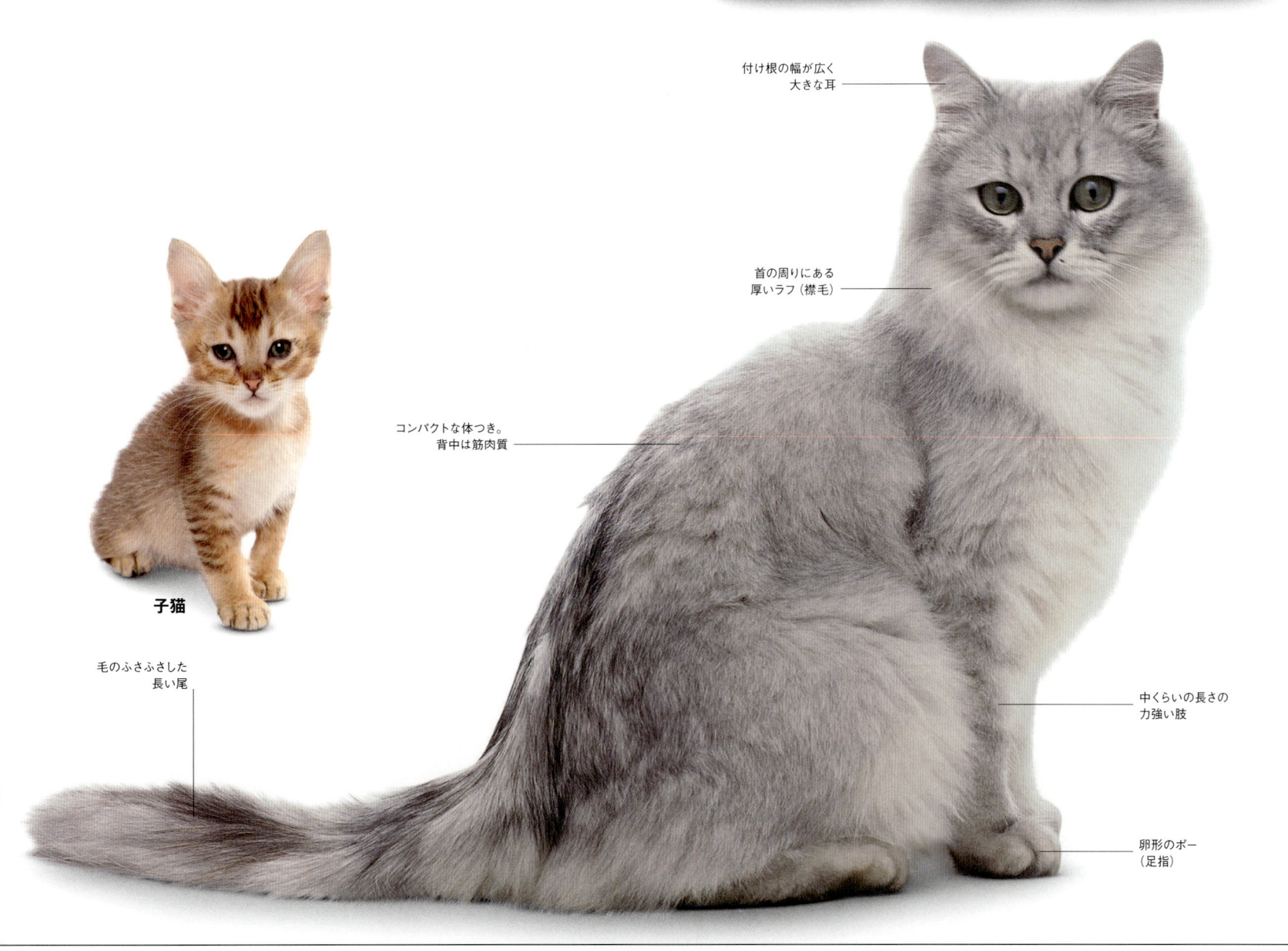

- 中くらいの長さの絹のような被毛。尾の付け根に向かって色が濃くなる
- くさび形の幅広い頭部
- 付け根の幅が広く大きな耳
- 首の周りにある厚いラフ（襟毛）
- コンパクトな体つき。背中は筋肉質
- 中くらいの長さの力強い肢
- 卵形のポー（足指）
- 毛のふさふさした長い尾

子猫

シャンティー／ティファニー

起源：1960年代のアメリカ
公認する猫種登録団体：新猫種につき未定
体重：2.5〜5kg
グルーミング：週2〜3回
被毛の色とパターン（模様）：ブラック、ブルー、ライラック、チョコレート、シナモン、フォーン。さまざまなタビー・パターン

豊かな色のやわらかい被毛を持つ比較的珍しい猫
飼い主に忠実で、要求は少なめ

シャンティー／ティファニーの歴史は、血統のわからない2匹のロングヘアの間に生まれた、チョコレート・ブラウンの子猫に始まります。一時はバーミーズの血が入っていると信じられていましたが、今ではその可能性はないと見られています。開発の途中段階で、「フォーリン・ロングヘア」や「ティファニー」、「シャンティー」などといくつかの異なる名前で登録され混乱を招きましたが、現在はシャンティー／ティファニーの名前が最も一般的です。

外見は美しくて、やさしい性質を持ちますが、高い人気を得るまではまだ至っていません。人と一緒にいるのが好きで、願いごとがあるときはやわらかく震える声で注意を引き、礼儀正しくおねだりをします。

高い頬骨

首の周りにあるより長いラフ（襟毛）

中くらいの長さの胴

先端が丸みを帯びた耳

アンダー・コートがほとんどない、シルキーなセミロングの被毛

少し斜めになったアーモンド形の目

広いマズルに向かって傾斜する鼻

丈夫な肢

チョコレート

毛が厚くふさふさの長い尾

穏やかなペット
穏やかで心やさしいバーマンは、非常に飼いやすいペットです。アンダー・コートが薄く毛の絡まりや抜け毛が少ないため、長い被毛のグルーミングもそれほど大変ではありません。

バーマン

起源：1920年ごろのミャンマー（ビルマ）／フランス
公認する猫種登録団体：CFA、FIFe、GCCF、TICA
体重：4.5〜8kg

グルーミング：週2〜3回
被毛の色とパターン（模様）：すべてのカラー・ポイント、足先はホワイト（ミテッド）

静かで穏やかだが、飼い主に注目されることを好む愛情深いコンパニオン

特徴的なカラー・ポイントが美しいこの猫は、シャムのロングヘア・バージョンのようにも見えますが、シャムとバーマンにとくに関連性はなさそうです。伝説によると、被毛の色は、古代ミャンマー（ビルマ）で僧侶に飼われていた猫から受け継がれたものなのだとか。ある日、侵略者に襲われ死に瀕した僧侶を猫が見守っていると、その被毛が僧侶の仕えていた女神と同じ黄金の色を帯び、目も女神と同じく深いブルーになったのだそうです。

実際には、バーマンはおそらくフランスで1920年代に開発されました。ただし、基礎となったのはミャンマーから持ち込まれた猫かもしれません。体は長くがっしりしたつくりで、横から見るとわずかにカーブを描く鼻（ローマン・ノーズ）、ホワイトのポー（足指）が特徴です。被毛は絹のような手ざわりで、あまり絡まることはありません。やさしくおおらかで社交的なこの猫は、かわいらしい声の持ち主です。人と過ごすのが大好きで、たいてい子どもや他のペットとも仲良く暮らせるでしょう。

デザイナーのミューズ

ドイツ出身のファッションデザイナー、カール・ラガーフェルドが飼うバーマンの『シュペット』は、スーパーモデルのようなきらびやかな生活を楽しんでいます。日々プライベート・ジェットで移動し、必要な世話と美しさを保つための毎日の手入れを担当する専属のアシスタントが2人いるそうです。雑誌のインタビュー記事などでも数多く特集されたことがあります。また、ニットの帽子やスカーフ、手袋や革製品を含む、猫をテーマにしたラガーフェルドのコレクションの創作の源でもあります。

カール・ラガーフェルドとシュペットをモデルにした人形

子猫

中くらいの長さの尾
ポイントのあるシルキーな被毛
丈夫で長いボディ
ローマン・ノーズ
ブルーの丸い目
ふっくらした頬と丸いマズル
しっかりとした顎
周りに厚いラフ（襟毛）のある首
丈夫な肢
ソックスをはいたようなホワイトの四肢

ブルー・ポイント

猫種の解説｜長毛種

メインクーン

起源：1800年代のアメリカ
公認する猫種登録団体：CFA、FIFe、GCCF、TICA
体重：4〜7.5kg

グルーミング：週2〜3回
被毛の色とパターン（模様）：さまざまなセルフ・カラーとシェーディングで、トーティ、タビー、バイカラーのパターン

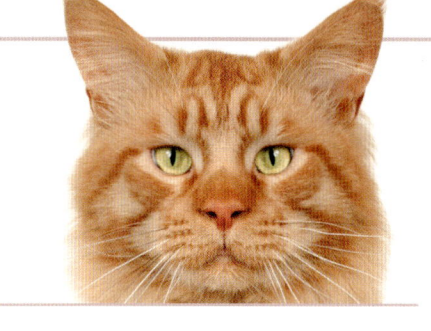

大きなボディにやさしい性質が印象的
賢く愛情深く、飼いやすい猫

アメリカ生まれとされるこの猫の猫種名は、最初に発見されたニューイングランドのメイン州に由来します。どのようにメイン州にたどり着いたかについては興味深い説がいろいろありますが、そのほとんどはあまり現実的でない類のものです。とくに突飛なのは、バイキングによって持ち込まれたスカンジナビア半島の猫の子孫であるとする説や、フランス革命のさなかにペットの猫を救おうとした王妃マリー・アントワネットがこのタイプの猫を何匹かアメリカに送ったという話でしょう。野良猫とアライグマ（ラクーン）のハイブリッドが祖先だとする説もあるほどです。生物学的にありえない話ですが、この猫のふさふさの尾を見ると、かつてそう信じられていたのもわかります。

美しい被毛は厚くシャギーで防水性があり、農場で働く猫として過酷な北米の冬を過ごしていたころに非常に役立っていました。昔はもっぱら害獣捕獲猫としての腕前を買われていましたが、20世紀半ば以降は家庭で人気のペットとなりました。メインクーンには、生涯子猫のようなかわいらしい振る舞いを見せるなど、人を惹きつける特徴がたくさん見られます。鳥のさえずりのようだと形容されることもあるその鳴き声は、体の大きさを考えると驚くほど小さな音です。この猫は成長が遅く、堂々とした大人の体型になるのは通常生後5年ほど経ったころです。

子猫

リトル・ニッキー

2004年、『リトル・ニッキー』という名のメインクーンが、世界で初めてクローン技術によって作り出されたペットとなりました。テキサス州在住のリトル・ニッキーの飼い主は、17歳で死亡した愛猫ニッキーのコピーを作るために、5万ドルを支払いました。ニッキーのDNAが卵細胞に注入され、できた胚芽が代理母の猫に移植されたのです。大きな議論を呼んだこの施術によって、外見と性質がまったく同じ猫が作られました。

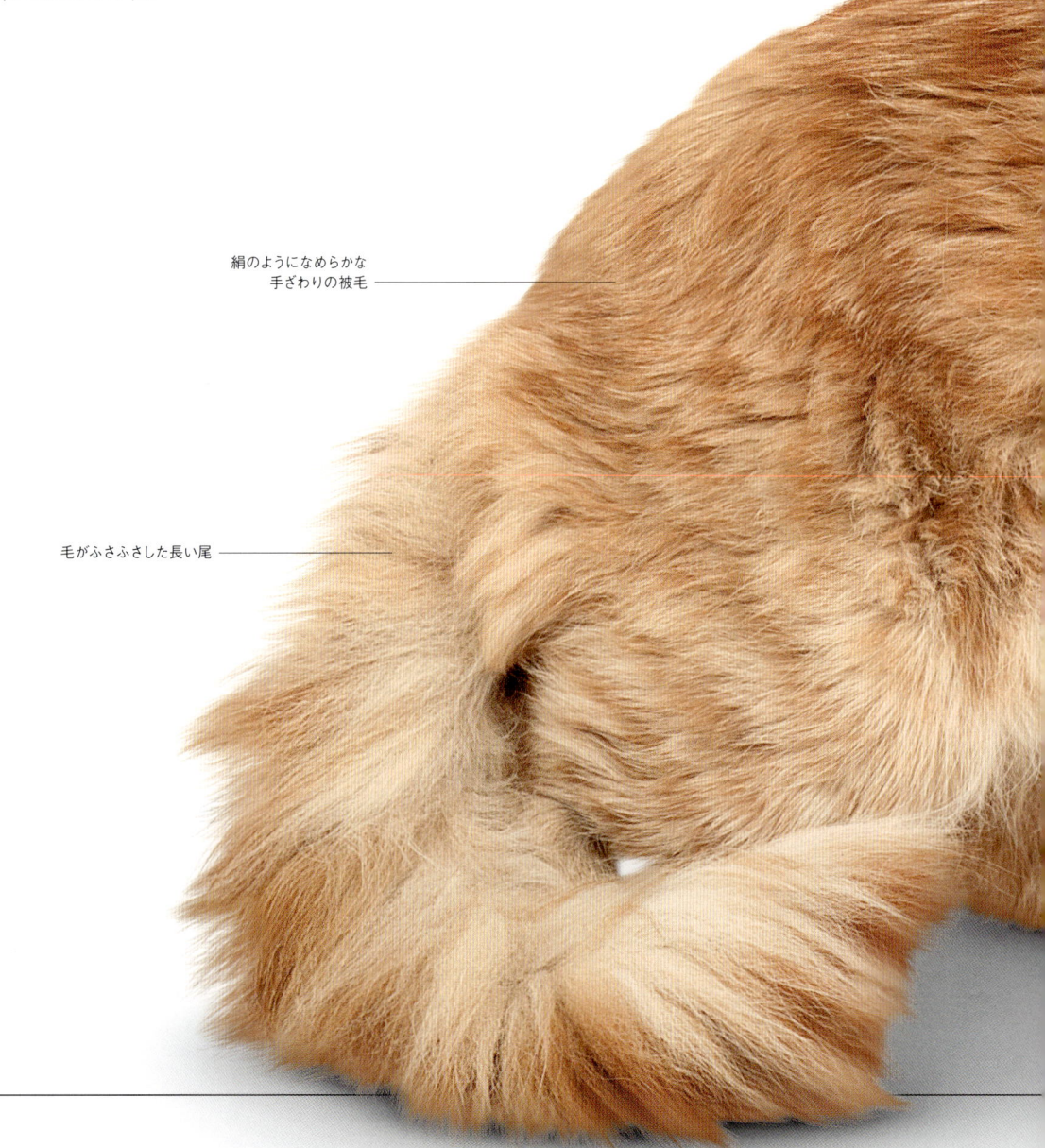

絹のようになめらかな手ざわりの被毛

毛がふさふさした長い尾

長毛種

がっしりした体格

四角いマズル

タフト（房毛）のある大きな耳

楕円形の目

他より長めのラフの毛

レッド

中くらいの長さでがっしりした肢

大きく、丸く、タフト（房毛）のある肢

215

猫種の解説｜長毛種

ラグドール

起源：1960年代のアメリカ
公認する猫種登録団体：CFA、FIFe、GCCF、TICA
体重：4.5〜9kg

グルーミング：週2〜3回
被毛の色とパターン（模様）：さまざまなセルフ・カラーのトーティ及びタビー・パターン。つねにポインテッドでバイカラーもしくはミテッド

体が大きく、行儀が良くて従順な、のんびりした猫
忙しい生活を送る人に理想的

「ラグドール（ぬいぐるみ）」という名前は、この猫にぴったりです。これほど飼いやすく、膝の上でおとなしくしている猫種はほとんどありません。最もサイズが大きな猫種のひとつであるこの猫の歴史は複雑だとされます。一般に知られている説によれば、最初は抱き上げると脱力してだらりとするカリフォルニア生まれの子猫から開発されたそうです。

人間と一緒にいるのが大好きで子どもとも喜んで遊び、通常は他のペットとも仲良くすることもできます。とくに運動神経が優れているというわけでもなく、子猫の時代を過ぎるとたいていは穏やかな遊びを好みます。やわらかくシルキーな被毛が絡まったりしないようにするには、週に何度かグルーミングをすれば十分です。

左右が離れて付いた耳

ブルー・アンド・ホワイト

ふさふさの長い尾

尾に向かって毛が長くなる被毛

くさび形の幅広い頭部

明るいブルーで大きな楕円形の目

非常に大きく骨格のしっかりしたボディ

羊毛質のアンダー・コートを覆う長くシルキーな主毛

長い毛が生えた後肢

下部の毛が短めの肢

シール・バイカラー

216

ラガマフィン

起源：20世紀末のアメリカ
公認する猫種登録団体：CFA、GCCF
体重：4.5〜9kg

グルーミング：週2〜3回
被毛の色とパターン（模様）：あらゆるセルフ・カラーで、バイカラー、トーティ、タビーのパターン

**心も体も大きく、気持ち良いほど落ち着いた猫
飼い主と強い絆で結ばれ、喜ばせるのが大好き**

比較的新しいこの猫の歴史は複雑ですが、ラグドール（P216）の新種として登場しました。大きな猫で、まさにジェントル・ジャイアント（やさしい巨人）といえるような猫です。どのような家庭にも穏やかに順応し、愛情を注がれることで生き生きします。また、従順な性質なので、子どもにとってもすばらしいペットになります。遊び心も持ち合わせており、おもちゃで誘えばすぐ乗ってきます。被毛は厚くシルキーですが、それほど絡まることがなく、週2〜3回ほど短時間のグルーミングを行えば良い状態を保てるでしょう。

幅広く丸い頭部
毛のふさふさした長い尾
あまり絡まない、厚い被毛
がっしりした体格の長方形のボディ
へこみがある鼻
左右が離れ、先が丸みを帯びた耳
特徴的なやさしい表情が現れる大きな目
ふっくらした頬

ブラック・アンド・ホワイト

猫種の解説｜長毛種

ソマリ

起源：1960年代のアメリカ
公認する猫種登録団体：CFA、FIFe、GCCF、TICA
体重：3.5〜5.5kg

グルーミング：週2〜3回
被毛の色とパターン（模様）：ルディ、シナモン、ブルー、フォーン。
ティッピングあり

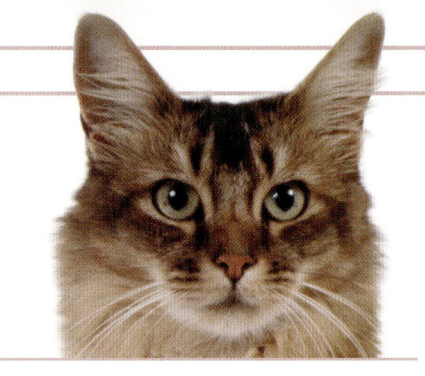

ゴージャスな被毛と生き生きした性質の持ち主
印象的な容貌で注目を求める愛らしい猫

　この美しい猫は、短毛種であるアビシニアン（P132〜133）の長毛の子孫です。当初アビシニアンのブリーダーは、長毛の子猫を認めていませんでしたが、長毛のアビシニアンに魅力を感じる人々もいて、やがて意図的に作られるようになりました。そして1979年、アメリカのキャット・ファンシャーズ・アソシエーション（CFA）がソマリを猫種として認めたのです。ティックトの被毛には、濃い土のようなレッドからブルーまでさまざまな色があります。1本1本の毛には明るい色と暗い色が帯状に入り、背中から尾にかけて暗い色のラインが見られます。被毛の色が完全になるまでには最長18カ月ほどかかります。

　ソマリの特徴で最も目立つのは、長くふさふさした尾でしょう。また、首の周りにラフ（襟毛）があり（オスのほうがたっぷりして目立つ）、威厳のある外見を作り出しています。また元気いっぱいで非常に好奇心が強いので、楽しいペットになります。愛情深く家庭的ですが、膝の上でおとなしくしているような猫ではありません。長時間座っているにはエネルギーがありすぎるのです。自信にあふれた性質で、キャット・ショーへの出陳には理想的な猫種です。

初期に見られた拒絶反応

長毛の遺伝子がアビシニアンに自然に発現し、短毛のなかに長毛の子猫が混じって生まれると、ブリーダーは喜びませんでした。長毛のアビシニアンへの関心はほとんどなく、長毛の子猫はペットとして売られていたのです。先駆けとなった何人かのブリーダーがこの新しい猫種の可能性を見出し、ゆっくりと開発が始まりました。初期のソマリは、キャット・ショーで出陳者からも審査員からもほとんど注目されませんでした。しかしブリーダーの固い決意が報われ、1979年にようやく公認されたのです。

子猫

やや弓なりの背中
色の濃いマーキングがある頬と額
暗い縁取りがあるアーモンド形の目
非常にやわらかい手ざわりの細い被毛
丸いマズル
はっきりしたティッキングがある、豊かな色の被毛
頭蓋骨の後方に付いた、先の丸い大きな耳
筋肉質で優雅なボディ
周りより明るい色のラインがある目
キツネのしっぽに似た、ふさふさした長い尾

冬の被毛
冬になるとソマリの被毛はふさふさになり、ラフ（襟毛）も豊かになりますが、寒さに適しているとはいえません。しかしこの猫は、雪の積もる外に出たいと訴えてくるかもしれません。

猫種の解説｜長毛種

ブリティッシュ・ロングヘア

起源：1800年代のイギリス
公認する猫種登録団体：TICA
体重：4〜8kg
グルーミング：週2〜3回
被毛の色とパターン（模様）：ブリティッシュ・ショートヘアに見られる色・パターンと同じ

**丸々とした美しい猫
長く流れるような被毛と楽天的な性格の持ち主**

　アメリカでは「ローランダー」、ヨーロッパでは「ブリタニカ」としても知られる猫。ブリティッシュ・ショートヘア（P118〜127）のロングヘア・バージョンです。どちらも、がっしりした体格に大きな頭と丸い顔を持ち、毛色の種類も同じです。そのような事情もあり、主立ったすべての猫種登録団体がブリティッシュ・ロングヘアを独立した猫種として認めているわけではありません。

　落ち着いていますが楽天的で、人が大好きなのですばらしいペットになります。ただし、長い被毛はもつれないように適度にグルーミングをする必要があります。

- ブラシのような太く短い尾
- 短く幅の広い鼻
- たっぷりしたラフがある首
- 筋肉がよく付いた短い背中
- 両耳の間が平らな頭蓋骨
- 中くらいの長さの厚い被毛
- 左右が離れた丸く大きな目
- ふくらんだウィスカー・パッド
- 長めの後肢
- より明るい色の被毛に覆われた胸部と腹部
- 丸く大きなポー（足指）

クリーム

220

ネベロング

起源：1980年代のアメリカ
公認する猫種登録団体：GCCF、TICA
体重：2.5～5kg

グルーミング：週2～3回
被毛の色とパターン（模様）：ブルー。シルバー・ティッピングが入ることがある

愛情深く、習慣化した生活に安心を感じる猫種
家族と過ごすことを好み、見知らぬ人には用心深い

アメリカのコロラド州デンバーで20世紀の終わりに開発されたネベロングは、ロシアン・ブルー（P116～117）との異種交配で、ヴィクトリア朝時代に人気が高かったブルーの長毛種の再現を目的に繁殖されました。名前はドイツ語でかすみや霧を意味する「nebel」から来ていますが、やわらかい光沢のある被毛によく合っているといえるでしょう。生来控えめで静かな環境を好むため、騒がしい小さな子どものいる家庭では落ち着いて生活できないかもしれません。しかし思いやりを持って接することで愛情深いペットになり、いつでも飼い主が見えるところにいて、喜んで膝の上に乗るようにもなるでしょう。

- 優雅な長いボディ
- ふくらんだウィスカー・パッド
- やわらかい輝きを放つシルバー・ティッピングの入った、ブルーの被毛
- 毛が多くふさふさした尾
- 後ろに飾り毛が生えた耳
- くさび形の頭部のラインになめらかにつながる大きな耳
- やや楕円形でグリーンの目
- 首の周りにあるラフ（襟毛）
- 間にタフト（房毛）があるポー（足指）
- 下のほうの毛が短くなった肢

猫種の解説 | 長毛種

長毛種

ノルウェージャン・フォレスト・キャット

起源：1950年代のノルウェー
公認する猫種登録団体：CFA、FIFe、GCCF、TICA
体重：3〜9kg
グルーミング：週2〜3回
被毛の色とパターン（模様）：さまざまなセルフ・カラー、シェーディング、さまざまなパターン

大きくて強そうな外見にもかかわらず、やさしく行儀が良い猫 家の中で過ごすことを好む

スカンジナビア半島では、猫はバイキングの時代から農場や村や船上で害獣を捕獲する動物として知られていました。ノルウェージャン・フォレスト・キャットが猫種として本格的に開発されたのは1970年代に入ってからですが、その特徴が何世紀もの間ノルウェーの農場で活躍していた猫から受け継いだものであることはすぐにわかります。半野生だったその猫は人間の介入なく生まれ、狩りをして生きてきました。過酷な環境に適したものだけが生き残ったため、タフで賢く勇敢になったのです。ノルウェーの伝説に登場するこの猫は、今日では正式にノルウェーの国の猫とされています。

現在も体が大きく丈夫で、体が成熟しきるまでに最長5年ほどかかります。厳しい冬から体を守る天然の防寒着であるダブル・コートの被毛は、寒い季節になるとアンダー・コートが密になりさらに厚くなります。意外なことに冬の間のグルーミングの回数はとくに増やす必要はありませんが、春になると抜け毛が大量に発生します。先祖は野生的な生活を送っていましたが、今ではすっかりやさしくて遊び好きな猫です。

スコグカット

ノルウェーでは、巨大な長毛の猫が登場する民話や伝説が何世紀にも渡って語り継がれてきました。原産国ノルウェーで「スコグカット」と呼ばれるノルウェージャン・フォレスト・キャットは、その大きさとたくましい体つきのために犬と猫の異種交配種だと信じられていたことさえあります。長い歴史があるにもかかわらず、20世紀の後半まではほとんど忘れられた存在でした。1970年代になってようやくこの猫種を復興させるプロジェクトにより、関心を持たれるようになったのです。

子猫

- ふさふさした長い尾
- 筋肉の発達した力強いボディ
- 付け根が幅広く、先が丸みを帯びた耳
- 横から見るとまっすぐな鼻
- アーモンド形の目
- 三角形の頭部
- 短く丈夫な首
- 多くはホワイトのマーキングが入る胸部、顔、肢
- 間にタフト（房毛）が厚く生えるポー（足指）

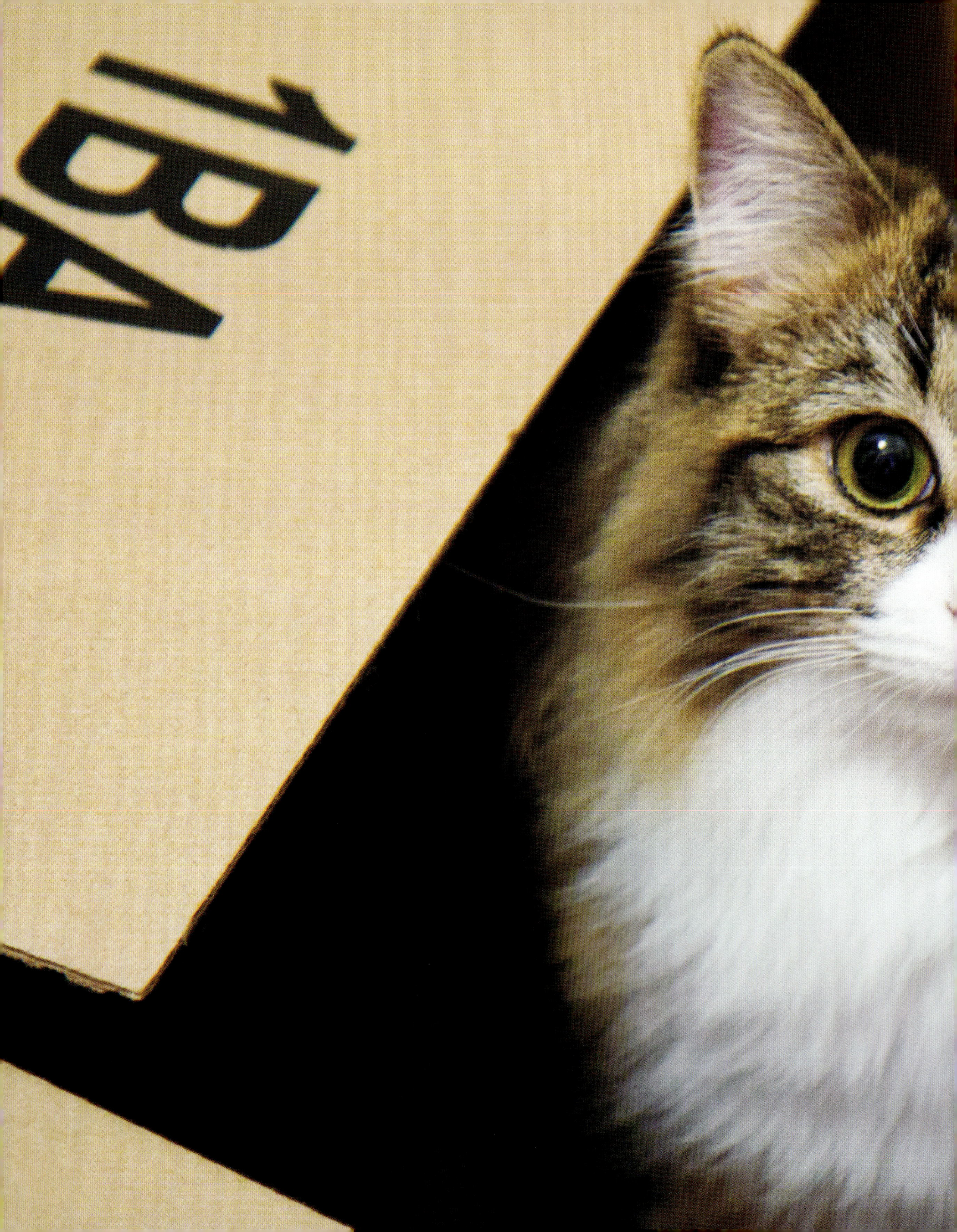
1B4

何にでも興味があります！
華麗でたくましく力強いノルウェージャン・フォレスト・キャットは、堂々としていますが遊び心がないというわけではありません。すばらしいペットになりますし、外でも自由に遊びたいと思っているのです。

猫種の解説｜長毛種

ターキッシュ・バン

起源：1700年より前のトルコ／イギリス（近代種）
公認する猫種登録団体：CFA、FIFe、GCCF、TICA
体重：3～8.5kg
グルーミング：週2～3回
被毛の色とパターン（模様）：頭部と尾に濃い色が入ったホワイト

水遊びが好きだといわれるほどエネルギーにあふれた猫
休むことなくつねに楽しいことを探索する

トルコ東部にあるバン湖に名前の由来があるこの猫の祖先は、何百年も前からアジアの南西部に生息していた可能性があります。近代のターキッシュ・バンは1950年代のイギリスで最初に作出され、その後他国に輸出されるようになりましたが、今でも珍しい存在の猫です。この猫は、セミロングでやわらかく、撥水性を持つ被毛と特徴的なマーキング、そして静かで悲しげな鳴き声で知られます。

頭も良く愛情深いペットですが、静かに膝の上で眠る猫を望む飼い主には、理想的とはいえないかもしれません。活力とエネルギーにあふれて楽しいことが大好きなので、豊富な運動が必要なのです。人と一緒にいることが好きなので、家族が一緒に遊ぶと喜ぶでしょう。猫には珍しく水が好きだといわれており、水たまりで遊び、蛇口から水が落ちれば飛びかかります。泳ぎが上手なことから、「スイミング・キャット」というニックネームがついているほどです。

オッド・アイ

ターキッシュ・バンに見られるオッド・アイは、ホワイト・スポットを生成する遺伝子（P53）が原因で、メラニン（色素）が一方の目の虹彩（色の付いている部分）に到達できないために起こります。子猫はみな淡いブルーの目で生まれますが、成長とともに徐々に色が付いていきます。両目が琥珀色（下の写真）になることもありますが、片目がブルーのまま残ることもあります。両目ともにブルーの場合もありますが、この遺伝子の影響を受けると左右のブルーは異なった色合いになります。

子猫

- 幅広く筋肉質なボディ。オスはとくにがっしりした体つき
- アンダー・コートがなく、撥水性を持つやわらかい被毛
- 左右が離れて付いた耳
- ピンクの縁取りがあり、オッド・アイにもなる大きな目
- ピンクのノーズ・レザー（鼻鏡）
- 頭部と尾だけにあるバンのマーキング
- 高い頬骨
- 深みのある胸
- 長い肢に大きく丸いボー（足指）
- 飾り毛のある尾

猫種の解説｜長毛種

ターキッシュ・バンケディシ

起源：1700年以前のトルコ東部
公認する猫種登録団体：GCCF
体重：3〜8.5kg

グルーミング：週2〜3回
被毛の色とパターン（模様）：純粋なホワイト

全身ホワイトのターキッシュ・バン
人懐こく、遊ばせるための努力は不要

　この猫の由来は、ターキッシュ・バン（P226〜227）と同じトルコにあります。ターキッシュ・バンとは、雪のように白い被毛にバン・マーキングがないことのみで区別され、他の特徴はすべて同じです。ターキッシュ・バンケディシは希少種で、原産国のトルコでは非常に大切にされています。全身がホワイトの多くの猫に見られるように、遺伝的な聴覚障害を持つ傾向がありますが、おおむね丈夫で活動的です。活発な性質で愛情深いペットになりますが、飼い主はたっぷりかまってあげる必要があるでしょう。

- くさび形の幅広い頭部
- まっすぐで長い鼻
- 雪のように白く、絹のような被毛
- 中に長い毛が生えた耳
- 周りにピンクの縁取りがある目
- ふさふさの長い尾
- 筋肉質な長い肢
- タフト（房毛）のある丸いポー（足指）

ターキッシュ・アンゴラ

起源：16世紀のトルコ
公認する猫種登録団体：CFA、FIFe、TICA
体重：2.5〜5kg

グルーミング：週2〜3回
被毛の色とパターン（模様）：さまざまなセルフ・カラー及びシェーディング。パターンはタビー、トーティ、バイカラーを含む

外見上繊細な体つきだが、強い性格の持ち主
家族との交流をとても喜ぶ猫

　トルコ原産のこの猫は、記録によると17世紀ごろにフランスとイギリスに持ち込まれたとされています。ペルシャなどの他の長毛種の繁殖に広く使われたため、20世紀には純血種の血が著しく希釈され、原産国以外ではほとんど見られなくなってしまいました。トルコで特別に保護を受け、1950年代までに純血種のアンゴラがヨーロッパやアメリカに送られましたが、いまだに希少な猫種です。細い骨格と並外れてやわらかく輝きのある被毛を持つアンゴラは、長毛種のなかで最も洗練された猫種のひとつといえるでしょう。

細く優雅な首

足指の間にタフト（房毛）がある、丸く小さなポー（足指）

タフト（房毛）のある大きな耳が、高い位置に付く

小さめ〜中くらいの大きさの頭

アーモンド形でややつり上がった目

骨が細く、スリムで筋肉質なボディ

アンダー・コートがなく、絹のようにきらめく細い被毛

先細りで毛のふさふさした長い尾

長い肢

ブラック

猫種の解説｜長毛種

長毛種

サイベリアン

起源：1980年代のロシア
公認する猫種登録団体：CFA、FIFe、GCCF、TICA
体重：4.5〜9kg
グルーミング：毎日
被毛の色とパターン（模様）：あらゆる色とパターン

厚い被毛に覆われた大きなロシアの"国猫"
完全に成長するのに時間はかかるが、敏捷で遊ぶのが大好き

サイベリアンは比較的新しい猫種と考えられています。ロシア原産の長毛猫の記録は13世紀にまでさかのぼります。耐水性のある厚い被毛やふさふさの尾、そしてタフト（房毛）のある肉球は、ロシアの過酷な気候への適応の結果でしょう。耳も厚い毛皮で覆われ、先端にはオオヤマネコに見られるようなタフトがあります。猫種スタンダードに沿った繁殖が始まるのは1980年代になってからですが、猫種として公認されるのはさらに10年後、多くがアメリカに輸入された後のことでした。

現在でも希少な猫種ですが、その美しい容貌と魅力的な性質で人気を獲得しつつあります。完全に成長するのには5年、あるいはそれ以上かかることがあります。成猫になると適度にがっしりした体型になりますが、運動神経が非常に発達しており、飛び跳ねたりして遊ぶことが大好きです。賢く探究心旺盛で人懐こく、飼い主にはとても忠実だといわれます。また耳に心地良い、鳥のさえずるような声と、深く共鳴するのどのゴロゴロ音の持ち主でもあります。

子猫

無名脱出

サイベリアンの祖先は、中世にはロシアでの存在が知られていましたが、ヨーロッパで見られることはほとんどありませんでした。ソビエト連邦でペットの飼育や繁殖が制限されると、美しいこの猫は無名のまま終わるかと思われていました。しかし1980年代の終わりには、地元の熱心な猫愛好家が猫種の保存に乗り出し、その後まもなく猫種スタンダードが制定されました。

ロシア生まれのロングヘア

ブラウン・マッカレル・タビー

- 胴体よりは短い尾
- やや前方に傾斜し、先の丸まった耳
- より明るい色のマーキングがある胸部と顎
- 耳の付け根に向かってやや上がる丸い目は、オッド・カラーにもなる
- 短く丸いマズル
- 周りに厚いラフ（襟毛）がある首
- 骨がしっかりした四肢
- タフト（房毛）のある、丸く大きなポー（足指）
- 珍しいトリプル・コート（3層の被毛）

231

猫種の解説｜長毛種

ネヴァ・マスカレード

起源：1970年代のロシア
公認する猫種登録団体：FIFe
体重：4.5〜9kg

グルーミング：週2〜3回
被毛の色とパターン（模様）：シール、ブルー、レッド、クリーム、タビー、トーティを含むさまざまなカラー・ポイント

**カラー・ポイントが入った厚い被毛が特徴
勇敢だが落ち着きがあり、おおらかな性格**

　この猫はロシアに古くから存在するサイベリアン（P230〜231）のカラーポイント・バージョンです。ネヴァ・マスカレードという名前は、最初に開発された土地であるサンクトペテルブルクを流れるネヴァ川にちなんでつけられました。

　力強さとやさしさを併せ持ち、体つきはがっしりしています。ペットにもぴったりで、とくに子どもによく懐くともいわれます。非常に厚い被毛には2層のアンダー・コートがあり、3層からなるトリプル・コートを形成しています。もつれや絡まりが起こりにくいため、定期的なグルーミングは必要ですが、それほど大変ではありません。

トリプル・コート（三層の被毛）は、気候の変化に対応力がある

ポイントが入る尾、肢、頭部

タフト（房毛）の生えた耳が頭部の横に付く

色が濃い耳とマスク

丸みを帯びた幅広のマズル

やや楕円形でブルーの大きな目

がっしりした骨と丈夫な筋肉質のボディ

周りに厚いラフ（襟毛）がある首

子猫

はっきりしたマーキングがある肢

ふわふわの毛が生えた後肢

間にタフト（房毛）が生えた大きなポー（足指）

232

マンチカン（ロングヘア）

起源：1980年代のアメリカ
公認する猫種登録団体：TICA
体重：2.5～4kg

グルーミング：週2～3回
被毛の色とパターン（模様）：あらゆる色、シェーディング、パターン

非常に短い肢が特徴的な小さな猫
生きる力にあふれ活動的で、家族と遊ぶことを好む

猫の中でも並外れて短いマンチカンの肢は、偶然の突然変異によるものです。ダックスフンドのような肢の短い犬に見られることのある脊髄の障害はあまりありません。異種交配で導入されたさまざまな毛色やパターンにより、マンチカンの遺伝的多様性は保たれています。体高が低いことも動きの妨げにはなっていません。速く走ることも可能なら、エネルギッシュで遊ぶことも好き。また自信にあふれて探究心もあり、社交的なペットになるでしょう。

シルキーなセミロングヘアのバージョンの他にショートヘア・バージョン（P150～151）もありますが、どちらも被毛の色とパターンにはさまざまな種類があります。この長い被毛は、絡まないように定期的なグルーミングが必要です。

- 左右が離れて付いた、クルミ形の目
- はっきりした頬骨
- 非常に短い肢
- 丸みを帯びた尾は、ボディと同じ長さ
- シルキーで耐候性のある被毛
- 筋肉質なボディ
- 平らな額
- 先端がやや丸みを帯びた耳
- 目立つウィスカー・パッド
- 被毛が密に生えた後肢

猫種の解説｜長毛種

キンカロー（ロングヘア）

起源：1990年代のアメリカ
公認する猫種登録団体：TICA
体重：2.5～4kg

グルーミング：週2～3回
被毛の色とパターン（模様）：豊富な色と、タビー及びトーティを含む豊富なパターン

新しく珍しい猫種
遊ぶことと飼い主の膝の上が大好きな、賢い猫

　長毛のキンカローは、短毛のキンカロー（P152）同様に実験的なデザイナー・ブリードで、マンチカン（P233）とアメリカン・カール（P238～239）の異種交配により作られました。マンチカンの短い肢とアメリカン・カールの後ろに曲がった折れ耳という特徴を併せ持っていますが、これら2つのどちらか、あるいは両方とも持たずに生まれる個体が混ざることがあります。また、尾が胴体より長い個体もあります。

　短毛、長毛ともにやわらかく絹のような被毛ですが、長毛はセミロングでシャギーです。被毛の色とパターンはさまざまで、元気で賢く人懐こく、飼い主と一緒に遊ぶのが大好きです。他の長毛種と同じように週2～3回のグルーミングを必要とし、またグルーミングを喜ぶでしょう。

やわらかく光沢のある被毛

丸いポー（足指）

アメリカン・カールから受け継いだ、後ろに曲がった折れ耳

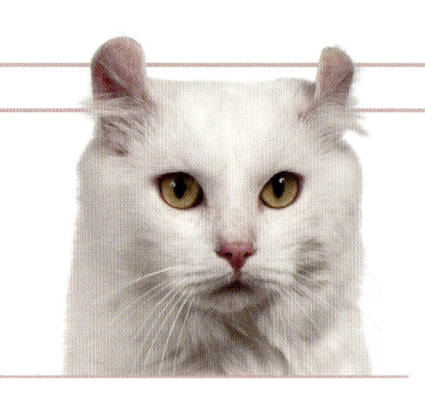

ボディと比較して長めの尾

大きさの割に重く感じられるボディ

とくに短い前肢

ホワイト

234

スクーカム

起源：1990年代のアメリカ
公認する猫種登録団体：新猫種につき未定
体重：2.5〜4kg

グルーミング：週1回
被毛の色とパターン（模様）：あらゆる色、パターン

あらゆる猫種のなかで最も小さな猫のひとつ
敏捷で運動神経抜群、自信にあふれて遊ぶのが大好き

マンチカン（P233）とラパーム（P250〜251）との交配で生まれたこの小さな猫は、極端に短い肢とやわらかい被毛という、2つの猫種の印象的な特徴を受け継いでいます。短毛・長毛ともに、豊富な巻き毛またはウエーブがかった毛が体から立ち上がるように生えています。巻き毛の被毛は通常はそれほどもつれることはなく、グルーミングもあまり難しくありません。

アメリカをはじめ、イギリス、オーストラリア、ニュージーランドなどいくつかの国で開発されましたが、現在も希少な存在で、世界的に知られるには至っていません。ネイティブ・アメリカンの言葉である「スクーカム（skookum）」は、力強さまたは偉大さという意味で、健康な体や健全な精神を表しています。活動的で遊び好きなこの猫は、走ることも飛び跳ねることも、肢の長い猫種と同じくらい上手にこなします。

付け根部分が非常に広い耳

頭部に比べて大きなクルミの形の目

がっしりとした体つき

丸みを帯びたくさび形の頭部

やわらかく弾力性のある巻き毛が、体から立ち上がるように生える

チョコレート・トーティ・タビー

間にわずかにストップがある鼻

非常に短い肢

形の良い丸いポー（足指）

猫種の解説｜長毛種

ナポレオン

起源：1990年代のアメリカ
公認する猫種登録団体：TICA
体重：3〜7.5kg

グルーミング：毎日
被毛の色とパターン（模様）：あらゆる色、シェーディング、パターンでカラー・ポイントを含む

豪華な被毛をまとう、背が低く丸みを帯びた猫
やさしく愛情深い性質で、ペットにぴったり

体高が低くがっしりした体つきのナポレオンは、マンチカン（P233）の短い肢と、カラー・ポイントバージョンを含むペルシャ（P186〜205）の豪華な被毛を持つ猫種を目指して作られたハイブリッド種です。ショートヘアのバージョンも存在します。背が低いにもかかわらず、この猫は非常に活動的で、また個性的です。この猫はペルシャの穏やかさと、マンチカンのエネルギーと好奇心を併せ持っているのです。ペルシャの血が入っているため飼い主の膝の上で過ごすことも好みますが、過剰にまとわりつくほどではありません。ちやほやされることも大好きです。

頬がふっくらした丸い頭部

大きく開かれた丸い目

周りにラフがある首

明瞭なストップがある短い鼻

先が丸みを帯びた小さめの耳

ウィスカー・パッドが丸みを帯びた短いマズル

毛がふさふさした長い尾

体から立ち上がるように生えるセミロングの被毛

シャギーな後肢

引き締まった短い肢

ホワイト

236

スコティッシュ・フォールド（ロングヘア）

起源：1960年代のイギリス／アメリカ
公認する猫種登録団体：CFA、TICA
体重：2.5～6kg
グルーミング：週2～3回
被毛の色とパターン（模様）：ほとんどのセルフ・カラーとシェーディング。ほとんどのタビー、トーティ、そしてカラー・ポイントのパターン

フクロウのような顔のチャーミングな猫
何より注目されることが好きで、社交的な性質

この猫とこの猫のショートヘア・バージョン（P156～157）に見られる前に折れた耳は、遺伝子の突然変異によるもので、他の猫には見られません。スコットランドの農場猫の子孫であるこの猫は、遺伝子に関連する健康上の問題を抱えています。そのため、イギリス有数の猫種登録団体からは猫種として認められていませんが、アメリカでは大きな成功を収めています。

スコティッシュ・フォールドの多様な被毛の色は、猫種の開発のために選ばれた、雑種を含む多くの猫との異種交配によるものです。厚い被毛の長さはさまざまで、厚いラフ（襟毛）とふさふさの大きな尾がさらに魅力を加えています。

- 中くらいの大きさで肉づきの良いボディ
- 冬毛になるとさらに厚みを増す厚いラフ（襟毛）
- ふさふさの長い尾
- 長く豊富な被毛
- 前に折れ曲がり、帽子をかぶっているかのように頭に乗る小さな耳
- 丸い目
- 丸い頭部
- ふっくらとしたウィスカー・パッド
- タフト（房毛）が生えたポー（足指）

トーティ・アンド・ホワイト

猫種の解説｜長毛種

アメリカン・カール（ロングヘア）

起源：1980年代のアメリカ
公認する猫種登録団体：CFA、FIFe、TICA
体重：3〜5kg
グルーミング：週1回
被毛の色とパターン（模様）：あらゆる色、シェーディング、パターンはカラー・ポイント、タビー、トーティを含む

後ろに曲がる独特な折れ耳が特徴の珍しい猫　やさしく静かな鳴き声を持つ

　アメリカン・カールの起源は、黒く長い被毛と奇妙にカールした耳を持つ野良猫にあります。1981年に、カリフォルニアのある家族がこの変わった猫の里親になりました。この猫が耳のカールした子猫を産むと、ブリーダーと遺伝学者が珍しい突然変異に大きな関心を示しました。ロングヘア、ショートヘア（P159）両方の開発を目指した繁殖が驚くほど早く始められ、この猫種の将来は確実なものとなったのです。

　後ろに巻かれる耳の程度はさまざまですが、カールの弧が90度から180度の間であるのが理想的です。軟骨はしっかりしていて、折れ耳にはけっして人為的な要素があってはいけません。生まれたての子猫の耳はすべてまっすぐですが、生後数日のうちに50%ほどの子猫に特徴的なカーブが現れ始め、生後3〜4カ月ごろまでに完全な折れ耳になります。耳が折れていない猫は遺伝的な健康維持に役立つため、繁殖において重要な役割を担います。

　長毛のアメリカン・カールは体に沿ってなめらかに生えた絹のような被毛を持ち、アンダー・コートは非常に薄くてグルーミングが容易。抜け毛もあまりありません。ふさふさの長い尾は、この猫の外見をさらにきらびやかなものにしています。機敏で賢く愛情深いため、すばらしいペットになるでしょう。やさしく静かな声ですが、注目を求めて飼い主におねだりするときはまったく遠慮せずに大きな声で鳴きます。

タフト（房毛）のある耳が後ろに巻き上がる

ふさふさの長い尾

絹のような細い被毛には、薄いアンダー・コートがある

長毛種

健全な異種交配

アメリカン・カールは、他に見られない特徴を持った猫種を作出する流行のなかで登場した、最新の猫種のひとつです。自然発生の突然変異を外見的な理由で定着させることについては、猫愛好家の間で議論がなかったわけではありません。今のところ、遺伝的変異のある猫に起こりがちな健康上の問題は免れています。唯一認められている異種交配は、健全で大きな遺伝子プールを持つ純血種以外のイエネコとの交配です。

適度に丈夫でスリムなボディ

クルミ形の目

丸いマズル

シール・トーティ・アンド・ホワイト

中くらいの長さの肢

子猫

猫種の解説｜長毛種

ハイランダー（ロングヘア）

起源：2000年代のアメリカ
公認する猫種登録団体：TICA
体重：4.5〜11kg

グルーミング：週2〜3回
被毛の色とパターン（模様）：カラー・ポイントを含むあらゆるタビー・パターンで、さまざまな色

見た目が印象的な珍しい猫
家族を愛し、遊びを愛し、エネルギッシュで追いかけっこが大好き

　深く厚い被毛を持つロングヘアのハイランダーは、小さなオオヤマネコのように見えますが、野生種の血は入っていません。猫界に新たに登場した折れ耳のこの猫は、大きくがっしりした体つきですが、動きは優雅です。

　活力にあふれ元気いっぱいで、目立たずおとなしくしていることは好みません。飼い主や他のペットにしつこく遊びをせがむこともあるかもしれません。それでもやさしく愛情深い猫であり、子どもとも仲良く暮らせます。厚い被毛はもつれや絡まりを防ぐために定期的にグルーミングをする必要がありますが、より手入れをしやすいショートヘア・バージョン（P158）もいます。

- 傾斜した額
- ふっくらと目立つウィスカー・パッド
- 骨のしっかりした丈夫な肢

- 生まれつきカールした短い尾
- やわらかく長い被毛
- カールした耳
- 横から見るととがりがなく、やや丸く見える鼻とマズル
- 丈夫で、柔軟性のある長い後肢
- 中くらい〜大きめのポー（足指）には、タフト（房毛）が多く生える

チョコレート・スポッテッド・タビー

240

ジャパニーズ・ボブテイル（ロングヘア）

起源：17世紀ごろの日本
公認する猫種登録団体：CFA、TICA
体重：2.5〜4kg

グルーミング：週2〜3回
被毛の色とパターン（模様）：あらゆるセルフ・カラーでバイカラー、タビー、トーティのパターン

**探究心旺盛でつねに動き回り、おしゃべりが得意
探検好きだが、忠実に家族のもとに戻る猫**

ジャパニーズ・ボブテイルは長毛、短毛（P160）のいずれも、数百年にわたって日本人お気に入りのペットでした。カリスマ的な魅力があるこの猫は、1960年代にアメリカに輸入され始め、近代種が開発されたのです。

愛情深く愛すべき存在ですが、外向的でエネルギッシュな性質のため、膝の上でおとなしくしている猫が欲しい飼い主には向かないかもしれません。ふさふさの短い尾はバリエーションが豊富で、あらゆる方向に曲がっています。長い被毛はやわらかく垂れ下がり、グルーミングは比較的簡単です。

- わずかにストップがある長い鼻
- ウサギのような独特のねじれた尾
- 体の最も高いところで左右に分かれる長い被毛
- より長い被毛が生えた後躯
- 前肢より長い後肢
- 頬骨が高く、優雅な輪郭を描く頭部
- 左右が離れて付いた耳
- 斜めに付いた楕円形の大きな目
- やわらかく絹のような被毛には、非常に薄いアンダー・コートがある
- 長く細い肢と卵形のポー（足指）

ブラウン・マッカレル・タビー・アンド・ホワイト

猫種の解説｜長毛種

長毛種

クリリアン・ボブテイル（ロングヘア）

起源：20世紀の千島列島（クリル列島）
公認する猫種登録団体：FIFe、TICA
体重：3〜4.5kg
グルーミング：週2〜3回
被毛の色とパターン（模様）：ほとんどのセルフ・カラーおよびシェーディングに、タビーを含むほとんどのパターン

ポンポンのような尾

クリリアン・ボブテイルのトレードマークである尾は、すべての個体が独自のバージョンを持っていて、まったく同じものはありません。これは遺伝子の多様性によるものですが、尾椎はどの方向にも曲がりますし、固定している場合も柔軟性があります。2〜10個の椎骨が関係し、あらゆる組み合わせで曲がったり動いたりするのです。猫種スタンダードでは、形は構造によって「snag（切り株）」「spiral（うずまき）」「whisk（泡立て器）」などさまざまに記述されています。

人に愛情を注がれると生き生きする、珍しい猫種
非常に賢いため、しつけも可能

とても美しいこの猫は、北太平洋にある千島列島（クリル列島）に由来があると考えられ、その名がつけられました。列島のいくつかはロシアと日本が領有権を主張しているため、クリリアン・ボブテイルがどちらの国で生まれたのかは定かではありません。近代種と考えられていますが、ロシア本土ではショートヘアのバージョン（P161）同様、1950年代以降人気が出てきました。

しかしとても珍しく、とくにアメリカでは希少な存在で、ばらつきのあるその特徴的な短い尾で有名です。

家族と一緒にいることが大好きで、飼い主の関心を集め、注目を浴びることで満足するようです。一方で、独立心の強いところも見られます。

子猫

- 曲がった短い尾
- コビーな体型
- 付け根が広く、中くらいの大きさの耳
- 大きくて丸い頭
- 楕円形の輝く目
- ふっくらと目立つウィスカー・パッド
- 中くらいの長さの肢と丸いポー（足指）

猫種の解説｜長毛種

ピクシーボブ（ロングヘア）

起源：1980年代のアメリカ
公認する猫種登録団体：TICA
体重：4〜8kg
グルーミング：週2〜3回
被毛の色とパターン（模様）：ブラウン・スポッテッド・タビー

家族と親密な絆を結ぶ猫
野生のボブキャットに似て、大きく筋骨たくましい

　比較的新しい猫種であるピクシーボブは、北アメリカの太平洋岸山岳地帯原産である野生種のボブキャットに似ています。これはブリーダーが意図的に、野生の猫に見えるようなイエネコの流行を受けて開発したものです。オオヤマネコのような特徴としては、タビー・スポットがあり、体から立ち上がるように生えている厚いダブル・コートの被毛や、タフト（房毛）のある耳、豊富な眉、「もみあげ」のように生えている顔の毛なども含まれます。キャット・ショーへの出陳資格があるのは尾の短い個体だけですが、尾の長さはさまざまで、ふさふさした長い尾を持つ個体も見られます。ショートヘアのピクシーボブ（P166）も、同じように野生の猫のように見えます。この種の基礎となったオスは、非常に体高が高いボブテイルのタビーで、普通のイエネコのメスと交配し、特別な外見を持つボブテイルの子猫の父親となりました。そのうちの1匹につけられた『ピクシー』という名前が猫種名に使われたのです。

　がっしりした体つきで自信に満ちた雰囲気を漂わせるこの猫は、活動的で運動神経抜群。落ち着きと社交的な面もあり、飼い主家族との生活を喜んで受け入れ、子どもと遊んだり、他のペットにも寛容に接します。人と一緒にいることが好きで、リードを付けての散歩も楽しみます。

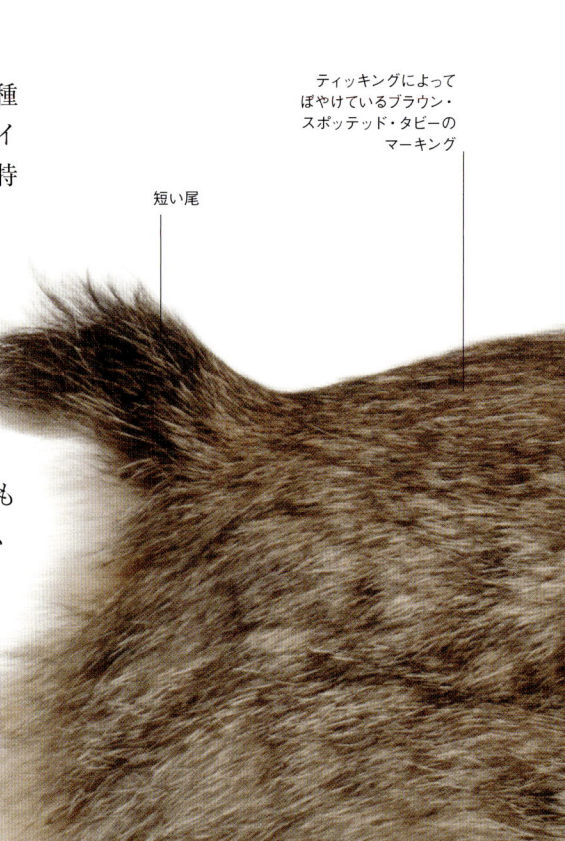

ティッキングによってぼやけているブラウン・スポッテッド・タビーのマーキング

短い尾

先端がやや丸みを帯び、タフト（房毛）が少しある耳

背骨に沿って混じり合う小さな斑

多指症にもなる大きなボー（足指）

長毛種

多指症の猫

猫の指は通常前肢に5本、後肢には4本あります。ピクシーボブには、しばしば多指症という遺伝子突然変異により指が多いことがあります。他の猫種の多指症はキャット・ショーで欠点とみなされますが、ピクシーボブでは普通に起こることなので、それぞれの肢に7本まで指があることが猫種スタンダードで認められているのです。多指症は前肢によく見られます。

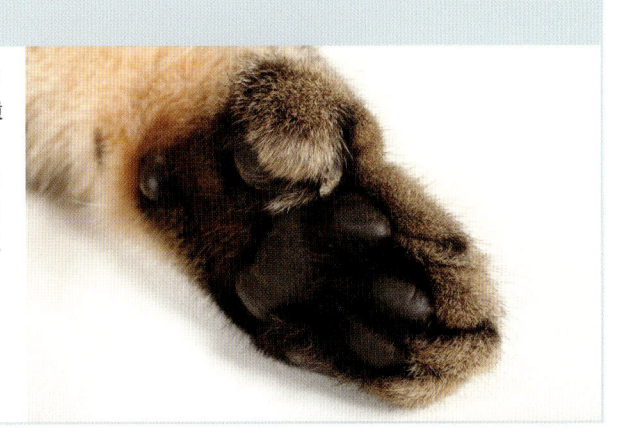

子猫

頭のかなり後ろに付いた耳

洋なしを逆さにしたような形の頭部

はっきりとわかる肩甲骨

色が濃く、はっきりとした顔のマーキング

ふっくらと目立つウィスカー・パッド

他より長い腹部の被毛

筋肉質で太い肢

猫種の解説｜長毛種

キムリック

起源：1960年代の北アメリカ
公認する猫種登録団体：FIFe、TICA
体重：3.5〜5.5kg

グルーミング：週2〜3回
被毛の色とパターン（模様）：あらゆる色、シェーディング、パターン

**落ち着いた性質で賢いコンパニオン猫
遊びの誘いには気軽に応じる**

　カナダで開発されたキムリックは、尾のないマンクス（P164〜165）の長毛の変種です。「ロングヘアード・マンクス」と呼ばれることもあり、がっしりした丸い体つきのこの猫とマンクスとの違いは、被毛の長さのみです。筋肉質な後躯と長い後肢は優れたジャンプ力を生み、高いところへ難なく飛び乗ることができます。愛情深い性質で、飼い主家族とは緊密に結ばれます。頭が良くて愉快なペットとなり、人に注目されることを喜びます。

- 厚い被毛が生えた後肢
- 下のほうに短い毛が生える肢
- 肩まで伸びる首周りのラフ（襟毛）

- 尻のほうに向かってゆるやかに下がる短い背中
- 尾のない丸い尻
- 体に沿ってなめらかに流れる、輝きのあるダブル・コート
- やや斜めになった大きな丸い目
- ふっくらと目立つウィスカー・パッド
- がっしりとした前肢は、後肢より短い
- 筋肉が発達した後躯と後肢

ホワイト

アメリカン・ボブテイル（ロングヘア）

起源：1960年代のアメリカ
公認する猫種登録団体：CFA、TICA
体重：3～7kg
グルーミング：週2～3回
被毛の色とパターン（模様）：あらゆる色、シェーディング、パターン

野生の猫によく似た外見ながら、家庭的な性質の猫
やさしくて愛情深く、飼い主への要求も少なめ

　アメリカ生まれのこの猫は、もともとは尾の短い野良猫に由来するという見解が広く受け入れられています。アメリカのさまざまな州で、野外を自由に歩き回る姿が見られた猫で、ショートヘア・バージョンもいます（P163）。

　大きくがっしりしており、野生の猫のような用心深い雰囲気を漂わせていますが、性質はとても穏和で家庭向きのペットです。子どもに寛容で、見知らぬ人に対してさえ友好的に接します。被毛はロングヘアながら絡まりにくいため、適度にグルーミングをすれば十分でしょう。

アーモンド形の大きな目

やゝカーブした短い尾

チョコレート・スポッテッド・タビー

目の上にあるはっきりした眉

グルーミングが簡単な、絡みにくい被毛

がっしりしたつくりの筋肉質なボディ

野生の猫のような油断のない表情

丈夫な腰

ふっくらと目立つウィスカー・パッド

骨がしっかりした肢

ブラウン・クラシック・タビー

猫種の解説｜長毛種

セルカーク・レックス（ロングヘア）

起源：1980年代のアメリカ
公認する猫種登録団体：CFA、TICA
体重：3.5〜5kg
グルーミング：週2〜3回
被毛の色とパターン（模様）：あらゆる色、シェーディング、パターン

**ワイルドな巻き毛と、抱きしめたくなるようなかわいらしい性質の持ち主
おおらかで寛容な愛らしいペットに**

　セルカーク・レックスは、アメリカのモンタナ州にある動物保護施設で生まれた、奇妙な巻き毛の被毛を持つメスの子猫に由来があります。家庭で飼われることになったその猫が巻き毛の子猫を産んだことで、この猫種の基礎を築いたのです。その後、ペルシャや短毛種の猫との交配を経て、ロングヘアとショートヘア（P174〜175）の両方の系統が作られました。

　やさしい性質で落ち着いたこの猫は、抱きしめたくなるほどやわらかく、人から注目されることが大好きです。ロングヘアには定期的なグルーミングが不可欠ですが、巻き毛が伸びてしまうことがあるので力を入れてブラッシングをするのは避けたほうが良いでしょう。

- 明瞭なストップがある鼻
- 丸い頬に幅広い頭部
- 折れやすいカーリーなひげ
- 先が丸みを帯びた太い尾
- 後ろに向かってやや上がり気味のまっすぐな背中
- 全身を覆うやわらかくゆるめの巻き毛
- 中くらいの大きさで骨のがっしりしたボディ
- ウィスカー・パッドがふっくらした、短く四角いマズル
- 丸く大きな目
- 首の周りにある長い被毛のラフ（襟毛）
- 丸く大きなポー（足指）

シール・アンド・ホワイト

ウラル・レックス（ロングヘア）

起源：1940年代のロシア
公認する猫種登録団体：新猫種につき未定
体重：3.5〜7kg

グルーミング：週2〜3回
被毛の色とパターン（模様）：タビーを含むさまざまな色、パターン

**知名度は低いが、元気が良くて安定した性格の持ち主
静かなので家族とうまく共生できる猫**

　ウラル・レックスが一般的に知られるようになったのは、20世紀もかなり遅くなってからですが、レックス種のなかでは最も古い猫種のひとつです。ロシアのウラル地方では、1940年代末期以降存在していたと考えられています。ロングヘアの被毛は中くらいの長さで、波のような被毛が体全体を覆っています。ショートヘア・バージョン（P172）もありますが、ほとんど目にすることはありません。実験的な繁殖から明らかなように、ウラル・レックスのウエーブがかった被毛を発現させる遺伝子突然変異は、コーニッシュ・レックス（P176〜177）やデボン・レックス（P178〜179）など他のレックス種の遺伝子とはかなり異なるようです。

- 斜めに付いた楕円形の大きな目
- 比較的小柄で筋肉質な細いボディ
- 卵形のポー（足指）
- 先端に向けて細くなる、丸みを帯びた尾
- 弾力性のあるゆるいウエーブ状でセミロングの被毛
- くさび形で幅広く短い頭部
- 先が丸みを帯びた耳
- 高く目立つ頬骨
- 細い肢

チョコレート・アンド・ホワイト

249

猫種の解説｜長毛種

長毛種

ラパーム（ロングヘア）

起源：1980年代のアメリカ
公認する猫種登録団体：CFA、TICA
体重：3.5～5kg
グルーミング：週2～3回
被毛の色とパターン（模様）：あらゆる色、シェーディング、パターン

穏やかで愛情深い性質を持つ、賢く魅惑的な猫
人と一緒にいることが大好き

アメリカのオレゴン州の農場に住んでいたごく普通の猫から、1982年にラパームの開発へとつながる巻き毛の猫が生まれました。この猫が農場の他の猫と自然交配し、さらなる巻き毛の猫が現れたところで、ブリーダーがこの珍しい被毛に関心を持ちます。そして新しい猫種が生まれることになったのです。

シャギーですが優雅な被毛は、やわらかいウエーブからばねのようならせん状の巻き毛までさまざまなタイプがあり、ショートヘアのバージョン（P173）も存在します。肢が長く敏捷で活発ですが、遊びの途中でも飼い主の要望に応えて膝の上でゴロゴロすることもあります。愛情を注げば十分に返してくれますし、ちやほやされるのも大歓迎です。なでがいのある長い巻き毛は、抜け毛や絡まりの原因となるアンダー・コートが少ないため、グルーミングも難しくありません。ただし、良い状態に保つには定期的にコーミングをするのがおすすめです。

ひげと巻き毛

ラパームの弾力性のある手ざわりの被毛は、巻き毛の形とアンダー・コートのやわらかい副毛、副毛よりやや長い毛、そしてオーバー・コートの長い主毛の3つのタイプの毛が混ざり合うことで生まれます。最もきつい巻き毛があるのは首、ラフ（襟毛）、ふさふさの尾です。他のレックス種ではひげは短くもろいことが多いのですが、この猫は独特の非常に長いひげを持っています。

子猫

- 巻き毛がふさふさした尾
- やわらかく軽い手ざわりで、弾力性のある巻き毛
- アーモンド形の目
- わずかにくぼみがある鼻
- タフト（房毛）の生えたカップ状の大きな耳
- ふっくらと目立つウィスカー・パッドには、長くしなやかなひげが生える
- 幅の広いマズル
- ラフ（襟毛）に見られる、最も長くきつい巻き毛
- 中くらいの長さの肢

ライラック

猫種の解説｜長毛種

その他の長毛の猫たち（未公認）

血統にかかわらず魅力的な長毛の猫
ペットとしての人気を誇る

　純血種以外の長毛の猫は、短毛の雑種ほど一般的ではありませんが、先祖が明らかなものもあります。密で豊富なアンダー・コート、ずんぐりした体つき、丸く平らな顔などは、おそらくペルシャから受け継がれたものでしょう。さまざまに異なる被毛の長さや色や特定しがたいパターンを持ち、血統が謎のままの猫も見られます。キャット・ショーで見られるような、ゴージャスで厚い被毛を持った雑種はまれですが、ほとんどがとても美しい猫です。

シルバー・アンド・ホワイト
雑種ではあまり見られないシルバーは、ホワイトの被毛の先に色の濃いティッピングが入って生まれます。ティッピングの度合いにより、純血種のシルバーは「チンチラ」と呼ばれることがあります。

淡いタビーのマーキング

クリーム・アンド・ホワイト
レッドが薄められて発現するクリームは、一般的な飼い猫には珍しい色です。この写真の猫には「ゴースト」のタビー・マーキングがありますが、純血種ではブリーダーが最も色の薄いクリームの個体だけを繁殖することで排除しようとする形質です。

レッド・タビー・アンド・ホワイト
レッド・タビーの猫の飼い主の多くが自分のペットを「ジンジャー・キャット（ショウガ色／赤茶色の猫）」と呼びます。この色はとても人気が高く、雑種でも純血種と同じくらい深く豊かな色合いを見せることがあります。

グリーンがかったゴールドの目

ブラウンがかった色合いのラフ（襟毛）

厚く生える中くらいの長さの毛

ブラック
ジェット・ブラック（漆黒）は長毛の猫で最初に人気が出た色のひとつです。無作為繁殖の猫の場合はブラウンやタビー・パターンが若干入っている傾向があります。グレーがかった、あるいはブラウンがかった色合いのブラックもあるでしょう。

ブラウン・タビー
タビー・パターンは長い被毛によって不鮮明になりがちです。この猫のセミロングの被毛には「クラシック・タビー」として知られるパターンが入っています。短毛ならはっきりした色の濃い渦巻きに見えていたでしょう。

魅力的なミックス
ロングヘアの猫は、純血種でなくても人目を引きます。魅力的な猫の多くは、どこかでペルシャの血が入ったと思われる長くふさふさした被毛に、さまざまな色が組み合わされています。

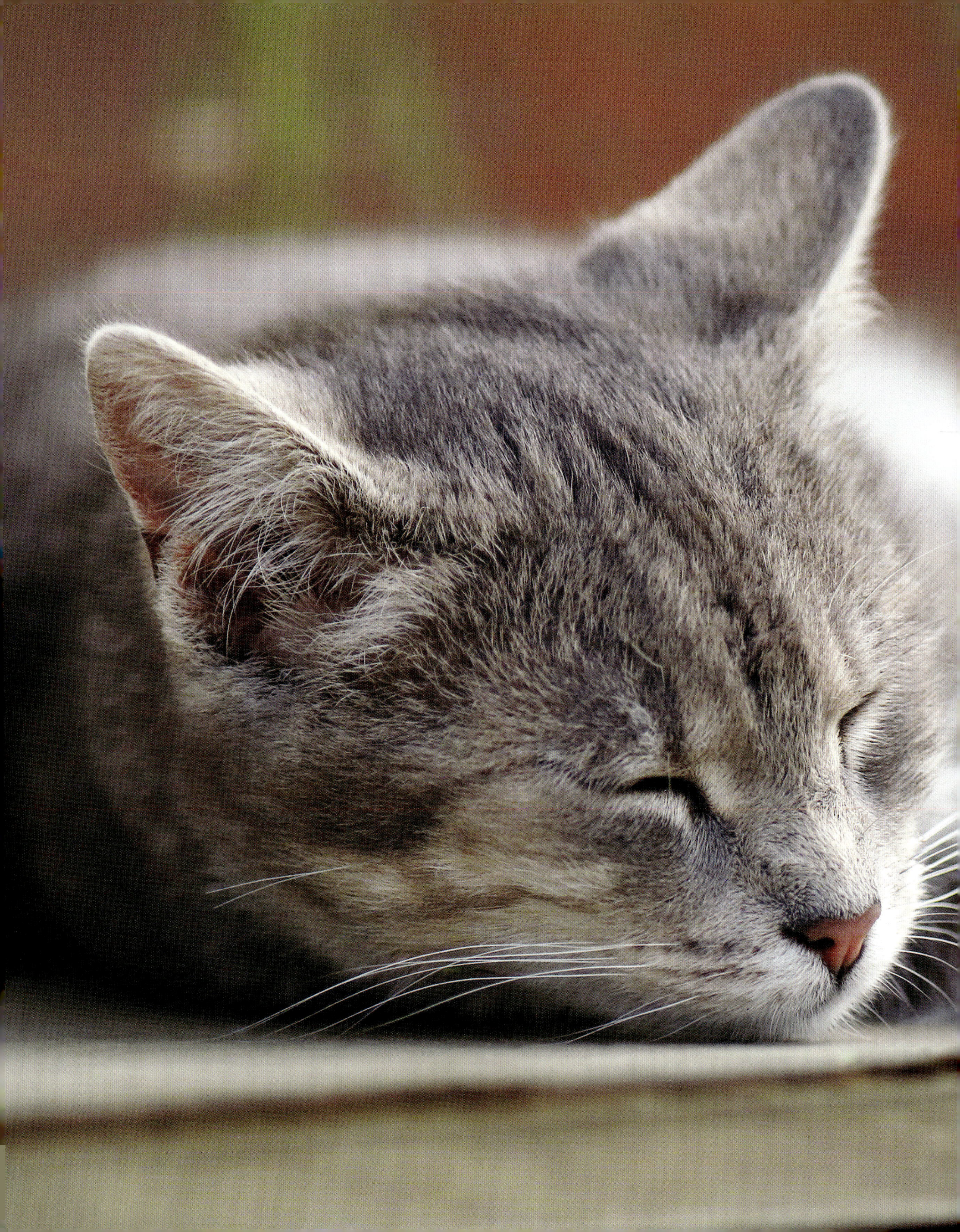

第 5 章
猫の飼い方

猫の飼い方｜家に迎える準備

家に迎える準備

新たにペットを飼うことは大きな出来事であり、家族全員がわくわくしつつも少し不安を感じるものです。成猫であれ子猫であれ、まずは迎えるための環境を整えましょう。ほんの少しの準備で、猫が安全に生活できる場所を作れるので、あらかじめ準備しておき、落ち着いて新しい猫を迎えてください。たいていの猫はあっという間に落ち着き、すぐに家の主のように振る舞うようになるでしょう。

猫を飼う前に考えること

猫を購入したり、里親として引き取る決心をする前に、まず自分自身のライフスタイルに猫が適応できるかどうかを慎重に考えましょう。20年近く生きる猫も増えてきているので、責任が長期に渡ることも忘れてはいけません。

まず、毎日面倒を見られますか？　たいていの猫には独立心がありますが、1日中ひとりにされるのを嫌がる猫もいます。24時間以上放っておいてはいけませんし、緊急時には様子を見てもらえるよう手配しなければなりません。しょっちゅう家を空けるのなら、猫を飼うことは正しい選択とはいえないかもしれません。

猫を飼うことは家族全員にとって良いことでしょうか？　家中に毛が抜け落ちますし、家具に引っかき傷を作るかもしれません。小さな子どもに慣れていないようなら、子どもとの生活は猫のストレスとなるかもしれません。家族に猫アレルギーを持つ人や視覚障害・運動障害を抱える人がいる場合は、リスクが増すことにもなります。

あなたが欲しいのは子猫ですか？　成猫ですか？　子猫は世話や管理に手がかかります。現実問題、猫のために使える時間はどのくらいありますか？　トイレのしつけや1日4回の食餌の世話をする時間がありますか？　成猫を迎える場合、あなたの家にうまく適応できるかどうかはそれまでの経験に左右されるでしょう。たとえば、子どもや他のペットに慣れていない猫にとって、彼らと一緒に暮らすことはストレスになる可能性があります。動物保護施設が成猫の里親を探す場合は、猫がストレスなく暮らせるように、里親との相性や環境などに十分な配慮をしています。

猫は室内飼いにしますか？　それとも外出を許しますか？　室内飼いは安全です（P258〜259）が、たいていの猫が必要とする刺激を十分に与えられる家はあまりないでしょう。いつも外に出ていた成猫の場合は、室内での生活に適応するのは難しいかもしれません（P260〜261）。猫は狩りをする動物なので、外出を許すのであれば獲物を持ち帰る可能性を受け入れる必要もあります。静かな猫と活動的な猫ではどちらが良いですか？　純血種なら猫種が性質の手がかりになりますが、雑種の場合はそのあたりが未知数です。またどちらも、個性は幼いうちの経験と親の気質の影響を受けるでしょう。

オスとメスのどちらが望ましいですか？　一般的に、不妊・去勢手術をされていれば行動や気質の違いはあまりないといわれています。去勢されていないオスはなわばりをうろついては尿をスプレーして回りますし、メスが発情すれば絶え間なく大きな声で鳴いたりするようになるかもしれません。

日常の習慣を確立する

猫が落ち着いて安心できるように、生活の日常的なことは早いうちに習慣化しておくと良いでしょう。家の中での居場所が決まると、猫は家族のスケジュールに沿って行動をパターン化し、習慣化するようになります。

グルーミングや食餌や遊びの時間など、習慣的に

飼い主の責任

- 食餌と新鮮できれいな水を与えること
- 猫の相手をして猫の要求を満たすこと
- ベッドやトイレなど必要な物を与えること
- 心身ともに健康でいられるように十分な刺激を与えること
- 適宜グルーミング（必要ならシャンプー）をすること
- どのような状況でも落ち着いていられるように、子猫のうちに社会性を身に着けさせること
- 必要なときには動物病院を受診すること
- 可能であればマイクロチップを埋め込み、着脱が容易な首輪とIDタグを付けること

室内飼いの猫
生まれたときからずっと室内で飼われている猫は、家を自分のテリトリーだと考えています。外で暮らす猫はつねに危険と隣り合わせですが、室内飼いの猫は家で安全に包まれて楽しい日々を過ごせるでしょう。

家に迎える準備

陽のあたる場所
愛猫が日向ぼっこや昼寝を楽しめる場所をたくさん用意しましょう。写真にあるようなかごは、くつろぐのに理想的です。

行うことを中心に日常を組み立てるようにしましょう。何カ月もの間同じスケジュールを維持することが望ましいので、無理のないように計画します。猫は変化を好まない動物なので、スケジュールが頻繁に変わるとストレスになり問題行動や攻撃性を引き起こしかねません。規則的な日常を確立することは、猫の行動や健康に現れる変化の観察にも役立ちます。

　最初に食餌の時間を決めておくのもおすすめです。猫の食欲を確認するのに役立つので、フードと水のボウルはいつも同じところに置くようにします。お腹を空かせる時間がわかれば、トレーニングにも役立つかもしれません。

　猫はあまりグルーミングを喜びませんが、短時間だとわかっていれば受け入れるようになるでしょう。定期的なグルーミングが必要なら、なるべく同じ時間に行うように心がけます。グルーミングを食餌や遊びの直前にすれば、グルーミングを習慣化しやすいでしょう。

　また、遊びの時間を決めておけば楽しみに待つようになるので、興奮状態で飼い主の気を引こうと家の中を走り回ることも減ります。遊びの時間が愛猫にとって価値のある時間になるように、いろいろと変化をつけ、愛猫のためだけに十分な時間を取れるようなプランを立てましょう。

愛猫の存在を意識する

　猫は探究心旺盛で運動神経が発達しているので、猫の環境を整えるには、それをふまえなければいけません。ドアや窓を開けておく場合は、逃げ出せるようになっていないか、入ってほしくないところに入れるようになっていないかの確認は必要です。また、足元のすき間をすり抜けることが多いので、ドアを開けたときには後ろを確認する習慣をつけましょう。洗濯機や乾燥機は使わないときには閉め、スイッチを入れるときは必ず猫が中にいないかを確認しましょう。

屋内の安全性

　猫は高いところに上がるのが大好きです。壊れやすいものや貴重品は、テーブルや棚の上から下ろしましょう。高い棚や調理台に飛び乗れるような道筋にも注意し、必要なら家具を動かしましょう。近づけたくない家具の端には、近寄らないことを学習するまで、一時的に猫が嫌う両面テープやビニールシートやアルミホイルを貼ることを検討してください。高いところに登ることも引っかくことも猫にとっては自然な行動なので、爪とぎポスト（P263）や安全に登れる何かを置き、猫が使えるようにしてあげましょう。おもちゃ、ボトル・キャップ、ペンのキャップ、消しゴムなどは、飲み込んだりのどに詰まらせたりする可能性があるため、小さなものは床に放置しないよう気をつけなければなりません。コードに引っかからないように、アイロンなど家電製品のコードは折りたたみ、ぶら下がっているコードは引き上げておきましょう。

屋外の安全性

　家の中の安全を確認したら、庭の安全確認を行います。先のとがった危険なものは取りのぞき、車庫や温室には入れないようにしておきましょう。

　時には庭に想定外の生き物が出没します。それらは通常、鋭い爪を持つ成猫には用心しますが、子猫には危険を及ぼすおそれがあります。地域によってはヘビに襲われる可能性があります（安全なヘビよけ剤が市販されています）。もし近所の猫とケンカをしたら、必ず体をチェックするようにしましょう。ケガがあれば動物病院に連れて行く必要があるかもしれません。都市部で最も危険なのは交通事故なので、猫が道路に出ないように注意しましょう。

好奇心のかたまり
猫は好奇心旺盛な動物なので、どんなものにも興味を持ち、どんなところも探索します。食器棚に入らないように注意し、ナイフ、ハサミ、ピン、画びょうなどは危険なので片づけておきましょう。

室内での生活

愛猫の長期的な安全と幸福の確保のためには室内飼いがベストだと判断した場合は、家の中の環境を整えて、愛猫とあなたのライフスタイルを築きましょう。100％安全な家を用意することはできないとしても、それに近づけるような予防策は必要ですし、猫の運動と楽しみのための準備もしなければなりません。

室内飼いの猫

室内飼いにすれば愛猫は長生きし、危険に遭遇する可能性が減りますが、まったく問題がないわけではありません。愛猫の生活を安全で幸福で活動的なものにすることは、飼い主の重要な責任です。

仕事などで1日の大半を外出しているようなら、遊びの時間を規則的に設けることが必要です。退屈するとフラストレーションが溜まりストレスになって、飼い主が帰宅したときにかまってもらおうとまとわりつくようになるでしょう。運動不足だと肥満を引き起こし、健康を害する可能性もあります。また、ストレスは望ましくない行動となって現れるかもしれません。

網戸
窓に網戸が付いていれば、猫が外に飛び出したり落ちたりすることを心配せずに換気ができます。

家の中の危険

ひとりでいる時間が長い猫はかなりの時間を寝て過ごしますが、起きているときは家中を探検して気晴らしをします。探究心旺盛な猫が興味を持ちそうなもののなかに、危険なものがないかどうかを確認する必要があります。

危険なものの多くはキッチンにあります。電源の入った家電製品、鋭利な調理器具など、飛び乗ったりひっくり返したりしそうな危険なものはけっして放置してはいけません。あらかじめ猫が入り込んでいないことを確認した上で洗濯機や乾燥機のドアは閉めておき、スイッチを入れるときは必ず中を確認しましょう。

猫は犬ほど食べ物を取ったり、ゴミ箱をあさったり、電気コードなど噛んではいけないものを噛むことはありませんが、それでも健康を害する可能性があるものから守る必要があります。被毛に付けばなめて落とそうとするため、塗りたてのペンキや化学洗浄剤には近づけないようにしましょう。また、画びょうや針、割れたガラスや陶器の破片などがカーペットに隠れていないことを確認しましょう。猫の狩猟本能を刺激しないよう、留守にするときは小型のペットや鳥などを猫が届かない場所に置く必要があります。猫は捕食動物であり、我慢しきれずにハムスターなどを攻撃するかもしれませんし、金魚鉢に手を入れてしまうかもしれません。それはペットにとっても家族にとっても不幸なことです。

室内にある植物

ユリやゼラニウム、シクラメン、ラッパスイセンなどの鉢植えの多くは、猫が食べると中毒を起こす可能性があります。植物は床やローテーブルには置かず、鉢の土はチップや小石で覆って土を掘りにくいようにしておかなければなりません。よく植物をかじるようなら、ペットショップやホームセンターで猫用の草を買い、他の植物から離れたところに置きましょう。猫草は種から自分で育ててもかまいません。どうしても猫用以外の植物に手を出すようなら、柑橘系の匂いの付いた猫よけを鉢植えの周囲にスプレーすると近寄らなくなるでしょう。

外の世界の誘惑

生まれたときから室内で飼われていれば、家の中をテリトリーだと考えるため、たいていの猫は外に出ようとはしません。しかし一度外の世界を体験すると、チャンスさえあれば逃げ出すようになり

家の中の安全チェックリスト

- 熱を持った調理道具やアイロンなどの家電製品をけっして放置しない
- 鋭利な器具や壊れやすいものを届くところに放置しない
- 食器棚や洗濯機や乾燥機などの扉は必ず中に猫がいないことを確認してから閉めておく
- 塗りたてのペンキや化学洗浄剤が付いているところには、猫が近づけないようにする
- 暖炉にはフェンスを設置する
- 上階の窓から飛び降りられないようにすること
- 猫にとって有毒な植物は、食べたりいたずらしたりすることができないところに置く

子猫は家の中にある植物で遊びます。

室内での生活

家庭にある化学洗剤
化学洗剤は猫の手が届かないところにしまいます。こぼれたときはすぐにふき取ってください。カーペット・クリーナーや防虫・殺虫スプレーなど、猫にとって有毒な製品はきちんと管理しましょう。

ます。そうなったら窓やドアを閉めておくようつねに注意しなければなりません。マンションの高層階に住む場合はさらに注意が必要です。猫はすぐれた平衡感覚と敏捷性の持ち主ですが、鳥や虫を追いかけて窓から落ちたり、バルコニーから飛び降りたりして命を落とすこともあるのです。

刺激を与える

猫の健康のためには、肉体的にも精神的にも刺激が不可欠です。完全に室内で飼育するなら、愛猫の生活に刺激を取り入れてあげましょう。

遊ぶスペースが必要ですので、できればひと部屋に閉じ込めず、いくつかの部屋に出入りできるようにしましょう。人間と同様に猫にも「パーソナル・スペース（自分だけの空間）」が必要なため、複数の猫を飼う場合はとくに重要なことです。マンションの場合は、外に出るための扉がすべて閉まっていることを事前に確認した上で、廊下で走らせても良いかもしれません。

完全室内飼いであっても、獲物を追って捕まえる本能は失っていませんので、狩猟本能を満たせなければ、飼い主や植物などを攻撃したり、家具を引っかいたりするかもしれません。そうならないように、おもちゃをたくさん準備しましょう。あなたが一緒に遊べるおもちゃは、留守中にひとり遊びができるおもちゃと同じくらい大切です。毎日愛猫のための時間を確保して、思いきり相手をしてあげましょう。

望ましくない行動

他にも家の中では問題となる、猫の習性的な行動があります。猫は爪の健康を保つために爪とぎをします。爪とぎは視覚的かつ嗅覚的なテリトリーのマーキングでもあるため、ソファーを木やフェンスの代わりにして爪とぎしないよう、爪とぎポスト（P263）やマットを購入し、本能を満たしてあげましょう。

室内飼いの猫はまた、噛みつきや尿のスプレー、トイレ以外での排泄などのストレス性の行動を見せることがあります。市販されている自然のフェロモンを合成したスプレー・タイプ（あるいはコンセント式ディフューザー・タイプ）のフェロモン製剤は、問題行動につながる不安の軽減に効果がある場合があります。

多頭飼い
飼い主が日中家を空けるのなら、複数の猫を飼うのも良いかもしれません。幼いうちにお互いに慣れさせておけば、仲良く暮らすようになるでしょう。

猫の飼い方｜外の世界

外の世界

猫は独立心旺盛で自由に生きることを望みますが、愛猫が外を歩き回るのを許すかどうかは、飼い主が責任を持って決めることです。キャット・ドアの向こう側には車や他の動物などさまざまな危険があり、猫が外に出てしまったら、飼い主にできることはほとんどありません。家の周りをできるだけ安全で魅力的な場所にして、愛猫が家の周囲をテリトリーにするよう努めてください。

自然の誘い

　イエネコはかつて、広大なスペースで生活し放浪する野生動物でした。野生の本能のほとんどは残っていますが、住む環境は著しく変わりました。都市部で猫を飼う人は多いですが、飼い猫が一歩外に出れば、交通量の多い道路、人間や動物などの多様な危険が待ちかまえています。それでもあなたは愛猫が自由に外に出るのを許しますか？

　どこまで自由にさせるかを決めるときは、猫の性質も考慮に入れなければいけません。活動的で探究心旺盛な猫を家の中に閉じ込めれば、大混乱になる可能性がありますが、外に行かせればより大きな危険があることを忘れてはいけません。車をうまく避けられず交通事故の犠牲になることもあるため、夜間の外出を許す場合は、反射材付きの首輪を付けましょう。猫が活動的になる夕暮れどきは道路混雑のピークと重なるので、交通量が激しくなる時間帯は外に出さないように努めましょう。自由な猫は家の敷地の外も散策しますが、他の猫や野生動物、場合によっては猫泥棒に遭遇する危険もゼロではありません。

自然の行動
愛猫に外の散策を許すということは、本能を抑制するものがなくなるということです。小さなネズミや鳥を追いかけて殺してしまうこともあるでしょう。

庭に"聖域"を作る

　高いフェンスを設ければ愛猫が家の敷地の外に出るのを防げるかもしれませんが、費用がかかります。自由に外出する猫を家の近くにとどめておくのに最も良い方法は、庭を愛猫が喜ぶような場所にすることです。まず、日よけや隠れ家になるような茂みを作りましょう。マタタビ、セイヨウカノコソウ、ヒース、レモングラスなど、猫が好む香りのある植物を日当たりの良い場所に植えれば、その近くで日なたぼっこもできるでしょう。芝生や植物に化学薬品を散布する場合は、薬品を散布していない愛猫が食べられる猫草を残しておきましょう。

　庭は野生の生き物にとってもできるだけ安全なものにします。愛猫の首輪に鈴を付け、鳥や他の生き物が猫の存在に気づくようにしましょう。鳥のために撒いた食べ物などは、捕食動物を引きつける磁石のようなものです。鳥のエサを置く場所は、行動的な猫でも近寄れないところに置きましょう。

なわばりのパトロール
猫は、高いところに登って自分のなわばりを見渡すことが好きです。倉庫の屋根やフェンス、塀などは見張りに最適です。

なわばり争い

猫にとって過ごしやすい庭ができれば、愛猫以外の猫も引き寄せられることになるでしょう。猫はなわばり意識の強い動物ですから、争いが起こるのは確実です。愛猫には不妊・去勢の手術をしておきましょう。手術することで去勢されていないオスに見られる攻撃性が軽減され、メスは年中妊娠しているような状況を防げます。手術をされていれば必要なテリトリーは小さくなりますが、他の猫とのトラブルを防ぐことはできません。ケンカに噛みつきや引っかき傷はつきもので、傷口から病気が感染する可能性もありますので、伝染病予防のためのワクチン接種はしておきましょう。

近所付き合い

近所に住む人がみな猫好きなわけではありませんし、猫アレルギーを持つ人はできるだけ避けようとするでしょう。また、どんなにしつけられた猫でも、花壇を掘り起こして糞をする、植物を食べる、尿のスプレーをする（オス猫）、ゴミの袋をあさる、鳥を追いかける、近所の庭に入り込むなどの困った習性があるものです。オス猫なら去勢手術をすれば、尿の臭いはそれほど強烈ではありません。

庭にある危険

猫が草以外のものをかじることはめったにありませんが、有害な植物がないかどうかは確認しておきましょう。ナメクジやネズミの駆除剤のような、有毒物の置き場所には気をつけてください。ペットに配慮して作られた安全な製品もありますが、口にすれば死に至るものもあります。また、駆除剤で死んだ生き物をさわったり食べたりしないように注意する必要もあります。

池や家庭用プールにも危険が潜んでいます。子猫の場合はとくに注意が必要で、庭に慣れるまでは見守っていられるときだけ外に出すようにしましょう。危険防止のために池にネットをかぶせておけば魚を取るのも防げます。また、使わないときはプールの水は抜いておきましょう。

倉庫や車庫の中にある化学製品や鋭利な機器にふれることがないよう、ドアは閉めておいてください。また、誤って中に閉じ込めてしまうことがないように注意してください。

庭に温室がある場合は、つねに扉を閉めておかなければなりません。温室に閉じ込められれば、熱中症になる危険があります（P304）。

さらに庭を猫から守ることも忘れてはいけません。子どもが遊ぶ砂場ややわらかい土はトイレに最適だと思われてしまいがちなので、砂場にはカバーをかぶせ、植物の周囲には猫よけを撒いておきましょう。

単独行動を好む猫
イエネコには単独で行動するという、野生の祖先が持っていた性質が残っています。自宅の庭や近所で他の猫と出くわせば、争いが起こる可能性があります。

キャット・ドア

キャット・ドアは愛猫が家の内外を自由に行き来できる便利なもので、仕組みを見せればすぐに使い方を覚えます。愛猫のマイクロチップ（P269）や首輪に付けたマグネットに反応するキャット・ドアを設置すれば、他の猫の侵入を防ぐこともできます。旅行で留守にするとき、花火大会や工事など外で大きな音がするときは、室内にとどめたい場合もあるでしょうから、すべて鍵がかかるものでなければいけません。

外の危険

- 被毛がホワイトの猫は日焼けに敏感なため、とくに鼻、まぶた、耳の先に注意が必要です。人間同様、過度の日焼けは皮膚ガンを引き起こすことがあるともいわれるので、敏感な部位には猫用の日焼け止めを塗ったほうが良いという説もあります。
- 花火が打ち上げられている間は猫を室内にとどめ、大きな音で怖がらないように音楽などで花火の音をわからなくしましょう。もしそれでも音におびえるようなら、落ち着けるような狭い場所を用意してあげてください。
- 他の猫や犬が愛猫にとって脅威になることもあります。海外ではまれにキツネに襲われる例が報告されており、場所によっては毒ヘビの危険性もあるでしょう。

| 日焼け（被毛がホワイトの猫） | 花火 | 他の猫 | キツネ | ヘビ |

猫の飼い方｜そろえておくべきもの

そろえておくべきもの

初めて猫を飼うときは、猫が健康で快適に暮らせるように、ベッドや猫用トイレ、食餌用のボウルなどいくつかそろえるべきものがあります。最新のスタイリッシュなグッズに心惹かれるかもしれませんが、猫に本当に必要なものなのかどうか考えてみましょう。まずは予算内で基本的なものをそろえることをおすすめします。支出はすぐにふくらみますので、洗練されたデザインのものは後で楽しんでみてください。

快適さを優先する

猫はリラックスできる場所を探すのが得意で、丸くなって眠るのに最適な場所を確実に見つけだします。お気に入りのひじ掛けいすやクッションやベッドの羽根布団など、許されるのなら家族のものを大喜びで使うでしょう。猫が家の中で自由にくつろいでいる姿を見ると、たいていの飼い主は喜んで、たとえ洗濯したてのタオルをベッドにしても許してしまうでしょう。しかし、猫には間違いなく自分のなわばりだという安全な専用のベッドが必要なのです。

猫用ベッドは、バスケットからテント型のベッドやハンモックまでいろいろなタイプが売られています。飼い主の視点で見ればセンス良く見えて洗いやすいものが良いでしょうが、猫の視点ではフリースのようなやわらかくて暖かい素材のものや、体をすり寄せて寝られるような、側面がやわらかいベッドが魅力的です。包み込まれている安心感が得られるため、多くの猫はかなり狭い場所で寝るのを好みます。

フードと水のボウル

フード用と水用のボウルは別々に準備し、複数の猫を飼っている場合はそれぞれ専用のセットが必要です。プラスチック製、セラミック製、金属製などさまざまな素材のものがありますが、猫が踏んでもひっくり返らないような安定感のあるものでなければいけません。形はあまり深くなく、ひげより幅があるものを選んでください。最低でも1日に1回は洗い、残したウエットタイプのフードは腐りやすいので処分しなくてはいけません。フードが新鮮さを失わないように、ふた付きで食餌の時間になるとふたが開くという、タイマーで作動する自動給餌器も売られています。これは、外出時もいつも通りに食餌を与えたい場合に便利です。

猫用トイレ

猫は自分専用のトイレを使うことを好みますので、複数の猫を飼っている場合は複数のトイレが必要です。カバーのあるものやないもの、排泄物を自分で取りのぞかなければいけないもの、自動で取りのぞいてくれるものなどが市販されています。

どのタイプを選んでも、十分な大きさと、猫が砂をかけるときに外に撒き散らさないよう、側面に十分な高さがあるものが良いでしょう。粘土や生分解性の吸収剤のペレットでできた猫砂なら、濡れると固まるため掃除が簡単でとても便利です。いろいろな種類を試して、愛猫が好むタイプの砂を確認してみてください。臭いを軽減するための猫トイレ用の脱臭剤は、強い香り付きのものだとトイレを使わなくなるおそれがあるため、避けたほうが無難です。

妊娠している飼い主が猫トイレの掃除をするときは、排泄物から感染症にかかることもあるので、生まれてくる子にトキソプラズマ症をうつさないためにも必ず手袋をしてください。

まどろむ
ハンモック・タイプのベッドを吊り下げたり壁に設置したりすれば、居心地の良いベッドになります。部屋を見回せるため猫にとって絶好の場所になるでしょう。

そろえておくべきもの

安全のためにタグを付ける
外に出る猫にスナップ付きの首輪は必須です。連絡先を筒型のペンダントに入れるか、ディスク型のペンダントに彫って首輪に付けましょう。

猫用ベッド
「イグルー（イヌイット族のドーム状の家）」と呼ばれるテント・タイプのベッド（上）ならすき間風が入らず、屋根がある安心感があります。やわらかい素材のバスケット型のベッド（下）は、ぬくぬくと寝そべるのに最適。洗濯しやすい素材であることを確認しましょう。

トイレへのこだわり
猫はトイレとトイレ砂にこだわりがあります。愛猫が気に入り、なおかつ掃除をする側の要求も満たす猫トイレにたどり着くまでいくつか試してみる必要があるかもしれません。プラスチック製のスコップは、濡れた砂や排泄物を取りのぞくのに便利です。

ボウルを選ぶ
猫用のボウルはさまざまなものが売られています。浅めのものが使いやすいでしょうし、底にゴムが付いていれば、食べている最中にボウルが床の上を滑るのを防げます。

首輪とマイクロチップ

愛猫にマイクロチップを埋め込み、迷い猫になったときに識別できるようにしておくことは大切です。首の後ろのたるみのある皮膚の下に、米粒ほどの大きさのマイクロチップを獣医師が埋め込むのですが、チップには個別のナンバーがあり、スキャナーで読み取れるようになっています。少なくとも自由に外出させる猫には連絡先を記したタグ付きの首輪を付けるべきです。装着時には首輪の下に指が2本入るくらいの余裕を持たせないといけません。また、何かに引っかかったときに簡単に外れるセーフティ・バックルが付いていることも必要です。伸縮性のある素材でできた首輪は、伸びて頭や肢に引っかかる可能性があるため安全ではありません。

爪とぎポスト

家具やカーペットを傷つけたくなければ、爪とぎができる場所を与えることが不可欠です。かぎ爪の外側のさやをすり減らすため、そしてなわばりにマーキングをするために、猫は毎日爪とぎをする必要があります。爪とぎポスト（P262）は、ざらざらしたカーペット敷きの平らな底部と、ロープが巻きつけられた垂直の柱（ポスト）で作られており、柱の上にカーペット敷きの板が載っていることもあります。猫は眠りから覚めると体を伸ばして爪とぎをするものなので、いつも眠る場所の近くに置くと良いでしょう。

キャリー・ケース

キャリー・ケースは猫を運ぶ最も安全な手段です。プラスチック製、ワイヤー製、昔ながらのかご製などがありますが、中で向きを変えられるだけの大きさが必要です。猫が落ち着けるように、慣れた匂いのある布やクッションなどを入れるとよいでしょう。ケースに慣らすには、入りやすいところに置いて隠れ家として使うように促しておきます。

安全に運ぶ
キャリー・ケースは猫が楽に出入りできるものでなければいけません。猫は閉じ込められるのを嫌がるため、入口が広いものを選ぶようにしてください。周囲を見ることができるこのようなケージなら移動中落ち着けるでしょうが、運ぶには大きな車が必要になります。

263

猫の飼い方｜家に猫を迎えたら

家に猫を迎えたら

新しい猫が家に来たら、できるだけ早く環境に慣れてほしいと思うものです。家族はみなわくわくしていますし、子どもがいればなおさらです。前もって準備をすることで、猫の到着を静かでストレスのないものにできます。多くの猫は新しい環境にすぐに慣れ、あっという間に落ち着きを見せるでしょう。

考えておくこと

猫を連れてくる前に、まず家の中や庭に危険がないかを確認しましょう。そしてすぐに必要なものと将来必要になるものを考えます。たとえば、キャット・フードは1種類をたくさん買うのではなく、何種類かを購入しておき、どれを好むのかを確認すると良いでしょう。

連れてくるのは家が静かで落ち着いている日を選び、猫を迎えることに専念します。子どもがいて初めてのペットになる場合は、「猫は好きなときに遊べるおもちゃではない」ということを子どもにきちんと理解させてください。

猫が家に到着したら
家に着くやいなやキャリー・ケースから無理やり引っ張り出したり、急かしたりしてはいけません。ケースの扉を開け、家族の興奮はできるだけ抑えて、猫が自分で出てくるのを待ちましょう。

見知らぬ世界
猫はすぐに自信を持って、新しいなわばりを探検するようになるでしょう。自由に歩けるスペースを決め、お気に入りのスポットを自分で探せるようにしてあげてください。

猫を運ぶ

連れてくるときは、安全な箱か猫用のキャリー・ケースが必要です。できれば認識できる臭いが付いた敷物などを入れて、不安を軽減させましょう。また、外を見られる面をひとつだけ残し、ケースにカバーをかけます。車の中では安全ベルトで固定するか床面に置いて動かないようにしてください。

家に着いたら

まず最初の数日間は、なるべく静かな部屋で過ごさせましょう。落ち着いてリラックスするまでは、自由に移動できる場所を1～2部屋に制限します。ドアや窓がすべて閉まっていることを確認し、他にペットがいる場合は別の部屋に入れておきます。その後ケースを床に置いて扉を開け、好きなときに自分で出てくるのを待ちます。無理やり出そうとせず辛抱強く待っていると、猫は好奇心が抑えきれなくなり、出てきて探検を始めます。

猫が新しい環境になじむプロセスには、ベッドやトイレ、食餌の場所や爪とぎポストなど新生活の必需品に慣らすことが含まれます。これらは、猫が簡単に行けて騒がしくないところに置きます。まずトイレから始めるのが良いでしょう。運が良ければすぐに使ってくれます。トイレを別の部屋に置く

ペットとの接し方を学ぶ
子どもが新しい猫を頻繁に抱き上げたり追いかけまわしたりすることを許してはいけません。どのように接するか手本を示して教え、みんながリラックスできるようになるまで、子どもと猫のやりとりは必ず見守るようにします。

場合は、いつでも行けるようにしておいてください。フードと水のボウルは、こぼれたときに簡単に掃除ができるところに置きましょう。

家族に紹介する

　新しい猫のように魅力的な存在から、小さな子どもを遠ざけておくのは至難の業です。大きな声を出したり周囲を走り回ったりすると猫が怖がるということを子どもに理解させましょう。正しい抱き方を見せ、なでさせ、抱かせます。ただし、猫が不安そうな様子を見せたらすぐに間に入ってください。猫に引っかかれたら、子どもは猫への恐怖心を持つようになるかもしれません。

　もしすでに猫を飼っている場合は、その猫は新しい猫がなわばりに侵入してくるのを当然快く思いませんが、相手が子猫なら成猫ほど攻撃的になることはないでしょう。以前から飼っている猫と新しい猫のトイレやフード・ボウルを並べて置けば、2匹が仲良くなるなどと期待してはいけません。当面は離しておき、フード・ボウルを取り替えたりお互いの部屋を交換するなどして、相手の臭いに慣らし、1週間ほど経ってから紹介します。相手の存在を容認できるようになるまでは、2匹だけで放置してはいけません。

　また、犬に引き合わせることも問題になるとは限りません。最初の数回は犬をリードにつなぎ、猫が逃げられるような状態にして会わせましょう。犬の場合も関係が友好的なものになると確信できるまでは、けっして2匹だけにしてはいけません。ハムスターやウサギのような小型の動物とは引き合わせず、猫の目に入らず臭いもわからないところに置き、別々にしておくのが賢明でしょう。

日常を確立する

　基本的なルールを決め、最初からそのルールに沿って生活するようにしましょう。とくに食餌と睡眠に関しては、必ずルールを決めます。たとえば、最初におやつをあげればいつでももらえると期待するようになりますし、一度でも人間のベッドで一緒に寝ることを許せば、それ以後やめさせるのは難しくなります。猫は習慣を大切にする動物なので、最初のうちに習慣を確立しておけば落ち着き、安心感を覚えるでしょう。そのうち、人間のスケジュールに沿って自分の行動パターンを作るようになります。飼い主の日常も、猫の食餌やグルーミングや遊びなど、規則的に行うことを中心に組み立ててください。数カ月は同じリズムを維持することが望ましいので、自分のライフスタイルや他の事柄とうまく折り合いをつけて計画しましょう。つねに変化がある生活は猫にはストレスとなり、ものを噛む、噛みつく、家具を引っかくなどの問題行動を引き起こす可能性があります。日常生活が規則的であれば、健康上の変化やその他の変化にも気づくことができるのです。食餌の時間はなるべく固定し、フードと水のボウルは同じ場所に置きましょう。

　毎日グルーミングが必要なら、同じ時間に行うようにします。猫は最初はグルーミングを喜ばないかもしれませんが、つねに食餌や遊びの直前にすれば良い動機づけになり、逃げずにグルーミングをさせるようになるでしょう。

　遊びの時間を決めておくのも良い考えです。楽しみにすることがあれば、過剰に興奮して家の中を走り回り、かまってもらおうと飼い主を追いかけまわすことも少なくなるでしょう。遊びの種類を豊富にして、愛猫にとって遊びの時間をかけがえのないものにしてください。十分な時間を取って徹底的に付き合ってあげることも大切です。

猫用トイレを使う
子猫であっても、多くは家に連れてくるまでの間にトイレの使い方を学習しています。しかし、慣れない新しいトイレで砂の感触に違和感を覚えてしまうと、最初は失敗するかもしれません。

まどろむ猫
幼い子猫は、エネルギー補充のためによく寝ます。母猫やきょうだい猫から離れて新しい家に来た子猫にとって、暖かくてやわらかいベッドは安心できる場所になるでしょう。

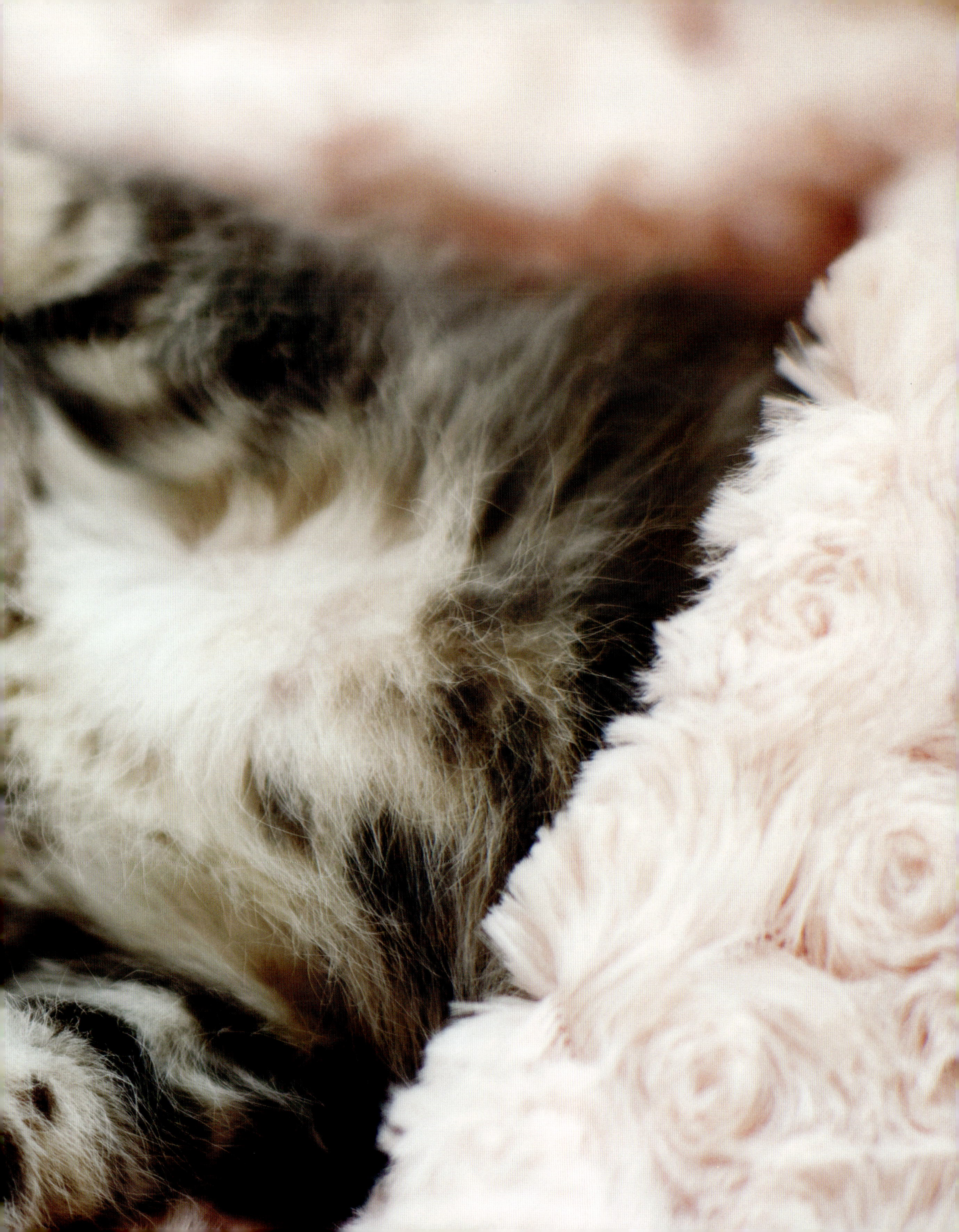

猫の飼い方｜初めての動物病院

初めての動物病院

新しい生活を最善の状態で始めるために、新たに猫を迎えたらなるべく早く動物病院に連れて行き、しっかり健康チェックをしてもらいましょう。最初は深刻な感染症から守るためのワクチン接種を行います。不妊・去勢手術やマイクロチップの埋め込みについても、この機会に獣医師に相談できます。健康チェックは、年に1回を目安に動物病院で行うようにしてください。

猫を家に連れてくる前に、地元にある動物病院を確認します。ブリーダーから購入した場合は、ブリーダーが推薦してくれるかもしれません。友人に相談したり地元の新聞やインターネット広告を見るのもおすすめです。地元の保護施設や猫種登録団体の意見を聞くこともできるでしょう。今後動物病院には、病気のときはもちろん予防接種や検診などで定期的に通うことになります。さまざまな情報を参考にして選んでください。

最初の訪問

純血種の子猫を購入した場合は、生後12週ほどで家に連れてくる前にすでに最初のワクチン接種が済んでいるはずです。ブリーダーからワクチン接種証明書をもらい、最初の動物病院訪問時に獣医師に見せましょう。初回のワクチン接種が済んでいても、早い段階で健康チェックを受けることは大切です。保護施設の猫を引き取った場合は、すでに獣医師による健康チェックがなされているのが望ましいのですが、されていない場合は、引き取った後なるべく早く、動物病院で全身をチェックしてもらいましょう。

たいていの猫は、見知らぬ人や動物に遭遇する動物病院をストレスに感じます。キャリー・ケースに入れ、待合室ではケースの扉を飼い主の方に向け、猫がその姿を見て安心できるようにしましょう。

この最初の訪問時に、獣医師は猫の全身をチェックして健康状態を見ます。生後9週を過ぎていてワクチン未接種なら、最初のワクチン接種を行います。

猫の飼育に関する疑問や質問などは、前もってリストにして持っていくことをおすすめします。一般的なことなら、獣医師はどんな質問にも答えてくれるでしょうし、内部寄生虫やノミ、ダニなどの寄生虫についてもアドバイスをくれるでしょう。マイクロチップの埋め込み（P263）や不妊・去勢手術がまだなら、それについて質問する良い機会でもあります。マイクロチップを埋め込めば、迷子になったときや事故に巻き込まれたときに、身元が容易に確認できるので安心です。

不妊・去勢手術

獣医師は、子猫が生後4〜5カ月を迎えたころ（性的に成熟する前）に、不妊・去勢手術をすることをすすめます。手術は全身麻酔をして行われ、メスの場合は卵巣と子宮（もしくは卵巣のみ）を、オスの場合は睾丸を取りのぞくのです。手術には、望まれない子猫が生まれることを防ぐ以外にも利点があります。去勢されていないオスはしばしば自宅から離れたところを探検し、なわばり周辺には発情したメスへの名刺代わりにマーキング（尿のスプ

健康診断
定期健康診断では獣医師が全身をくまなくチェックし、痛みのある部分やしこりがないかを触診で確認します。また、心音・呼吸音を聞いて異常がないことを確かめます。

最初のワクチン接種
猫インフルエンザや猫白血病ウイルス感染症などの感染症に対する最初のワクチン接種は、生後9週〜12週の間に行い、以後は生涯にわたって年1回追加接種を行いましょう。

レー）をする習慣があり、それを家の中でもしてしまうのです。また、去勢していないオスは、非常に攻撃的になることがあります。不妊手術をしていないメスは交雑するおそれがあり、頻繁に妊娠すると体力を消耗してしまいます。発情すれば興奮してオスを引きつけるために絶え間なく鳴くようになり、これは猫と飼い主双方にとってストレスになります。手術によってこうした性的行動がなくなるか、あるいは性的行動の発現を防ぐでしょう。手術はまた、性感染症が蔓延する危険を減らし、生殖器官のガンのリスクを取りのぞくこともできます。

手術後は、その日のうちに退院できる場合が多く、通常は数日中に元気になります。メスの場合は縫い跡が残ることもありますし、ほとんど目立たない場合もあります。獣医師が溶けるタイプの縫合糸を使用すれば、糸は徐々に消えるでしょう。抜糸が必要な場合は術後10日ほどで行われます。

ワクチン接種

周囲の環境や他の猫からうつる可能性のある感染症に対する免疫力をつけることで、愛猫が長く健康な生活を送れる可能性が高まります。ワクチンは免疫系を刺激し、感染症の危険にさらされたときに体を守れるように機能します。猫汎白血球減少症（FPV）、猫カリシウイルス感染症（FCV）、猫ウイルス性鼻気管炎（FHV）に対しては、すべての猫がワクチン接種を受けるべきです。猫白血病ウイルス感染症（FeLV）、猫クラミジア感染症、狂犬病に関しては、とくに外出する猫は不特定多

マイクロチップの埋め込み
マイクロチップは米粒ほどの小さな装置で、獣医師が首の後ろの皮膚の下に埋め込みます。埋め込み後は、獣医師がマイクロチップ・リーダーを使って機能しているかどうかを確認します。

数の猫と接触する可能性があり、これらの病気が感染するリスクが高いため、ワクチン接種が必要でしょう。最初のワクチン接種は生後9週（狂犬病については12週）ほどで行い、追加接種を12カ月後に受けなければいけません（狂犬病をのぞく）。

猫パルボウイルスによって起こる猫汎白血球減少症は、猫伝染性腸炎または猫ジステンパーとも呼ばれます。猫から猫に感染し、白血球を攻撃して免疫系を弱めます。生まれる直前か誕生直後に感染すると、死に至るか脳に損傷を受けてしまう恐ろしい感染症です。

猫カリシウイルス感染症と猫ウイルス性鼻気管炎は、猫インフルエンザ・猫カゼとも呼ばれる上部呼吸器感染症の最大90％を引き起こします。インフルエンザの症状は回復しても、ウイルスを保持し他の猫にうつす可能性があります。ワクチン接種で感染を防ぐことはできませんが、重篤になることは防げます。

死に至る可能性のある猫白血病ウイルス感染症は、唾液やその他の体液、排泄物に混じって広がります。妊娠中及び授乳中の母猫から子猫に感染することもあります。ウイルスに打ち勝つ猫もいますが、子猫やすでに体が弱っている猫の場合は重篤化する可能性が高く、命を落とす危険もあります。ウイルスは免疫システムを攻撃して白血球を破壊し、リンパ腫や白血病などの血液のガンを引き起こします。赤血球の前駆細胞を破壊して貧血を引き起こすこともあります。

猫クラミジアは主に結膜炎を引き起こし、痛み、瞼の内側の炎症、涙の過剰分泌が見られ、猫インフルエンザを引き起こすこともあります。多頭飼いの場合はワクチン接種をすすめられるでしょう。

狂犬病は人にも伝染する非常に危険なウイルス性感染症です。世界的な問題であり、影響を受けていないのは、日本やイギリスなど数カ国にすぎません。狂犬病のウイルスは唾液に含まれ、感染している動物に噛みつかれることで感染します。狂犬病にはワクチンが非常に有効です。

最も致死性の高い猫の感染症に、猫伝染性腹膜炎（FIP）があります。致死的なこの病気は、猫コロナウイルスといわれる、症状がまったく現れないか軽い胃腸炎を起こすだけのウイルスが、まれに突然変異を起こして発現するものです。FIPの予防接種は生後16週経過後にのみ接種できます（注：日本ではワクチンは使用されていません）。FIPの感染率はとても高いものの、感染した猫のうち発症する確立はわずか数％です。とくに幼い猫や老齢の猫に発症しやすい感染症として知られています。

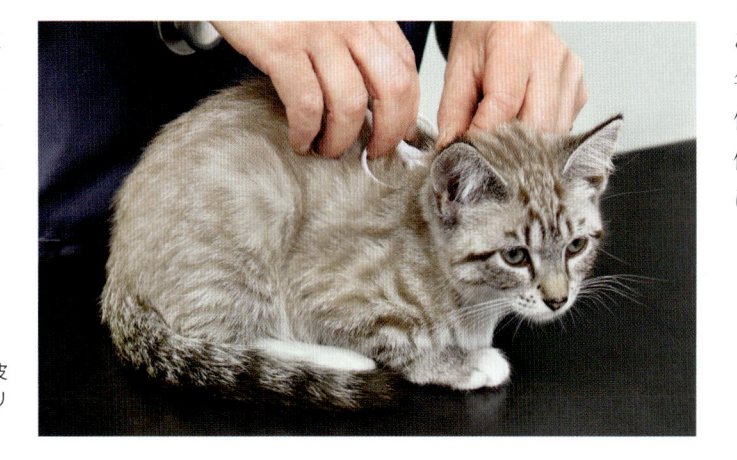

計画外妊娠

繁殖させるつもりがないのなら、不妊・去勢手術が必要です。メス猫が不妊手術をしていないと、多ければ年に3回出産するため、子猫たちにそのつど新しい家を見つけなければなりません。望まれない多くの子猫たちは、保護施設に持ち込まれたり、殺処分されることになるのです。

定期健診

たいてい最初の健康診断では健康が確認されますが、病気になる可能性はつねにあります。問題が起きてからでなく、年に1回動物病院でワクチン接種と健康診断を受けることで、病気の兆候を早期に発見し、対処できるようにしましょう。

猫の飼い方｜食餌について

食餌について

十分な食餌が与えられ栄養が行き届いた猫は、幸せです。飼い猫の食餌は、すべてが飼い主に任されています。すなわち、飼い主には大きな責任があるのです。健康でバランスの取れた食餌を与えることは、正常な発育を促し愛猫が健康に長生きする可能性を高めることにつながるので、非常に重要なのです。

必要不可欠な栄養素

猫は肉食動物です。肉を食べるのは、植物に含まれる栄養素（脂質、たんぱく質）を猫に必要なアミノ酸や脂肪酸に変換することができないためです。動物性たんぱく質には猫に必要なすべての栄養と、体内で合成することのできない重要なアミノ酸、タウリンが含まれます。猫の食餌に十分なタウリンが含まれていないと、失明や心臓病につながる場合があります。市販のキャット・フードには必ずタウリンが含まれていますが、自家製のフードを与えている場合は、タウリンは加熱すると損なわれるため、定期的にサプリメントで補う必要があるでしょう。もしあなたが愛猫に菜食主義を強いれば、健康、時には命をも危険にさらすことになりかねません。時々少量の草を食べますが、猫の消化器官は大量の植物を消化するようには作られていないのです。

野生で捕獲される獲物は、肉のたんぱく質だけでなく、必須脂肪、ビタミン、骨に含まれるカルシウムなどのミネラル、繊維の供給源にもなります。飼い猫は餌を得るために狩りをする必要はありません。市販のキャット・フードであれ自家製フードであれ、飼い主が正しい栄養素を供給するしかないのです。猫の好き嫌いが激しいことはよく知られています。猫が満足するようなフードに行きつくには、異なるタイプや触感や味のものをいろいろ試してみる必要があるかもしれません。

ビタミンと微量栄養素

ビタミンD、K、E、B、Aは猫に必須の栄養素です（猫はビタミンAを体内で合成できません）。ビタミンCも必要ですが、摂りすぎると膀胱結石になる場合があるので、摂取する量には注意が必要です。他にリン、セレン、ナトリウムなどの微量栄養素も必要とします。これらの必要量はわずかですが、欠乏すれば深刻な問題になりかねません。また、肉に含まれるカルシウムはわずかなので、カルシウムの供給も不可欠でしょう。市販のキャット・フード（総合栄養食）のほとんどは、これらの必須ビタミンや微量栄養素をすべて含んでいます。

健康的な食欲
猫には好みがありますが、健康を維持するためには好きなキャット・フードに栄養素がバランス良く含まれていることが大切です。

食餌について

ドライ・フード　　　　　　　ウエット・フード　　　　　　自家製フード

ドライ・フード、ウエット・フード、自家製フード
ドライ・フードは保存に便利ですが、ウエット・フードのほうが自然の食餌に近いでしょう。自家製フードは新鮮ですが、たんぱく質が1種類のみになるのは避けましょう。

フードのタイプ

　スーパーやホームセンター、ペットショップなどの棚にはキャット・フードが豊富に並び、バラエティー豊かな味がそろっています。どうやって選べばよいのでしょうか？　市販されているキャット・フードはたいてい「総合栄養食」で、すなわち猫に必要な栄養素がすべて含まれています。しかしなかには「補助食品(一般食)」と記載されているものもあり、これを与える場合は他のフードと組み合わせて栄養のバランスを考えなければなりません。パッケージの情報を確認して購入するようにしましょう。

　市販のキャット・フードには、たいてい「ドライ」または「ウエット」と記載されています。ドライ・フードは素材を高圧で調理し乾燥させたものです。口当たりが良くなるように脂肪をかけたものもありますが、その場合は防腐剤が添加されている可能性があります。ドライ・フードには通常ビタミンC、Eなどの抗酸化物質が含まれており、これは自然由来で猫に良いものが使われています。ドライ・フードには、日中放置しても腐りにくいなどの利点があります。

　ウエット・フードは缶詰やパウチ入りのものが売られています。密封されているため防腐剤を添加しなくても新鮮さが保たれます。おいしいのですが食感がやわらかく、歯と歯茎の健康を保つために必要な噛みごたえがありません。また、腐りやすいので、長時間放置するのは避けましょう。朝はドライ・フードを与え、夕方にウエット・フードを与えるのも良いでしょう。

自家製フード

　手作りの食餌を用意する場合は、人間が食べても問題のない肉や魚を使いましょう。細菌や寄生虫を死滅させるために十分に加熱調理してください。自家製フードはよく火の通った骨をカルシウム源として与える良い方法ですが、針のようにとがった小骨は取りのぞく必要があります。また、早食いの傾向があるなら骨を与えてはいけません。

　家の中でも外でも、つねにきれいな水を飲めるようにしておきましょう。良餌のほとんどがドライ・フードの場合、水はとくに重要です。水分は尿の希釈に役立ち、胃腸の繊維に吸収されます。散らかったフードで汚れないように、水のボウルはフードのボウルとは離しておくと良いでしょう。水は毎日取り換え、いつでもきれいな水を飲めるようにしましょう。

飲み水
つねに新鮮できれいな水を飲めるようにしておく必要があります。ドライ・フードを食べている猫は、ウエット・フードを食べている猫以上に水を必要とします。

自然の食物繊維
猫の食餌に必要な食物繊維は、正しい食餌で与えなければなりません。自然界では必要な繊維を獲物から得ています。

食べさせてはいけないもの

● 牛乳やクリームは下痢を起こすことがあります。多くの猫は乳製品を消化する酵素を持ちません。猫用に作られた「キャット・ミルク」を与えましょう
● 玉ねぎ、にんにく、チャイブは異常亢進を起こし、下痢や嘔吐、貧血などの症状が出ることがあります
● ブドウとレーズンは腎機能障害を引き起こすと考えられています
● チョコレートに含まれるアルカロイド・テオブロミンは、猫には非常に強い毒性があります
● 生卵は食中毒の原因となる細菌を含む場合があり、加熱されていない卵白はビタミンBの吸収を妨げ、皮膚の問題を引き起こすことがあります
● 新鮮でない生肉、生魚は有害な酵素を含み、命にかかわる細菌感染を引き起こすおそれがあります
● 調理された食餌にとがった小骨が入っていると、のどや消化管でつかえ、詰まりや腸の粘膜を傷つける原因になります

適正な量の食餌
猫には好みがありますが、健康を維持するためには好きなキャット・フードにバランス良く栄養素が含まれていることが大切です。年齢と体重をふまえた適切な量の食餌を与え、必要であれば食べた量を定期的に量りましょう。

体重に注意
体重計からこぼれ落ちそうなこの猫は、食餌の量を減らして体重を落とさなければ、今後深刻な健康障害を抱えることになりかねません。

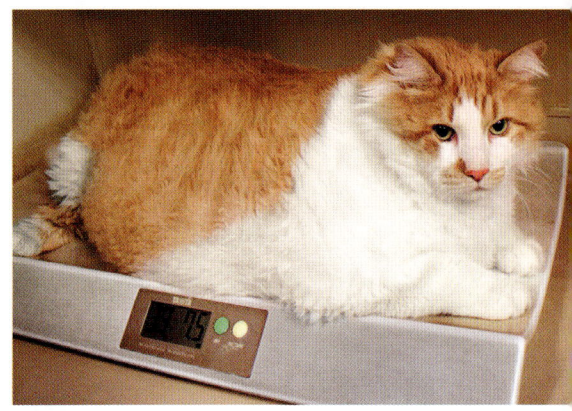

食餌の回数と量

猫には1日2回（通常は朝1回と夕方1回）、決まった時間に食餌を与えなければいけません。そうすると食欲が高まりますし、食べる量を調節できます。規則的な食餌習慣が確立されれば、食欲が落ちていることや体調が悪いこともすぐにわかります。やせすぎ、太りすぎの兆候が見えたら、量を調節する必要があるでしょう。ガイドラインとして、肋骨がさわって簡単にわからなければ太りすぎで、見て明らかなようではやせすぎです。また、成猫に子猫用や犬用のフードを与えてはいけません。子猫用のフードに含まれるたんぱく質は成猫には過剰で腎臓に負担をかけてしまうのです。逆に、ドッグ・フードには猫に必要なだけのたんぱく質が含まれていません。感染症やその他の問題を避けるため、フードと水のボウルは毎日洗うようにしましょう。

正しい栄養のバランス

猫は食餌にバラエティーがあることを喜びます。異なる種類をいくつか用意し、適切に栄養を摂れるようにしましょう。食餌内容を変えるときはゆっくり時間をかけ、消化不良を起こさないよう気をつけましょう。愛猫が好む、適正なバランスの組み合わせが見つかったら、内容を大きく変えないようにします。食餌の内容をしょっちゅう変えると偏食を招くおそれがあります。

年齢に応じた食餌

猫に必要な栄養は、年齢によって変化します。子猫には急激な成長を維持するための高たんぱく食が必要で、子猫用の市販のキャット・フードが数多くあります。生後数カ月間は、少ない量を頻繁に与える必要があります。固形食を食べ始めたばかりなら、1日4～6回の食餌回数が平均的です。だんだんと1回の量を増やしていき、回数を減らせるようにします。急に変えると消化不良の原因になるため、給餌法を変えるときはゆっくり変えるようにしましょう。新しいフードに変えるときは、もとのフードの10％を新しいものに置き換え、毎日10％ずつ新しいフードの割合を増やして10日目で完全に切り替わるようにすれば、下痢を起こさずに済むでしょう。胃の不調を引き起こしたらもとのフードの割合を増やし、時間をかけて切り替えるようにします。

健康な成猫のほとんどは、1日2回の食餌で問題ありませんが、高齢になると食欲が減退するた

体型を確認する

愛猫の太りすぎややせすぎは、必ずしも外見だけで判断できるわけではありません。長毛種の場合はとくにそうでしょう。背中、肋骨、腹部に手を這わせ、さわった感触で愛猫の体型の変化がわかるようにします。定期的に体型を確認することは、長期的に非常に役立ち、愛猫の健康に必要な行動を取る助けとなるでしょう。

やせすぎ
肋骨、背骨、骨盤の上にほとんどあるいはまったく脂肪がありません。ウエストが極端に細く、胸郭の後部のくぼみが明らかです。

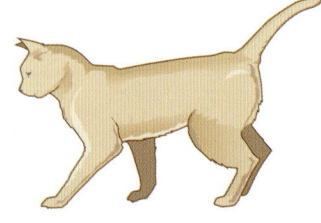

適正な体型
薄い脂肪の層を通して肋骨を感じることができ、胸郭の後部でやや細くなります。腹部には薄い脂肪の層があります。

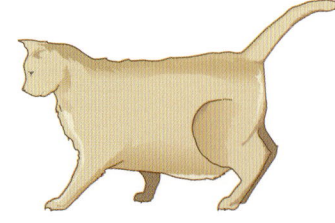

太りすぎ
厚い脂肪の層があり、肋骨の感触も背骨の感触もわかりにくいです。腹部にはたっぷり脂肪が付き、胸郭の後ろに「ウエストライン」は見られません。

ライフスタイル別食餌のガイドライン

体重（成猫）	2kg	4kg	6kg	10kg	12kg
あまり活動的ではない	100～140kcal ウエット:120g ドライ:30g	200～280kcal ウエット:240g ドライ:60g	300～420kcal ウエット:360g ドライ:90g	400～560kcal ウエット:480g ドライ:120g	500～700kcal ウエット:600g ドライ:150g
活動的	140～180kcal ウエット:160g ドライ:40g	280～360kcal ウエット:320g ドライ:80g	420～540kcal ウエット:480g ドライ:120g	560～720kcal ウエット:640g ドライ:160g	700～900kcal ウエット:800g ドライ:200g
妊娠中のメス	200～280kcal ウエット:240g ドライ:60g	400～560kcal ウエット:480g ドライ:120g	600～840kcal ウエット:720g ドライ:180g	800～1120kcal ウエット:960g ドライ:240g	1000～1400kcal ウエット:1200g ドライ:300g

め、少量を頻繁に与える給餌法に戻す必要が出てくるでしょう。市販のキャット・フードには、子猫用と同様にシニア用があります。

妊娠中の猫にはたんぱく質とビタミンが余計に必要です。妊娠後期には食欲が増すため、1回の食餌で空腹が満たされない場合は、少し量を減らして回数を増やすと良いでしょう。授乳中も栄養所要量が増えます。

体重を調節する場合や病気のために療法食が必要な場合は、獣医師のアドバイスが不可欠です。妊娠中や授乳中の食餌についても相談してみてください。

食物アレルギーは猫ではまれですが、アレルギーになってしまった場合、原因解明の唯一の方法は獣医師の指示に基づいて行う除去食試験（アレルギー物質を特定するための給餌法）です。

適正な体型

愛猫の体重と胴周りを定期的に計測すれば、体型の変化にすぐに気づくでしょう。変化が大きく心配なときは、動物病院で診てもらいましょう。

おかわりが欲しそうにしているのを無視するのは難しいことですが、食べすぎれば肥満になります。肥満は猫にもよくありません。食欲と必要なエネルギー量は必ずしも比例しておらず、活動的でない猫は消費カロリーが少ないので、食餌の与えすぎにはくれぐれも注意しましょう。とくに室内飼いのおとなしい猫は肥満のリスクが高いのです。生まれつきあまり運動をしないタイプの猫もいるので、時折ソファーから下ろして運動するよう促す必要がある場合もあります。外に出る猫はエネルギーを燃焼しやすいでしょう。

市販のキャット・フードには給餌量の目安が記載されていますが、あくまで目安です。もし与える量に気をつけているにもかかわらず猫の体が丸みを帯びてきたら、どこかよそで食餌をおねだりしているのかもしれません。近所の人と話をして謎が解けることもあるでしょう。

食べる量が変わらないのに体重が減ってきたときは、病気の初期症状の可能性があるためけっして見過ごしてはいけません。高齢になるとやせる傾向はありますが、歯がグラグラしているなどの問題がないことを確かめる必要があります。食餌を食べなかったり噛むのに問題があるような場合は、動物病院で診てもらいましょう。

食餌の時間
規則的に食餌を与えることで、お腹を空かせる時間がわかるようになります。お腹を空かせた時間は新しい芸を教えるのに最適です。

おやつを与える

トレーニングのごほうびとして与える場合や絆を深めるために与える場合も、体重増加につながらないよう、おやつの量は制限するよう努めましょう。どうしても与えたい場合は、必要なカロリー摂取量の10％を超えないようにして、その分食餌の量を適宜調節しましょう。栄養的に優れたおやつもありますが、お腹を満たすだけで栄養的に価値がないものが多く、脂肪ばかりが含まれるものもあります。

猫の飼い方｜猫とふれ合う

猫とふれ合う

猫は自分にふれても良い人とそうでない人をはっきりと区別することはよく知られています。抱いてなでるとなればなおさらで、抱き上げられることを嫌がる猫もいるので、そのような猫を無理に抱き上げれば、逃れようともがきます。猫との接し方には正しいやり方と間違ったやり方があります。正しい接し方を覚えれば、猫は喜んであなたに近寄ってきますし、抱かれて落ち着いていられる猫なら、グルーミングや健康チェックが非常にやりやすいでしょう。

小さいうちに始める

さわられることに慣れさせるのは、子猫のうちが最適です。できれば生後2～3週くらいから日常的にふれておくと、成長を促すだけでなく、人がふれることをうれしいと思うようになります。子どもがいる場合は、やさしく接するように教えましょう。誤った扱いを受けると人間と距離を置くようになり、抱かれたりなでられたりすることを喜ばなくなります。猫は記憶力が優れているため、自分を乱暴に扱った人を避けるようになるかもしれません。

子猫のころの経験がどうであれ、あまり愛情表現が豊かではない猫もいるので、愛猫が心地良いと感じられる距離感を尊重してください。

ストレス緩和
猫は人が思わずなでたくなるような愛らしさを持っています。猫をなでると人のストレスが軽減できることは研究で明らかになっていますし、幸いたいていの猫もなでられることが好きです。

猫を抱き上げる

すべての猫が抱き上げられることを喜ぶとは限りません。もし抱き上げられるのが苦手なようなら、必要なときだけ抱くようにしましょう。抱き上げたら静かに頭や背中や頬をなで、猫がリラックスできるようにします。嫌がっているときは、すぐに下ろしましょう。

子猫が小さい間は、母猫がするように首筋をつかんで抱き上げることもできますが、体重が増えてきたらしっかりと手で支えましょう。正しく抱き上げるには、横から近づき、片方の手を前肢のすぐ後ろ、胸郭のあたりに平らに置き、もう一方の手で後躯の下から支えます。両腕で赤ん坊を抱くように横にすると猫が不安になるので、垂直の状態で抱えます。

いろいろななで方

ペットとして飼われる他の動物に比べて、猫は独立心旺盛です。なでられたり抱かれたりするのを喜ぶ猫もたくさんいますが、そのような猫でも自分のスペースを大切にします。ふれることを望まないようなら、無理になでようとしてはいけません。片方の手か指を1本差し出して臭いを嗅がせたときに、鼻でふれたり頬や体をこすりつける場合は、猫がさわられてもいいと感じているサインです。興味を示さない場合は、別の機会に試みましょう。

なでられることを受け入れるようになったら、最初は背中をゆっくりと続けてなでます。つねに頭から尾に向かってなでるようにして、けっして毛の向きに逆らってはいけません。尾の付け根のところで手を止めたとき、うれしい場合は、手の力がより感じられるように背中を弓なりにするかもしれません。

どのようになでられると愛猫が喜ぶのかを知りましょう。頭の上、とくに耳の間や後ろは、たいてい喜びます。そのあたりをなでられると、幼いころ母猫になめられていた記憶が呼び起されるのでは

猫とふれ合う

上手な抱き方
抱き上げたらできるだけ猫の体を垂直に立てて抱えましょう。脇の下に片方の手を入れ、尻の下にもう片方の手を置いてしっかりと抱えます。人間の赤ちゃんを抱くように仰向けに抱いてはいけません。猫にとっては不自然な姿勢なので、不安を感じてしまいます。

ワイルドな猫

　荒々しい遊びが好きで、お腹をなでようとすると手をつかんで遊びで噛んでくる猫がいます。もし手に爪を立てられたら、離すまでじっとしていましょう。手に力を入れて押し付けると、驚いて離すかもしれません。一般的には、こちらが手の動きを止めれば猫も動きを止めます。後肢であなたの手を蹴ったら、片方の足を毛の流れに沿って指でやさしくなでてみましょう。肢を引っ込めて耳を寝かせるかその場を離れるような場合は、自由にさせてあげましょう。

猫の気分を判断する

　愛猫のボディ・ランゲージを観察し、怒っているように見えたら、なでるのを止めましょう。しっぽを大きく振るのは、不快に感じたときに現れる警告のひとつです。お腹を見せて仰向けに寝ていても、なでてほしいサインとは限らないので注意が必要です。頭にふれられるのは我慢するかもしれません。普通はおとなしい猫でもお腹を見せるのは、蹴るのも噛みつくのも爪を立てるのも思いのままになる、攻撃的な防御姿勢をとっている場合があります。

　愛猫の気分を見誤り、噛まれたり引っかかれたりして傷がついたら、傷口は石鹸で洗いよく水で流して消毒してください。傷口が腫れたり赤くジクジクし始めたらかかりつけの医師に診てもらいましょう。猫のひっかき傷による感染症（猫ひっかき病）は、頭痛やリンパ節の腫れなどの症状が出ることがあります。まれですが、高熱が出ることもあります。

近づくときは注意

　なじみのない猫を、いきなり抱き上げたりなでたりしてはいけません。自分の臭いを嗅がせて安心させる時間を与え、落ち着いた声で話しかけながらなでてみましょう。やさしくされることに慣れてくれば、猫との距離は縮まるでしょう。不安がっているようなら攻撃してくる可能性があるので、後ろに下がります。

　野良猫にふれる場合はとくに気をつけなければなりません。良かれと思って近づいても、野良猫は食べ物がなければ、逃げるのがもっとも自然な反応です。追い詰められているとか脅かされていると感じれば、本能的に攻撃に出ることがあります。国によっては、野良猫に噛まれて狂犬病に感染する危険があります。

ないかと考えられています。のどをなでられるのを喜ぶ猫もいます。また、円を描くように頬をなでられるのが好きな猫も多いようです。指でやさしくこすられるのが好きな猫もいます。軽く叩かれることはたいてい嫌がります。とくに脇腹はやめましょう。

　愛猫があなたの膝に飛び乗って寝転んだらなでてみて、かまってほしいのか暖かい場所でうたた寝したいだけなのかを確かめましょう。モゾモゾしたり尾をぴくぴく動かしたりするようなら、なでるのをやめます。なでてほしいと思っているときは、いちばんなでてほしいところが飼い主の手の近くにくるように姿勢を変えるかもしれません。

猫のツボ
猫は頭をかいてあげるとうれしそうな反応を見せます。ゆっくりやさしくかいて、最も喜ぶところを見つけましょう。

猫のあいさつ
猫は積極的にふれ合いを求めてきます。しばらく家を空けていた場合はとくにそうです。猫が甘えてきたら、たくさんかわいがってあげましょう。

猫の飼い方｜グルーミングと衛生管理

グルーミングと衛生管理

清潔な被毛は健康的で快適なため、猫はよくグルーミングをします。長毛種を飼う場合はとくに重要ですが、飼い主がさらにグルーミングをすれば、見ばえがよくなると同時に猫との絆を深められるでしょう。健康状態を最良に保つために、歯みがきやシャンプーなどの基本的な手入れを行うことも重要です。

毛づくろい

猫は時間をかけて自分自身をグルーミングしますが、整えられたつやのある被毛には防水性と保温性があるため、感染症から皮膚を守るために重要なものなのです。

順序は決まっており、まずは唇と足先をなめ、湿った足先で顔や頭の側面をきれいにします。唾液で食餌の臭いを消し、嗅覚を使って狩りをする敵に対して自分を無臭状態にするのです。次にざらざらした舌で前肢、肩、体の側面を整えます。表面が小さな突起で覆われた舌は、古い皮膚の角質やフケなどと抜け毛を除去しやすくなっており、毛のもつれをなくして絡まった被毛を伸ばします。さらに、皮膚腺から分泌される油分を体に広げ、被毛の状態を整え防水性を高めます。頑固な毛のもつれ（毛玉）は、小さな門歯（切歯）でかじり取ります。

猫の体には柔軟性があるので、肛門付近、後肢、尾の付け根から先まできれいにして、さらに後肢をコームのように使って頭をかきます。猫は毎日ていねいに毛づくろいをするので、短毛種ならとくにグルーミングの手伝いは必要はなさそうに思えるほどです。

入念な毛づくろい
猫は生来きれい好きで、たっぷりと時間をかけて念入りに毛づくろいをします。いつも同じ順番で、頭から始めて下に向かってグルーミングしていきます。

基本的なグルーミング・ツール
コームやブラシはもつれをほぐし、スリッカー・ブラシは抜け毛や古い皮膚の角質、フケなどを取りのぞきます。ダニ取りや爪切りなどの正しい使い方については、専門家のアドバイスをもらいましょう。

ダニ取り
爪切り
スリッカー・ブラシ
目の細かいコーム
毛先のやわらかいブラシ

グルーミングの時間

飼い主によるグルーミングの手伝いが必要な理由はいくつかあります。まず猫との絆を深めることができ、寄生虫や隠れたケガ、しこりや腫れもの、体型の変化などを確認できます。自分で毛づくろいをするときに飲み込む毛の量を減らすこともできるでしょう。飲み込んだ抜け毛は、通常ヘアボール（毛玉）として吐き出されるのですが、胃を通過し腸でつかえて深刻な問題を引き起こすことがあります。年を取るとうまく吐き出せなくなるので、高齢の猫のグルーミングをすることには大きな意味があるでしょう。愛猫が突然毛づくろいをしなくなったら、年齢にかかわらずどこかに悪いところがあるというサインなので、獣医師に診てもらわなければなりません。

子猫のうちから慣らせば、飼い主を親のような存在とみなすようになり、喜んでグルーミングされるようになるでしょう。グルーミングをするときは、最初に必ずなでて静かに話しかけ、猫がリラックスできるようにします。心を落ち着けて、尾を動かしたりひげが前向きになるなどの不快に感じているサインがないか注意してください。そのようなサインがあればいったん止めて、時間をおいてからか次の日にまた試してみましょう。耳や目、鼻、歯のチェックも忘れず、必要に応じてきれいにします。爪切りや、猫の被毛のタイプによってはシャンプーも必要かもしれません。最後には必ずほめて、ごほうびのおやつを与えましょう。

短毛の猫のグルーミング

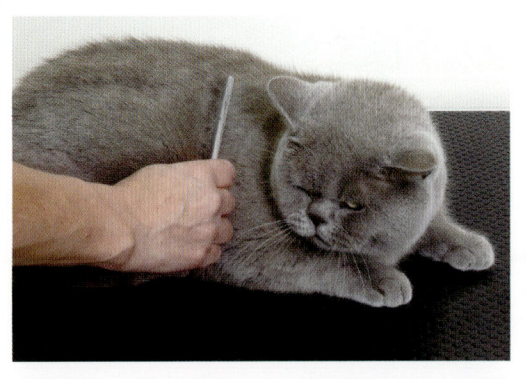

まず初めに、頭から尾にかけて目の細かいコームで毛の流れに沿ってコーミングし、抜け毛や古い皮膚の角質、フケなどをほぐします。耳や体の下側（脇の下、腹部、肢の付け根）や尾などのとくに敏感な部位は、やさしく作業しましょう。

抜け毛や古い皮膚の角質、フケなどを、スリッカー・ブラシか毛先のやわらかいブラシで取りのぞきます。コームと同様、毛の方向に沿って全体をすきます。つやと輝きを出すためには、最後にシルクやセーム革などの素材でみがきをかける方法もあります。

276

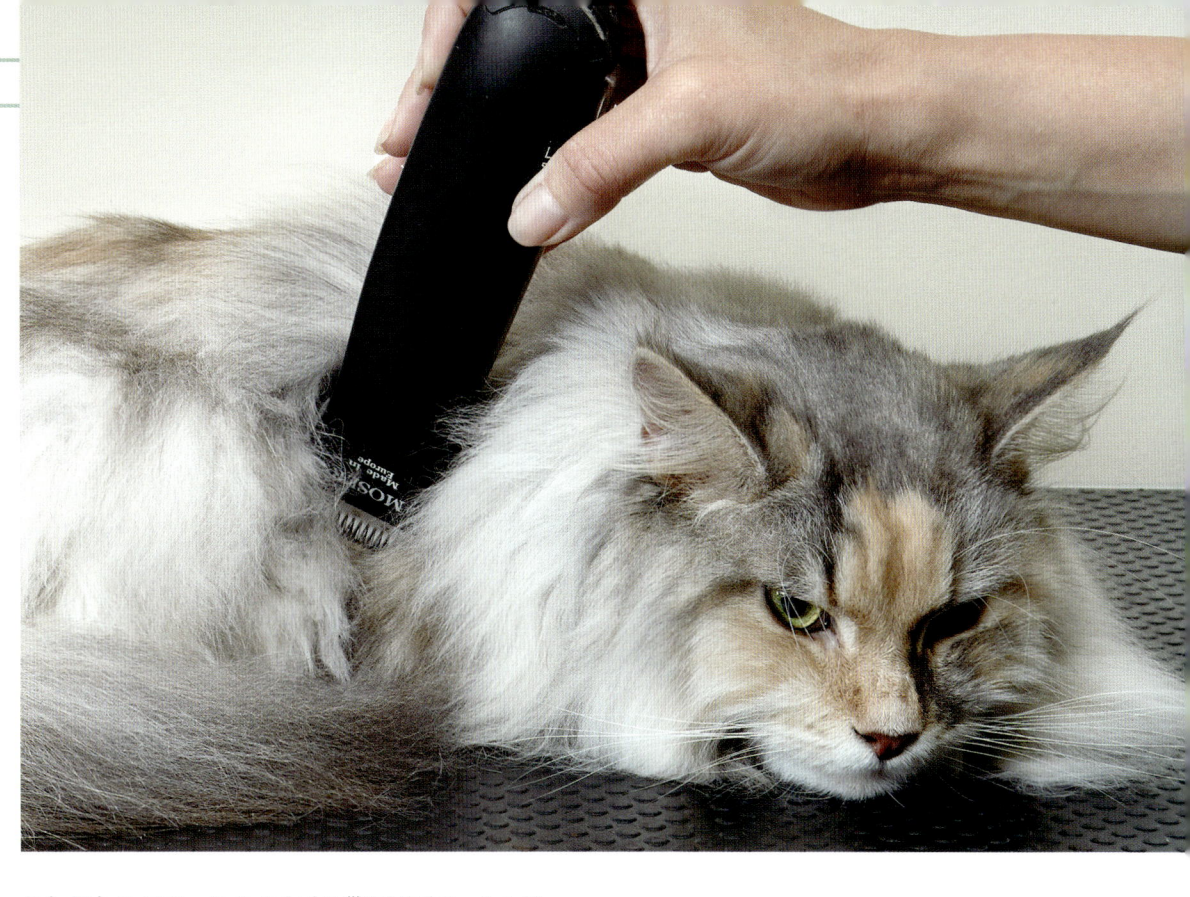

絡まった毛のトリミング

どうしようもなく絡まった長毛種の毛の塊は、最終的にはバリカンで刈り取ることになります。これはプロのトリマーか獣医師に任せるべき仕事で、技術のない人がやると皮膚に傷をつけることになりかねません。

被毛のタイプ

ペルシャなどの長毛種では、アンダー・コートが非常に厚い場合があり、外で付いたゴミが溜まったり、猫がなめても取れない毛の絡まりができることがあります。手入れを怠ってできたもつれはあっという間にコームの通らない毛玉になるため、耳の後ろや脇の下や肢の付け根などの摩擦があるところはとくに注意が必要です。長毛の猫が自身の毛づくろいだけで良い状態を保つのは難しく、飼い主によるグルーミングは必要です。極端な場合、絡まった毛は切り取るしかなくなりますが、それはプロのトリマーか獣医師にお願いしましょう。また、長毛種は短毛種に比べて大きなヘアボール（毛玉）が溜まる危険があるため、長毛の猫を飼う場合は週2～3回（または毎日）グルーミングが必要でしょう。メインクーンやバリニーズを含むセミロングヘアの猫は、絹のようなオーバー・コートに薄いアンダー・コートを持つので、毛が絡まることは少なく、週1回程度のブラッシングとコーミングで十分です。

コーニッシュ・レックスのように細くウエーブがかかるか縮れた被毛を持つ猫や、長い巻き毛を持つ猫種もあります。これらの猫種は抜け毛がそれほど多くないため、良い状態を保つことは難しくありません。過剰なグルーミングは巻き毛を損ねることがあるので、このタイプの猫にはブラッシングではなくシャンプーがおすすめです。短毛の猫は、光沢のある主毛と厚さがまちまちのやわらかいアンダー・コートを持っています。短毛種は、とくに暑い季節にアンダー・コートが大量に抜けますが、一般的に手入れが簡単で、週1回程度のグルーミングで十分です。

スフィンクスのようなヘアレスの猫は、完全な無毛ではなく細い産毛に覆われています。この薄い産毛は皮膚から分泌される油脂を猫の通常の被毛のように吸収しきれないため、油分が飼い主の服や家具などに付かないように、定期的にシャンプーする必要があります。

長毛の猫のグルーミング

目の粗いコームを使い、頭から尾まで毛の流れに沿ってやさしくコーミングします。毛のもつれや絡まりがあってもけっして引っ張らず、猫用の無香のタルカム・パウダー（ベビーパウダー）などを使い、指で少しずつほぐします。パウダーは余分な皮脂も吸収してくれます。

ピンのやわらかいスリッカー・ブラシまたは毛先のやわらかいブラシを使い、オーバー・コートとアンダー・コート両方に付いた抜け毛や古い皮膚の角質、フケなどと体に残ったタルカム・パウダーを取りのぞきます。毛の流れに沿ってコーミングすると、被毛がふさふさと輝いて見えるようになります。

最後は、ブラシか目の粗いコームを使ってふさふさのしっぽをふくらませます。ペルシャは首の毛を立ち上げてボリュームのあるラフ（襟毛）にしましょう。長毛の被毛を良い状態に保つには、必要であれば毎日15～30分のグルーミングを行うのが理想です。

猫の飼い方｜グルーミングと衛生管理

爪を引き出す
猫の爪を切るとき、爪のすぐ後ろの骨をやさしく押すと爪が完全に伸びます。嫌がってもがくようなら、放して翌日再度試しましょう。

爪の手入れ

猫の爪は、運動したり引っかいたりよじ登ったりすることで自然にすり減ります。室内飼い、とくに高齢の猫は、爪をすり減らす運動が少なく、伸びた鉤爪が肉球に当たり、時には肉球に刺入することがあります。これを防ぐためには、定期的に爪をチェックし、2週間に1回ほど猫用の爪切りで切りましょう。切るときはしっかりと肢先を持ち、爪の先端を少しだけ切ります。ピンク色の爪の中心部は生きている組織なので、切りすぎないよう気をつけてください。もし深く切りすぎると、出血して痛みを伴うため、爪切りを嫌がるようになってしまうおそれがあります。

猫が小さいうちから爪を切られることに慣らし、もし自分で切るのが難しいようなら、獣医師にお願いしましょう。

耳と目の手入れ

猫の耳の中は、清潔で臭いがない状態でなければなりません。耳垢は脱脂綿やティッシュ、綿棒などでふき取り、耳ダニをうかがわせる黒い砂のような耳垢や液状もしくは黒い固形の分泌物を見つけたら、動物病院に連れて行きましょう。シャムなどマズルが長い猫の場合、目頭に目やにが溜まることがあるので、目や鼻の周りは湿らせた脱脂綿できれいにします。

ペルシャなどの顔の短い猫は、涙があふれ、目の周りの毛に涙やけができてしまいがちです。目や鼻から分泌物があったり、目が赤い状態が長引く場合は、獣医師に相談しましょう。

歯の手入れ

週に1度の歯みがきは、口の中の異常をチェックする良い機会になります。歯の変色、歯肉の炎症、口臭などが見られたら、動物病院を受診しましょう。

歯みがきは、子ども用のやわらかい歯ブラシか指にかぶせる猫用の歯ブラシを使います。指先にガーゼを巻いても良いでしょう。歯みがき粉は人間用のものは使わずに、必ず猫用に作られたものを使います。肉の味が付いたものなら喜ぶかもしれません。

猫の頭をしっかり持ってやさしく口を開き、奥歯から1本ずつ円を描くようにていねいにみがき、歯茎をマッサージします。

歯みがきを嫌がったら獣医師に消毒剤を処方してもらい、歯茎に直接塗りましょう。歯垢予防の溶液もペットショップや動物病院で購入できます。これは飲み水に加えるだけと手軽で、おいしい味がついています。水は毎日交換し、そのつど新しい溶液を足しましょう。

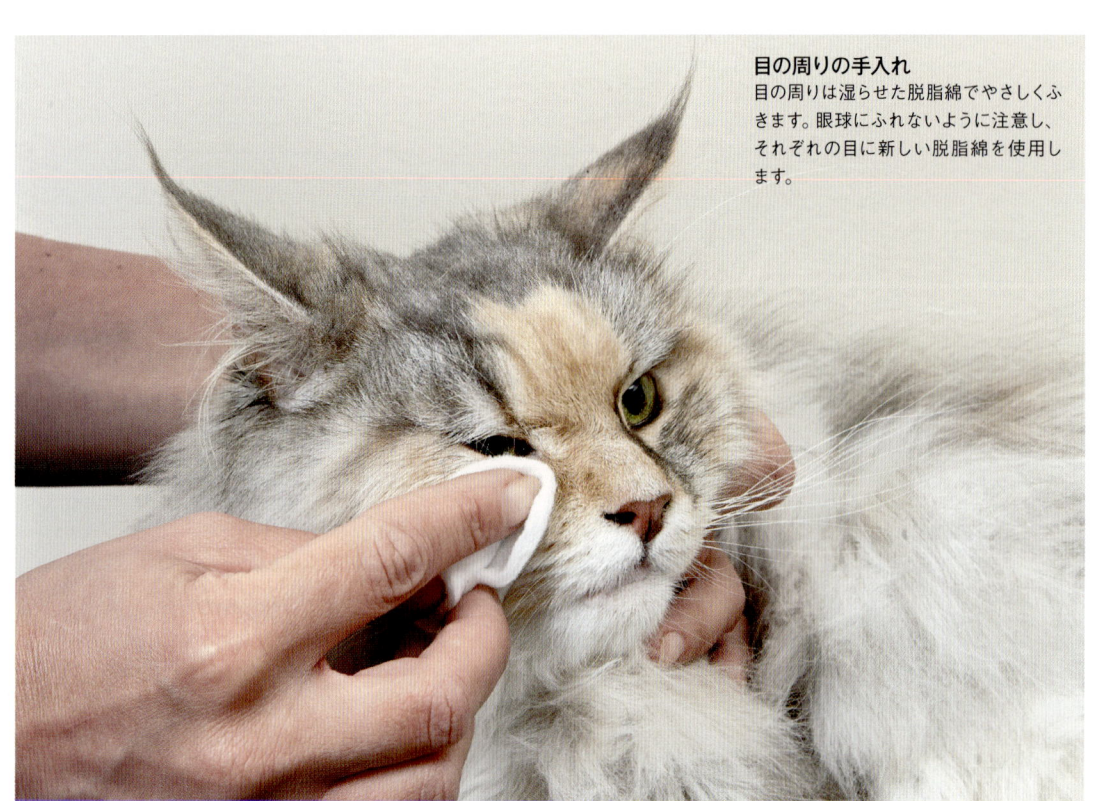

目の周りの手入れ
目の周りは湿らせた脱脂綿でやさしくふきます。眼球にふれないように注意し、それぞれの目に新しい脱脂綿を使用します。

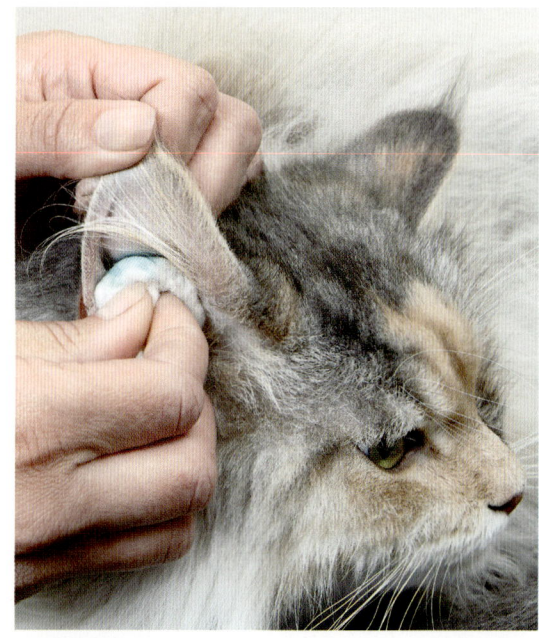

耳の手入れ
水または猫用洗浄液で湿らせた脱脂綿を使って耳の中をていねいにふきましょう。それぞれの耳に新しい脱脂綿を使い、けっして外耳道に押し込まないようにしてください。

シャンプー

外を出歩く猫は乾いた土の中で転がって、被毛の油脂やノミなどの寄生虫を落とすために、ときどき砂浴びをします。猫用のドライ・シャンプーにはこれと同じような効果があります。短毛の猫の体が臭ったり、汚れが目立つようなら、シャンプーをする必要があるでしょう。長毛種の猫であれば、定期的にシャンプーをする必要があります。シャンプー剤は猫用のものだけを使用し、目、耳、鼻、口に入らないように注意しましょう。皮膚疾患治療のための薬用シャンプーを使う場合はとくに注意が必要です。

シャンプー好きの猫はほとんどいないため、子猫のうちから慣らしておくと、飼い主にとっても猫にとっても作業が楽になります。シャンプー中は、猫が不安がらないように声をかけて落ち着かせ、終わったらごほうびのおやつを与えましょう。

尾の下の手入れ

猫は肛門のあたりを自分できれいにしますが、高齢の猫や長毛の猫などは飼い主が手入れをしてあげたほうが良いでしょう。グルーミングの一環で尾の下をチェックし、汚れていたら湿らせた布でふきましょう。

シャンプーの時間

猫をシャンプーするときは、バスタブもしくはシャワー付きシンクを使い、水圧は弱めにしてください。始める前にドアや窓をすべて閉め、部屋が暖かくすき間風が入らないことを確認します。シャンプーをする前にはブラッシングを念入りに行います。愛猫が滑らないよう、下にゴムマットを敷いて安心させましょう。

1 やさしく声をかけながらゆっくりバスタブ（またはシンク）に下ろします。できるだけ体温（38.6℃）に近いぬるめのお湯をかけ、被毛を十分濡らします。

2 シャンプー剤は猫用のものを使って下さい。犬用や人間用には猫に有害な成分が含まれることがあるため、けっして使ってはいけません。目や耳、鼻、口にシャンプー剤が入らないように注意しましょう。

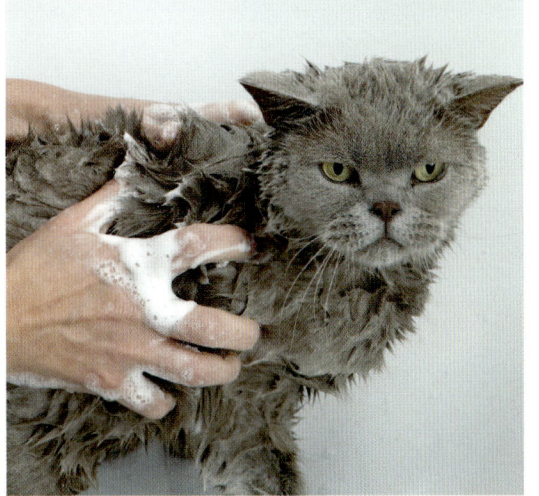

3 十分に泡立てた後、シャンプー剤を完全に洗い流します。再度シャンプー剤で洗うか、コンディショナーを付け、もう一度しっかりとすすぎます。猫が落ち着いていられるように話しかけながら洗いましょう。

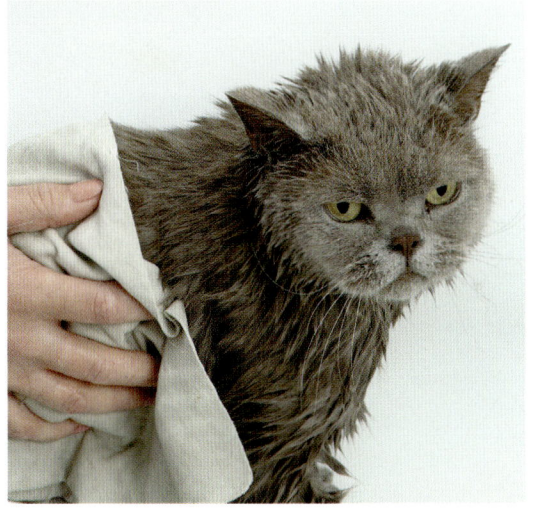

4 タオルで水気をふき取り、音に驚かないように気を配りながらドライヤーを低温にセットして乾かします。ブラシをかけ、その後暖かい部屋でしっかり乾かすようにしましょう。

猫の飼い方｜猫を理解する

猫を理解する

猫は独立心が強く、単独行動する動物です。猫特有の表情や行動から猫を理解することは、飼い主にとっては難しいかもしれません。それでも、人が理解しやすい表情や行動もたくさんあるものです。

表情とボディ・ランゲージ

猫は、耳、しっぽ、ひげ、目を使っていろいろな合図を送っています。耳とひげは連動しており、ふだん耳は立って前を向き、ひげは前か横を向いていますが、これは油断のない状態で何かに興味があることを示しています。耳が後ろに寝てひげが前を向いているのは攻撃的になっているサインです。耳を横に寝かせてひげが頬にくっついているときは、何かにおびえているのです。

猫は慣れない環境では落ち着かず、アイコンタクトが苦手になります。しかし、慣れるにしたがって徐々にアイコンタクトを怖がらなくなります。大きく開いた瞳孔は、興味があって興奮しているか恐怖で攻撃的になっているかのどちらも意味することがあるため、猫の行動を読むためには他のサインを探りましょう。

姿勢

猫の姿勢は「あっちへ行け」または「もっと近くに来て」など、いろいろな意味を表しています。寝転んだり、リラックスした様子で座っていたり、飼い主の方に向かってくる場合は近づいても大丈夫です。仰向けになってお腹を見せているときは、とてもリラックスして無防備な状態です。危険を感じたときに同じように仰向けになってお腹を見せる場合は、爪も歯も自由に使うことができる闘いの姿勢なのです。左右にゴロンゴロン転がっている場合は、遊びたい気分だと判断できますが、興奮している場合が多いので、あまりお腹をさわってはいけません。しっぽを小刻みに動かしているのは、遊びたいことを示すサインのひとつです。身を

威嚇の姿勢
背中を弓なりにして立って毛を逆立てて体を大きく見せようとするのは、何かにおびえて威嚇しているサインです。

かがめてじっと何かを狙っているように見えるときは、攻撃に出る機会をうかがっています。

嗅覚・触覚

猫は優れた嗅覚の持ち主で、尿や臭いを使って、他の猫になわばりを誇示します。リラックスできるところでは頭をこすり付けて臭いを付け、脅かされていると感じるところでは尿をスプレーします。去勢をされていないオス猫は、尿をスプレーして他の猫に存在を知らせたり、ライバルになわばりを誇示したり、メス猫に交尾できる状態であることを知らせたりします。去勢手術をした猫がスプレーをする場合は、何かに不安を感じているサインであるため、原因を調べましょう。

猫はまた、頬、足先、しっぽをものや他の猫にこすり付け、分泌腺から出る臭いを付けます。こうした臭いは自分の存在をアピールし、社会的なつながりを作るのに役立てます。一緒に生活している猫は互いに脇腹や頭をこすり付け、グループの臭いを作って知らない猫にその存在を知らせます。飼い猫は、飼い主や家族に体をこすり付け、家族がみな仲間であることを示すでしょう。猫

威嚇のアイコンタクト
闘いを避けるための威嚇としてもアイコンタクトを使います。凝視することは脅しと見られ、2匹はどちらかが顔を背けて立ち去るまで、相手をにらみます。

しっぽを使ったコミュニケーション

気分を表す最も明確なサインは視覚的な合図です。猫は体のあらゆる部分を使って合図を送りますが、最も気持ちがわかるバロメーターとなるのはしっぽです。状態と動かし方にそのとき感じていることがはっきりと表れるので、ここに示したしっぽの状態と意味を覚えておきましょう。ただし、猫の気分は一瞬で変化することを忘れてはいけません。問題行動は、しばしばコミュニケーションがうまくいっていない場合に起こるものなので、しっぽによる会話を理解するのは有益なことなのです。

しっぽの動き	意味
左右にサッサッと動かす	少しイライラしている
床にバタンとたたきつける	フラストレーションの表れもしくは警告
 "n"字形に曲げているか低い位置でひょいひょい動かす	攻撃的になっているサイン
 激しく鞭を打つように動かす	何か気に入らないことがある。近づけば攻撃される危険も
 毛を逆立てしっぽをふくらませて立たせる	不安が増しているか恐怖を感じている、または威嚇のサイン
  背中を弓なりにする	いつでも攻撃できるという警告
肢の間に巻き込む	服従の表明、おびえているサイン
 水平に、あるいはやや低く保つ	問題なく落ち着いてリラックスしている状態
 立ち上がり、時折先端を巻いている	友好的。ふれ合うことに興味がある
 真上を向き、小刻みに震える	喜びと興奮を示す

接触を図る猫
ぶつかってきたり体をこすり付けたりして、愛猫から接触してくることがあります。そのようなときはなでてかわいがってあげましょう。

同士が出会うと鼻を突き合わせて臭いを嗅ぎます。見知らぬ猫同士の場合はそこで終わりますが、仲の良い相手にはさらに頭をこすり付けたり、顔や耳をなめ合ったりします。爪で引っかくことも臭いを残す方法のひとつで、存在を知らせる視覚的なサインでもあります。

音や声による合図

野生の猫は単独で行動する捕食動物で、自分のなわばりをパトロールします。そのため、猫のコミュニケーションのほとんどは、侵入者を追い払うようにできています。猫が発する音や声の意味がわかれば、伝えようとしているメッセージの理解に役立つでしょう。

猫が立てる音や声の代表的なものには、「シャーッ」という音、うなり声、「ニャー」という鳴き声、「ゴロゴロ」とのどを鳴らす音があります。「シャーッ」という音とうなり声は、なわばりに入り込んだ侵入者や自分に近寄りすぎている人間への警告です。同時に歯を見せたり、爪を出して威嚇する場合もあります。「ニャー」という鳴き声は主に子猫が母猫への合図をするときに使われます。飼い猫の場合は、存在を知らせようとして「ニャー」と鳴くこともあるでしょう。高音で短い鳴き声はたいてい興奮しているか何かをおねだりしているサインであり、低音で長い鳴き声は不快感または警告を表しています。激しく大声で繰り返し鳴くのは不安の表れで、甲高い声で延々と鳴くときは痛みがあるかケンカをしているサインです。交尾中(または前後)はギャーギャーと鳴きます。のどをゴロゴロ鳴らすのは、喜びと満足を表します。

猫が発する音や声
許容できない猫の振る舞いには、「ダメ」と言う代わりに飼い主が「シャーッ」という音を出せば、自分が何か間違ったことをしたとわかるかもしれません。猫が発する音や声を利用して注意したほうが、猫は理解しやすいのでしょう。

社会性を身に着けさせる

猫は生来単独行動をする生き物ですが、仲間とともに満足して生活できる猫もいます。新しく家に迎えれば、人間や周囲の動物との新たな関係を築くことになります。慎重に思いやりを持って引き合わせることで、猫は自信に満ちて友好的になり、さまざまな状況に対応できるようになるでしょう。

早期に始める

社会化は子猫のうちに始めなければいけません。新しい人や猫や犬に出会う機会をできるだけたくさん与え、楽しく実りのある経験にするのです。友人や近所の人や獣医師にもなるべく早く引き合わせましょう。最初はできるだけ短時間にして、上手に対応できたらごほうびのおやつを与えます。子猫のうちにさまざまな経験をせずに育つと臆病になり、知らない人や動物がそばに来たりふれたりすると怖がり、攻撃することさえあります。

子猫のうちにさわられることに慣れ、ハンターとしての欲望を満たすことができるような遊びの機会をたくさん得ることは大切です。もちろん、眠そうなときは眠らせてあげましょう。

成猫の社会化

成猫を引き取った場合、新しい人や環境に慣らすには子猫よりも時間がかかります。日常生活に変化があると成猫は動揺するため、以前の飼い主や保護施設から、習慣や性格、好きな食べ物やおもちゃについてできるだけ多くの情報を得るようにしてください。なじみのものがあると落ち着きやすいので、可能なら古いベッドやおもちゃをいくつかもらい、安心できるようにします。また、環境に慣れるまではキャリー・ケースや箱などの隠れ場所を用意して、中で安心できるようにしましょう。

成猫は、最初は新しい飼い主を警戒してさわられるのを嫌がるかもしれません。自分のペースで周囲を探検させ、やさしい声で話しかけ、飼い主の存在や声の響きに慣れさせましょう。社会化ができていない猫の問題のひとつに、遊び方が荒っぽく、欲しいものを得るために噛んだり引っかいたりすることが挙げられます。噛んだり引っかいたりしたら、毅然とした声で「No（ノー）」と言い、代わりにおもちゃをあげましょう。上手に遊べているときはたくさんほめ、荒々しくおもちゃで遊んでいるときもほめましょう。そうすることで、おもちゃで遊ぶときは荒っぽくても良いけれど、人と遊ぶときはいけないのだということを学習します。

知らない人に会うことを強制するのではなく、その気があるときに愛猫が自分で近づけるようにしてください。悪いことは何も起こらないとわかれば、自信がついて人を信頼するようになります。友人や近所の人に世話を頼まなければならないときは、あらかじめ訪問してもらって猫との信頼関係を築くようにしましょう。

赤ちゃんに引き合わせる

愛猫がこれまでつねに家族の注目を浴びていたとしたら、飼い主の赤ちゃんの誕生はライバルの出現となりやきもちを焼くかもしれません。しかしこ

子猫は母猫から社会的スキルを学ぶ
子猫は生後8週～12週の間に母猫から社会的スキルを学び始めます。母猫と一緒に過ごして、生きるために必要なスキルを学び社会性を身に着ける必要があるため、生後12週に満たない子猫を引き取ることは望ましくありません。

社会性を身に着けさせる

子どもに慣れる
新しい猫は子どもにとってはたまらなく魅力的です。近づいたりふれたりするための正しい方法を教え、最初は見守るようにしましょう。

れはちょっとした準備で防ぐことができます。生まれる前に猫に赤ちゃん用品や部屋などを探検させて慣れさせておきましょう。ただし、勝手に入ってはいけないということや、ベビーベッドやベビーバスケットやベビーカーにはけっして入ってはいけないことを明確にわからせます。問題行動がある場合は、赤ちゃんの登場で悪化するおそれがあるので、時間をかけて理解させましょう。

初めて赤ちゃんを家に連れて帰ったときは、猫を赤ちゃんの隣に座らせ、行儀良くしていられたらおやつを与え、赤ちゃんも仲間だと理解させましょう。赤ちゃんと猫だけになる状態はけっして作らないようにしてください。赤ちゃんがいる部屋のドアを閉めるか、ドア枠に網戸を付けると良いでしょう。愛猫の生活はできるだけふだん通りにし、かわいがってあげることを忘れないようにします。

新たに飼い猫を増やす

たとえば、新たに家に迎える猫は新入りで、以前から飼っている猫を先輩の猫とするなら、新入りの猫を迎えれば先輩の猫は脅威ととらえます。新しい猫が子猫なら、大目に見る可能性は高いでしょうが、いじめたりやきもちを焼いたりしないか十分気をつけてください。先輩の猫が子猫をいじめていたら、子猫が自分で対処できるまで2匹を離しま

す。家は先輩の猫のなわばりであり、侵入者（新入りの猫）がどれほど小さくても、先輩の猫は本能的に侵入者からなわばりを守ろうとするということを忘れないでください。先輩の猫にも多くの愛情を注ぎ、気を配り、適切な行動をしたときにはごほうびを与えます。徐々にお互いに慣れ、打ち解ければ緊張感のある時期は終わり、良い遊び相手となるはずです。

他のペット

新しい猫を犬に引き合わせる場合も新しい犬を猫に引き合わせる場合も、同様の方法が使えます。新しい猫を初めて家に迎えるときは、猫が落ち着くまで犬が入らない部屋に入れておきます。フェンスを設けるか犬をケージに入れても良いでしょう。猫が新しい環境に親しんでいる間に、あらかじめ猫にこすり付けたタオルを犬にもこすり付けて、猫の臭いを嗅がせたり、猫にふれた手の臭いを嗅

友達になることを学ぶ
猫と犬は生まれつき仲が良いわけではありません。犬がそばにいても猫が安心していられるように、時間をかけてお互いに友好的な行動を取れるようにしましょう。

良い相棒
2匹の猫が一緒に生まれたきょうだいではないときは、小さいうちに引き合わせてください。飼い主が仕事で1日留守にしても、良い相棒や遊び相手となるでしょう。

がせ、猫にも同じようにします。犬が猫の臭いになじんだら、リードにつないで猫がいる部屋のドアまで連れて行き、お互いの行動を理解し合えたらリードを外します。犬が吠えたりドアを引っかいたり、突進するなどの不適切な行動を許してはいけません。残念ながら、なかにはけっして猫と一緒に生活できないような犬もいます。その場合は別の部屋で飼うようにして、一緒のときはつねに注意して見守る必要があります。

猫の狩猟本能はすぐに表れるため、ハムスターやウサギなどの小動物は会わせずに、新しい猫と離して飼うのが賢明です。

猫の飼い方｜遊びの大切さ

遊びの大切さ

猫には心身ともに健康であるための刺激が必要です。1日中ひとりで留守番をする室内飼いの猫ならなおさらです。ほんの少しのアイデアと努力で、家庭猫として楽しい生活を送らせることができるのです。飼い主が一緒に遊んであげることは猫と過ごす良い方法ですが、猫がひとりで遊べるようにすることもまた大切です。

猫の遊びは、過剰なエネルギーを発散するための重要なはけ口です。狩りをする機会がないと退屈してストレスを感じ、問題行動に発展することがあります。遊びから得られる精神的・肉体的な刺激は、成猫にとっても子猫と同じくらい重要です。たいていの猫、とくに不妊・去勢手術を受けた猫は大人になっても遊び心を持ち続けます。

刺激の欠如は室内飼いの猫には深刻な問題になりかねません。ひとりぼっちでつまらない1日を過ごすと、飼い主が帰宅したときにかまってもらおうとまとわりつくでしょう。外に出る猫は、危険は多いものの刺激的で活動的な生活を送っています。走り回ったり飛び回ったりできる広大なスペースで、新しい世界にふれながら探検し、狩りをする本能を自由に発揮できるのです。とくに室内飼いの猫は、家の中で定期的に発散させないと、しばしばストレスが爆発したように、家中を駆け回り、家具に飛び乗り、カーテンによじ登り、また駆け出したりします。これは自然な行動ですが、度を越し

本能を磨く
リボンをぶら下げたり引きずったりすると、猫が生まれつき持つ「追いかけて狩りをしたい」という衝動を刺激します。このような遊びを通して、野生の世界なら生きるために不可欠な、捕獲したり噛みついたりするスキルを学習できるのです。

た激しい行動には、家のものを破壊したり猫がケガをする危険が潜んでいます。興奮して一気に噴出するこうした行動を防ぐためには、日常的に狩猟本能をおもちゃや遊びでうまく発散させましょう。

いろいろなおもちゃ

猫は追いかけ、忍び寄り、飛びかかる本能を刺激するおもちゃを好みます。狩りの気分を味わえるおもちゃを与えて本能を満たしてあげましょう。羽やマタタビが入ったマウス付きのじゃらし棒などのおもちゃは、前足で捕まえたり叩いたり、床を這わせれば追いかけられる獲物の代わりにもなります。じゃらし棒なら、攻撃するときに爪や歯から飼い主の手を守ることもできるのです。

飼い主との遊びが猫の唯一の楽しみにならないように、猫がひとりで遊べるおもちゃも与えてください。動くおもちゃ、感触のおもしろいおもちゃ、マタタビの匂いの付いたおもちゃなら注意を引きやすく、ねじまき式あるいは電池式で床を動き回るおもちゃなどは、とくにわくわくするでしょう。

一部が外れて飲み込んだりしないよう、おもちゃの状態の確認はつねに必要です。噛み砕いたり粉々にしそうなおもちゃで遊ぶときは注意しましょ

隠れたり探検したり
紙袋とダンボール箱は、猫の好奇心を刺激します。喜んで遊びますし、不安に感じているときは中に隠れることもできます。出たいときはいつでも出られるようにしてあげましょう。

外での遊び
穏やかな猫にも狩猟本能は残っていますし、知的刺激が必要です。外に出られる猫には、本能に従って行動する機会がたくさんあります。

遊びの大切さ

う。ひもや布を飲み込めば腸閉塞を起こしかねませんし、とがった部分があれば、口にケガをするおそれもあります。

単純な遊び

身近にあるものでも、猫を満足させられるおもちゃになります。くしゃくしゃに丸めた新聞紙や鉛筆、松ぼっくり、コルクや羽など日常使うようなシンプルなもので十分に猫を喜ばせることができます。猫は隠れることが好きなので、古いダンボールや紙袋など隠れる場所を用意してかくれんぼをしましょう。ただし、ビニール袋では、中で窒息したり、持ち手に引っかかって自分の首を絞めてしまうおそれのあるので、けっして遊ばせてはいけません。

また、猫にとって魅力的な遊びの場に見えるといけないので、カーテンはきちんと束ねて、ブラインドのひもはぶら下がっていることのないように注意してください。猫は敏捷な生き物ではありますが、ひもなどに絡まって自分の首を絞めてしまうケースがあるので十分に注意しましょう。

刺激のある生活

愛猫に芸を教えることは、遊びの時間をさらにおもしろくする方法のひとつです（P288～289）。猫のトレーニングには、おやつが有効です。芸を教えるのに最も適しているのは、お腹を空かせている食餌の直前に、気が散らないよう静かな場所で行うことです。1回のトレーニングには数分以上かけないようにしてください。年齢と芸の難易度により、覚えるまでには1日2～3回のトレーニングを数週間続ける必要があることもあります。覚える過程で進展を見せたら、おやつを与えてたくさんほめましょう。楽しめてさえいれば、喜んで練習するようになります。猫がやりたがらないことを強制したり、猫が興味を示さないからといって飼い主が不機嫌になってはいけません。

愛猫が芸を覚える気にはならなくても、おもちゃを利用して、ドライ・フードを使った遊びができます。市販のものもありますが、手作りすることも可能です。まず、小さな箱や転がりやすい入れ物を用意して、ドライ・フードの粒よりやや大きい穴をいくつか開け、そこからドライ・フードを入れます。猫がじゃれついたら、その穴から少量のフードが出るようにするのです。猫はフードを取り出そうと、前肢や鼻をフルに使うので、狩猟本能に良い刺激を与えられるでしょう。

上に登ることができる台

叩いたり捕まえたりできる、ぶら下がったおもちゃ

倒れないように広く作られた底部

キャットタワー
猫は自分の住む環境を隅から隅まで探検したがるので、探索したり登ったりできる場所を与えることは大切です。上に台がある丈夫な爪とぎポストは、飛び乗ったりよじ登ったり爪をといだり、猫の本能を満たすのに最適な遊び場になるでしょう。

いろいろなおもちゃ

猫用のおもちゃは多種多様で、たいていは追跡・狩猟本能を刺激するように作られています。小さな軽いボール、フェルトやロープでできたネズミ、ポンポンや羽などがあります。たいていのペットショップには、マタタビの匂いが付いたおもちゃや、中におやつやフードを隠せるボールなども置いています。爪とぎポスト、キャットタワーなどは、高いところに登りたい猫の本能を刺激するでしょう。

ボールのおもちゃ

ネズミのおもちゃ

マタタビの匂い付きおもちゃ

羽のおもちゃ

猫の遊び場

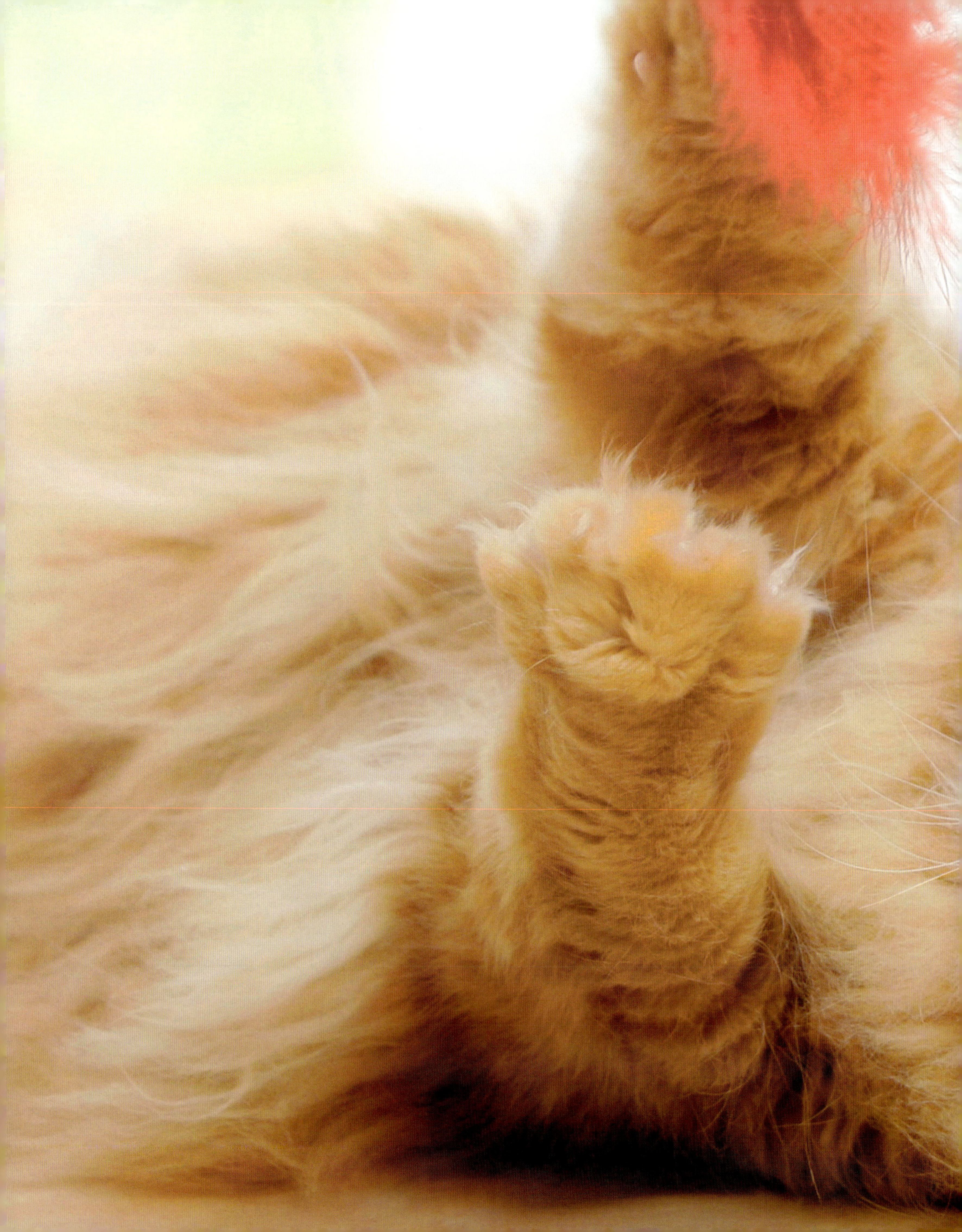

遊びの時間
多くの猫はシニアになっても遊ぶことが大好きです。ひとりで遊ぶこともできますが、飼い主と一緒に遊ぶ楽しい時間は、猫に良い刺激を与えます。

猫の飼い方｜猫のしつけ

猫のしつけ

猫は生来活動的な動物であるため、心身ともに健康であるためにはたくさんの刺激を必要とします。遊びをともにすることは、愛猫とかかわる絶好の機会です。思いやりのある効果的なしつけのためにはルールを決め、良い行動にはごほうびで報いて、問題のある行動をしたときはしからずに無視してください。

ごほうびのためなら何でもする

犬と違って猫には罰の効果がありませんが、食べられるごほうびがあれば喜んで学習します。呼びかけるだけで「オスワリ」や「コイ」を教えることはできませんが、乾燥させた鶏肉やエビなどのおやつを用意し、たくさんほめれば効果があるといわれています。空腹時や食餌の直前にトレーニングすると効果的です。ごほうびを短時間にたくさんあげるとあっという間に満腹になって興味をなくしてしまうので、おやつは細かくして少しずつ与えましょう。

生後4カ月くらいからよく学習するようになりますが、幼い猫には集中力がありません。また、高齢の猫はあまり興味を示しません。シャムのような活動的な短毛種の猫は、他の猫種よりもしつけが簡単だといわれます。

猫との絆を深める「コイ」「ニャー」のトレーニング

1回のトレーニングは1～2分、できれば静かで気が散るものがないところで行いましょう。

猫が来るようにしつけるには、おやつで気を引きながら名前を呼びます。近づいて来たら一歩下がって「コイ」と言い、すぐそばまで来たらすぐにおやつをあげてほめます。これを繰り返しながら少しずつ距離を延ばし、最終的には別の部屋にいても「コイ」と言ったら飛んで来るようにしましょう。それができるようになってから徐々におやつを減らせば、おやつがなくても反応するようになるでしょう。

呼んだら来ることを覚えたら、次は名前を呼んだら「ニャー」と鳴くようにします。おやつを持って名前を呼び、「ニャー」と鳴くまではおやつを与えないようにします。手から取って食べようとしても、与えてはいけません。「ニャー」と言ったら名前を呼んでおやつを与えます。名前を聞いたら必ず「ニャー」と鳴くようにトレーニングしてみましょう。

クリッカー・トレーニング

キャリー・ケースに入るなど、何か基本的な芸を教えたい場合は、クリッカーを使ったトレーニングが効果的です。クリッカーは押すとカチッと音（クリック音）がする小さな道具です。正しい行動をしたときに音を出して即座にごほうびのおやつを与えることで、クリッカーの音を良いことと関連づけ、飼い主の合図で望ましい行動をするように訓練できるのです。

爪とぎポスト
爪とぎポストは倒れない丈夫なもので、爪とぎに適した質感のものを選びましょう。キャットタワーの役割を兼ねるものもあります。

本能的な行動を理解する

飼い猫としての生活では捕食動物としての本能を満たすことは難しいかもしれません。猫には、時には獲物を捕らえたい、自由に走り回りたい、家具を引っかきたいといった本能的な衝動があることを理解し、自然な行動として受け入れる覚悟をしましょう。それらが問題になる場合は、おもちゃや爪とぎポストなど、別の選択肢を与えましょう。本能に従って自然な行動をしてもしかってはいけませんし、本能を抑えさせてもいけません。猫がケガをする危険がある場所、あるいは爪とぎをさせたくない場所や猫が行ってはいけないところなどは、フェンスなど物理的なバリアを設けましょう。

キャット・ドアを使う
愛猫が独立心旺盛なら、キャット・ドアを取り付けると良いでしょう。猫が好きなときに自由に出入りできるようになります。

クリック音を聞く
クリッカー・トレーニングを始める前に、愛猫がクリック音とごほうびの関連を理解できるようにします。飽きないように、トレーニング時間は短くしましょう。

猫の飼い方｜問題行動

問題行動

家具を引っかく、トイレ以外で排泄する、突然攻撃的になるなどの問題行動が見られる場合は、原因を調べる必要があります。猫にとって安心できない何かがあるというサインかもしれませんし、健康上の問題があるのかもしれません。飼い主は問題が病気、ストレス、退屈によるものなのか、単に本能によるものなのかを見きわめる必要があります。忍耐強く対処することで、問題を解決したり最小限に抑えることができるでしょう。

問題解決のカギ

- 動物病院で健康チェックをして、原因が健康上の問題である可能性を見きわめる
- 問題行動を引き起こした要素を特定し、可能な限りその要素を排除する
- けっして不適切な行動に対してしからず、その問題で注目しない
- 引っかくなどの行動は、より適切な対象物に向けるよう促す
- 獣医師に相談し、資格と経験のある動物行動の専門家を紹介してもらう

徹底的に闘う
猫は生まれつき、自分のグループ以外の存在に危険を感じます。餌場やトイレを共有しなければならない猫の間で対立すると、しばしば闘いになります。

攻撃性

一緒に遊んでいるときに飼い主を噛んだり引っかいたりしたら、すぐに遊ぶのを止めてください。猫が興奮しすぎたのかもしれませんし、腹部などさわられたくないところにふれられてしまったのかもしれません。噛んだり引っかいたりすることを容認することになりますので、愛猫と遊ぶときには自分の手をおもちゃ代わりに使ってはいけません。荒っぽい遊びは攻撃性を誘発することがあるため、子どもたちにはやさしく遊ぶこと、猫をひとりにしておく時間が必要であることを教えましょう。もし犬を飼っていたら、猫をいじめないようにしつけます。猫が待ち伏せして飼い主の足首を攻撃したり肩に飛び乗ったりするのが好きならば、おもちゃなどを与えて注意をそらしましょう。

明白な理由もなく攻撃的になるときは、どこかに痛みがある可能性があるので、念のため獣医師に診てもらいましょう。体に何も異常がないにもかかわらず攻撃的な状態が長期にわたる場合は、子猫のころに社会性を身に着けられなかったことが原因かもしれません。人に対する用心深さは変えられないかもしれませんが、忍耐強く接すればやがて飼い主を信頼するようになるでしょう。不妊・去勢手術をすると、おとなしくなるケースがよくあります。

噛む行為・引っかく行為

退屈はストレスや破壊的な行動につながることがあります。生涯家の中で過ごし、とくにひとりにされることの多い猫は、退屈を紛らわすために家の中のものを噛むかもしれません。その場合はおもちゃをたくさん与え、毎日時間を取って、思いきり遊んであげましょう。

猫が引っかくのは、爪をとぎ、なわばりに視覚的

問題行動

なわばりを主張する
猫はテリトリーを主張するために、尿でマーキングをします。特定のエリアで他の猫と対立がある場合などは、家の中でも庭でも同じようにマーキングします。騒音や環境の変化が原因のストレスでも、不適切な場所でスプレー行為をする場合があります。

かつ嗅覚的なマーキングをするための自然な行為です。ソファーを激しく引っかく場合は、代替品として爪とぎポストなどを与え、爪とぎのマーキングをさせます。爪とぎポストはたいてい目の粗いロープか麻布で覆われており、爪とぎに適した質感があります。よく引っかく場所の近くに置き、使わないようならその気になるようにマタタビをこすり付けましょう。カーペットでとぐようなら、床置きタイプの爪とぎマットを与えます。どうしても家具に爪を立てる場合は、引っかかれているところをきれいにして臭いを取り、猫が嫌う感触の両面テープのようなもので覆って様子を見ましょう。

猫の爪とぎ問題を解決するもうひとつの方法として、猫がマーキングに使うホルモンを複製した成分を含む液体を家具にスプレーするやり方があります。コンセント式のディフューザーも売られており、猫が安心できるホルモンを発することで不安を和らげ、ストレスによる行動を軽減するといわれています。

スプレー行為

尿のスプレー行為も、引っかく行為と同じくなわばりのマーキングとして行われますが、不妊・去勢手術後は通常少なくなります。ただし、赤ちゃんが生まれたりペットが増えたりして環境が変わると、ストレスでスプレーをする場合があります。

屋内のスプレー行為には、猫が尾を上げた瞬間に注意をそらして対処します。しっぽを下ろすか、おもちゃを投げて遊ばせるとよいでしょう。繰り返しスプレーするところがあるなら徹底的に掃除をし、そこに食餌用のボウルを置くなどの工夫をしてみましょう。掃除は猫に安全な洗剤のみを使用し、臭いの強い化学洗浄剤は避けてください。猫はアルミホイルに尿が当たる音を嫌うため、よくスプレーするところにアルミホイルを敷くのもひとつの手です。

排泄の問題

排泄時に痛みがあると痛みをトイレと関連づけ、トイレ以外の場所で排泄するようになることがあり

家具を引っかく
引っかく行為は、爪の状態を保つためとマーキングのための自然な行為です。他の猫との問題が起こりそうな場所では、自分の立場に不安を感じ、なわばりのマークを残しているのかもしれません。

ます。そのようなときは、獣医師に相談してください。健康上の問題がないようなら、他に問題があるのかもしれません。まめに掃除をしないと臭いが強すぎると感じるかもしれませんし、臭いがもれないようにトイレにカバーをすると、中に臭いがこもってきつくなりすぎる場合があります。新しい砂の感触を不快に感じることもあるので、トイレの砂を変えた場合も注意が必要です。つねにトイレは同じ場所に置きましょう。

猫の飼い方｜責任のある繁殖

責任のある繁殖

猫種の繁殖は、生まれてくる猫たちと出会える幸せを与えてくれます。しかし、繁殖には大きな責任が伴います。成功しているブリーダーの多くは、長年にわたる経験と知識に支えられているのです。繁殖を決心したら、繁殖に関する知識を増やし、出産の準備を整えて、妊娠している猫と生まれてくる子猫の世話に相当の時間とお金を使う覚悟をしましょう。子猫の将来もあらかじめ考えておかなければなりません。

大きな決断

生まれてくるすべての子猫に幸せな生活環境を与える自信がないのなら、繁殖はさせないでください。

繁殖を始める前に、できるだけ多くのアドバイスと詳細な情報を得るようにします。純血種のメスを購入したブリーダーからは、去勢されていない同猫種（もしくは交配可能な猫種）のオスの探し方などの貴重な情報が得られるでしょう。遺伝学についてもきちんと理解する必要があります。猫種によっては子猫にはさまざまな特徴が発現するため、被毛の色とパターンに関する知識を学ぶ必要があります（P50〜53）。特定の猫種に関連する遺伝的疾患についても認識しておいてください（P296〜297）。純血種の子猫は高額で売れる場合がありすが、交配料と獣医師にかかる費用、子猫のための暖房設備、登録費用、母猫と離乳後の子猫両方のための食費といった費用がかかります。

妊娠と出産前の世話

妊娠した猫の乳首がわずかに赤くなるのは、交配が成功した場合の最初の徴候のひとつで、妊娠第3週目くらいに現れます。その後の数週間で母猫の体重は増えて体型も変化します。妊娠中の猫は神経質になりやすく、ストレスになることもある

妊娠
イエネコの妊娠期間は通常63〜68日です。

ため、飼い主が頻繁に状態を確認してはいけません。妊娠中の猫はたくさんの栄養を必要としますが、食餌の指導や必要なサプリメントなどについては、獣医師からアドバイスをもらいましょう。子猫に感染する可能性があるため、寄生虫の確認も必須です（P302〜303）。腸内寄生虫を確認するために排泄物の検査をするかもしれませんし、必要ならノミ駆除のアドバイスもしてくれるでしょう。

もともと活発な猫なら、妊娠中でも飛び跳ねたりよじ登ったりするのを止めさせる必要はありませんが、出産直前の2週間は室内で静かに過ごさせましょう。どうしても必要な場合以外は抱き上げず、子どもがいる場合は猫をやさしく扱うように伝えてください。

出産まで十分な時間があるうちに、静かな場所に産箱を用意します。市販されているものでもい

成長の段階

生まれたての子猫は、目が見えず耳が聞こえないため母猫に依存しますが、急速に成長します。数週間のうちには、無力な幼い猫から猫としての基本を学んだ元気な子猫になります。生後3週ほどで歩けるようになると、母猫がトイレを使うときにまねをしてトイレで排泄するようになります。4週までにはミルクから固形食へと食餌が変わり始め、母猫がフードボウルから食べるのをまねするようになります。母猫への栄養面での依存は少なくなり、生後8週くらいで完全に離乳します。一般的に生後12カ月で立派な大人に成長しますが、もう少し時間がかかる場合もあります。大人になる前に性的に成熟するため、4〜5カ月ほどで不妊・去勢の手術が可能です。

体温調節はできない

生後5日
目はまだ開いていませんが、周りの世界を感じています。耳は頭にぴったり張り付いており、聴覚は完全ではありません。生まれて最初の週は母猫のそばを離れず、眠ることとお乳を飲むこと以外はほとんど何もしません。

目は開いたが、目の色は定着していない

生後2週
目は開いていますが視覚は完全ではありません。生まれて数週間は子猫の目はみなブルーで、徐々に色が出てきます。嗅覚も発達してきて、なじみのない臭いに対しては「シャーッ」と言ったりつばを吐くような音を立てたりして、防御の反応を示します。

責任のある繁殖

初めてのシャンプー
生まれるとすぐに、母猫は子猫の体をなめてきれいにします。舌を使って子猫の体に付いた粘膜を取り、刺激を与えて呼吸を促すのです。

獣医師が段階ごとにアドバイスをくれるので、あらかじめ確認しておきましょう。ほとんどの場合子猫は問題なく生まれ、たとえ初産であっても母猫は本能的に何をすべきかわかっているものです。

最初の数週間

離乳するまでは、子猫は母猫やきょうだい猫と一緒にいる必要があります。母猫は子猫の保護者兼栄養源であるだけでなく、猫としての行動を教えてくれる先生でもあります。また、きょうだいとのやりとりによっても、社会性や生きる上で必要なスキルを習得するのです。どうしても必要な場合以外は、子猫を母猫やきょうだいから離してはいけません。

早ければ生後4週ほどで遊び始めるため、子猫の刺激になるおもちゃがいくつかあると役に立ちます。動き回るおもちゃは人気がありますが、小さな爪が抜けなくなるようなものを与えてはいけません。遊びが激しくなることもありますが、子猫同士が取っ組み合いを始めても引き離す必要はありません。お互いを傷つけることはほとんどありませんし、ケンカごっこも成長の一部なのです。産箱から出て動き回るようになったら、つねに居場所に注意しましょう。産箱をよじ登って外に出ると、どこにでも入り込み、踏まれたりケガをしたりすることになりかねません。ワクチン接種が済むまでは室内にとどめておくようにしましょう。

新しい飼い主を探す

生後12週を迎えると、新しい飼い主のもとに行く準備ができます。手元に残す予定はなかったとしても、生まれたときから世話をした子猫とは離れがたく、その気持ちに逆らえなくなるかもしれません。新しい飼い主に託す前に、新しい家が子猫にとって幸せな環境であるかどうかを見定めましょう。気になる点は新しい飼い主に質問し、もし答えに満足できない場合は猫にとってふさわしい家なのかを慎重に検討し直す必要があるでしょう。

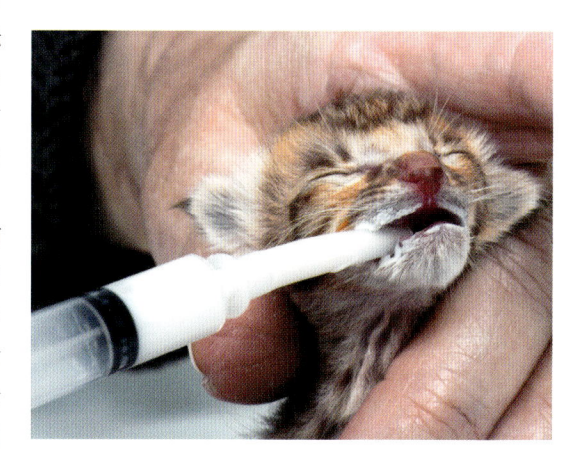

スポイトによる授乳
子猫を人が育てるときは、授乳をしなければなりません。適切な用具、適切な調合、適切なやり方で行わなければ命にかかわるため、獣医師のアドバイスが必要でしょう。

いのですが、丈夫なダンボールでも十分です。簡単に入れるように一面を開けておき、子猫が這い出してしまうほど入り口が低くないかを確認してください。破いた紙を敷けば暖かくて居心地も良く、汚れても簡単に取り換えられます。お産をする場所でリラックスできるように、妊娠中も箱の中で過ごすよう促せば、猫にとって安心な場所になり、もしも陣痛が始まったら自分で産箱に行くかもしれません。

出産

出産のときが来たら、出産を見守り、問題が起こったときには獣医師に連絡できるように準備しておきましょう。どんなことが起きるのかについては、

生後4週
元気に動き回ります。しっぽを立ててバランスを取り、探索を始めるのです。視覚、聴覚は十分に発達し、乳歯が何本か生え、消化器官が母乳以外の栄養素に対応できるようになるので、母猫は離乳を開始します。

生後8週 — 身づくろいの練習
非常に活発であらゆるものに興味を持ちます。身づくろいなどの習性を本能的に身に着け、おもちゃやきょうだいに跳びかかって狩りのまねごとをします。この時期に完全に離乳します。

生後10週
猫らしい行動を取るようになってきます。独立心を持ち、まもなく家を離れる準備ができます。まだ動きがぎこちないので、ジャンプやよじ登りなどの動きは見守る必要があるでしょう。この時期までに最初のワクチン接種をしてください。

293

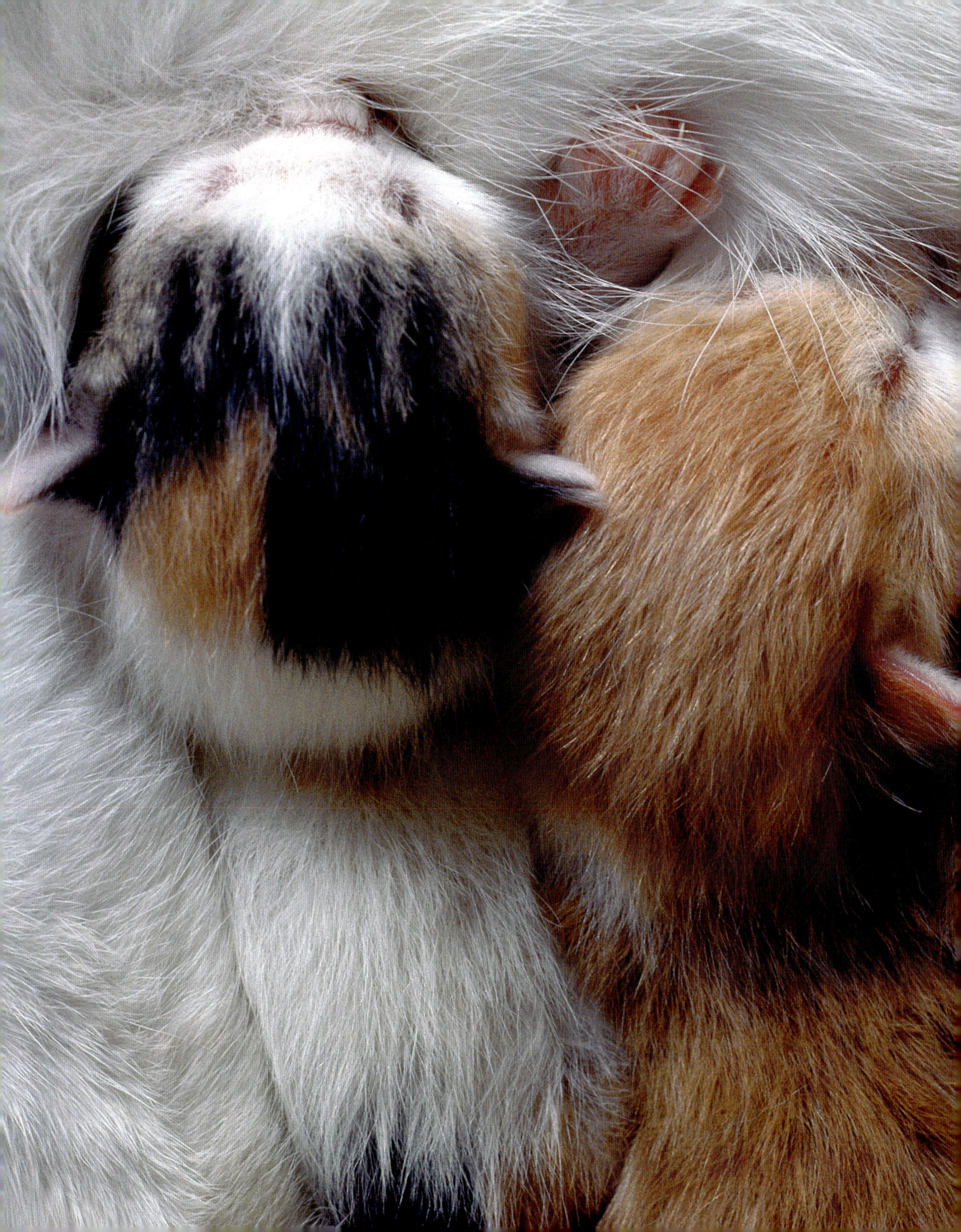

生まれたての猫
子猫はそれぞれ自分用の乳首を選び、母乳の匂いをたどって同じ乳首からお乳を飲むといわれています。最初の1週間に子猫がすることは、眠ることとお乳を吸うことだけです。

猫の飼い方｜遺伝性疾患

遺伝性疾患

遺伝性疾患とは、親から受け継がれる遺伝子の障害で、特定の猫種に関連するものがあります。ここでは代表的な遺伝性疾患を説明します。

遺伝子の問題はなぜ起こるのか？

遺伝性疾患は、遺伝子にある異常が原因で起こります。遺伝子は細胞内のDNAの一部で、猫の成長、体の構造、機能についての「設計図」です。遺伝性疾患は通常小さな個体群や、血縁関係が近すぎる個体同士の交配の結果発症します。このため純血種に多く見られる傾向があり、スクリーニング検査（症状が現れる前に病気を発見するための検査）をすることがあります。

猫種に特有の疾患

純血種は遺伝子プールが小さいため、個体数の多い雑種に比べて欠陥遺伝子の影響が大きいものです。雑種の場合は欠陥遺伝子があったとしても数世代でなくなります。肥大型心筋症（HCM）はメインクーンやラグドールによく見られ、1個の欠陥遺伝子に関連した疾患です。この病気は、心筋が太く弾力性に乏しくなり心室内のスペースが狭まることで、心臓が送り出す血液量が減少し、最終的に心不全を起こします。なかには遺伝性疾患によって特徴づけられている猫種もあります。たとえば、過去に古典的なシャム猫に見られた内斜視は、視覚障害の結果によるものでした。

遺伝性疾患は、生まれつきある場合と後に発症する場合があります。欠陥遺伝子を保有していても症状が現れない猫もおり、このような猫は保因者と呼ばれ、同じ欠陥遺伝子を持つ猫と交配すると疾患を持つ子猫が生まれることになります。

猫の病気の多くはもともと遺伝性だったと考えられていますが、それを説明する欠陥遺伝子は特定されていません。右の表に掲載した疾患はすべて遺伝性であることが確認されています。スクリーニング検査が有効なものもあり、その猫が欠陥遺伝子を持っているかどうかを特定することができます。

飼い主にできることは？

遺伝性疾患をなくすため、ブリーダーは遺伝性疾患にかかっている猫や欠陥遺伝子の保因者であることが判明した猫に不妊・去勢手術を施し、繁殖に使わないようにしなければなりません。

飼い猫に遺伝性疾患があって発症した場合には、情報をできる限り集めましょう。遺伝性疾患の多くには治療法がありませんが、注意深く管理することで症状を緩和し、質の高い生活を送らせることもできるのです。

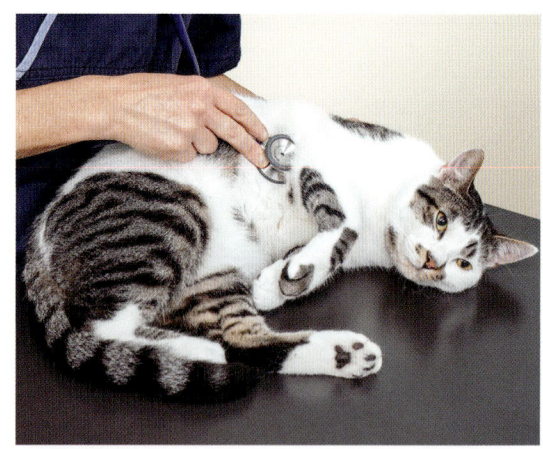

心拍と呼吸のチェック
獣医師は聴診器で心拍数と呼吸数を聞きます。これは遺伝性疾患のサインである胸の雑音を検知するのに役立ちます。

腎臓疾患
ペルシャは、多発性嚢胞腎を含む多くの遺伝性疾患の危険を抱える猫種です。多発性嚢胞腎とは、腎臓に液体の入った嚢胞ができ、最終的に腎不全を起こす疾患です。

猫種特有の遺伝性疾患

疾患名	概　　要	スクリーニング検査の有無	病気の処置・管理	かかりやすい猫種
■原発性遺伝性油性脂漏症	パサパサ、または脂でべとついた皮膚や被毛が見られる	なし	脂漏症用の薬用シャンプーで頻繁に洗う	ペルシャ、エキゾチック
■先天性貧毛症	無毛の状態で生まれるため、感染症にかかりやすい	なし	治療法はない。暖かい室内にとどめ、感染症の原因となりそうなものに近づけない	バーマン
■出血性障害	外傷により、過剰もしくは異常な出血がある	いくつかのタイプの出血性障害には有効な検査あり	治癒しない傷に注意し、出血を止める処置をして、獣医師のアドバイスをもらう	バーマン、ブリティッシュ・ショートヘア、デボン・レックス
■ピルビン酸キナーゼ欠損症	赤血球に影響を及ぼす疾患で、貧血を起こし、寿命を縮める	遺伝子検査あり	輸血が必要なことがある	アビシニアン、ソマリ
■肥大型(性)心筋症	心筋が太くなり、心不全を起こす	遺伝子検査あり	心不全の影響を最小限に抑えるため薬物を投与する	メインクーン、ラグドール
■糖原病	グルコースの正常代謝ができずに重度の筋力低下を招き、心不全を起こす	遺伝子検査あり	治療法はない。短期的な輸液療法が必要	ノルウェージャン・フォレスト・キャット
■脊髄性筋萎縮症	進行性の筋力低下が後肢から始まる。生後15週以降の子猫に見られる	遺伝子検査あり	治療法はない。適切なサポートにより、十分な生活を送る場合もある	メインクーン
■デボン・レックス遺伝性筋障害(ミオパシー)	全身の筋力低下、歩様の異常、嚥下障害が見られる。生後3〜4週の子猫に最初に発症する	なし	治療法はない。窒息を防ぐため液状の食餌を少量ずつ与える	デボン・レックス
■低カリウム性多発生筋障害	腎不全に関連する筋力低下が見られる。歩き方がぎこちなくなり、頭部に震えが見られる	バーミーズは遺伝子検査あり	カリウムの経口投与により症状を管理できる	バーミーズ、エイジアン
■リソソーム蓄積症	神経系を含むさまざまな体組織に影響する酵素が遺伝的に欠如している	いくつかのタイプには有効な検査あり	有効な治療法はない。通常若いうちに死亡する	ペルシャ、エキゾチック、シャム、オリエンタル、バリニーズ、バーミーズ、エイジアン、コラット
■多発性囊胞腎	腎臓に液体が入った嚢(嚢胞)ができ、最終的に腎不全を引き起こす	遺伝子検査あり	治療法はない。腎臓の負荷軽減のため薬剤を投与することがある	ブリティッシュ・ショートヘア、ペルシャ、エキゾチック
■進行性網膜萎縮症	目の網膜にある桿体と錐体が変性し、早期に失明する	アビシニアンとソマリに見られる、この病気の形態のひとつに有効な検査あり	治療法はない。なるべく危険なものから遠ざける	アビシニアン、ソマリ、ペルシャ、エキゾチック
■骨軟骨異形成症	痛みを伴う退行変性関節疾患。尾、足首、膝の骨の骨格奇形を生ずる	なし	苦痛緩和剤で痛みと関節の腫れを軽減する。予防のため、折れ耳の猫は立ち耳の猫と交配しなければならない	スコティッシュ・フォールド
■マンクス症候群	脊椎が短すぎて脊髄損傷を引き起こし、膀胱、腸、消化器官に影響を及ぼす	なし。極端な形の無尾のための特別な検査はない	治療法はない。この病気が判明するとほとんど安楽死を処置される	マンクス

猫の飼い方｜健康な猫

健康な猫

家に連れてきたその日から、猫の健康状態と行動を観察し、良好な状態を把握して病気のサインを早期発見できるようになりましょう。行動の変化をよく観察することで、早い段階で病気やケガに気づくことができます。定期健康診断では、獣医師が健康状態を調べた上で問題があれば治療へ移ります。

外見と行動

最初は用心深いのですが、慣れてくるとその猫本来の性格が表に出てきます。生まれつき社交的かそうでないかにかかわらず、つねに好奇心を持ちながらも環境に適応していきます。愛猫の動き（すばやいのか、それとものんびりしているのか）や鳴き方（ニャーと鳴くのか鳥がさえずるように鳴くのか）に注意し、飼い主や家族とのかかわり方を観察してください。飼い主を信頼し、ごはんをくれる人だと理解し、飼い主を見て喜ぶようにならなければいけません。

猫の食べ方や飲み方にも注意が必要です。食欲があるときは少しずつ頻繁に食べることを好みますが、必須栄養素も十分に摂取していなければいけません。水分のほとんどは食べ物から得るので、水を飲む回数はそれほど多くはありませんが、食餌がドライ・フードだけならより多く水を飲むでしょう。

猫トイレを使用している場合は、1日数回は排泄物を取りのぞくようにします。そうすればどのくらいの頻度で排泄するのかがわかるでしょう。体の一部を過剰になめる、前足で顔をかく、頭を振るなどの異常な行動が見られたら注意が必要です。傷や寄生虫が原因かもしれませんし、皮膚や被毛に何かが付いているのかもしれません。

家での健康チェック

猫の頭からしっぽの先まで、できれば定期的にチェックしましょう。新しい猫の場合は毎日、様子がわかってきたら2～3日おきで十分ですが、必要なら1回2～3分のチェックを何度かに分けてしましょう。

最初に手を頭、体、肢に這わせます。腹部をやさしく押してしこりや痛む部位がないか確認し、肢としっぽは動かして自由に動くことを確かめます。肋骨にさわりウエストラインを見て、太りすぎでもやせすぎでもないことを確認しましょう。

次に目を調べます。まばたきの頻度は、普通は人間よりゆっくりです。猫の瞳孔が光と暗闇に反応することと、瞬膜がほとんど見えていないことを確認してください。さらに耳や頭の角度が正常かどうかを見ます。耳に痛みはないか、寄生虫がいないか、黒い耳垢がないかなどの確認が必要です。鼻は冷たく湿り気があり、余計な粘液がないことを確認します。

口の中をよく見て、歯茎に赤い腫れや出血がないかを確かめてください。息が臭いようなら要注意。歯茎は外側を少し押してみたときに、一瞬青くなって手を離すとピンク色に戻るのが正常です。

被毛の感触はなめらかでなければならず、脂っぽくてはいけません。しこりや傷、脱毛部位や寄生虫の有無もよく見ます。首筋の皮膚をやさしく持ち上げて離したときに、皮膚はすぐ普通の状態に戻らなければなりません。爪は引っ込んでいるときは見えない状態が正常で、カーペットなどに引っかかるのは良くない状態です。

健康的な行動

- 表情は明るく油断がない
- 自由に走ったりジャンプをする
- 人に対し友好的で落ち着いた様子を見せる
- 楽に身づくろいをする
- 食べる量、飲む水の量は通常通り
- 正常に排尿、排便がある

健康な猫
見た目に健康そうであるとともに、敏捷で行動的。習慣的に身づくろいをし、落ち着いて見えます。

- 冷たく湿り気があり、分泌物がない鼻
- きれいで耳垢がない耳
- 過剰な涙、分泌物、目やにがなく、瞬膜が隠れている目
- 肉付きが良く、太っていない標準的な体型
- 中がきれいで、歯に損傷がなく、歯茎も健康な口
- きれいで、痛みや分泌物がない肛門の周囲
- つやのある被毛、傷や皮膚疾患が見られない皮膚

尾の下側は、きれいで赤みを帯びてふくらみ、寄生虫の徴候がないことを確認しましょう。

問題を見つける

猫は痛みや病気やケガなどの徴候を隠すことが知られています。野生では、捕食者の注意を引かないよう弱みを見せないことに生死がかかっているからです。しかし、このことは症状が悪化するまで飼い主が気づかないという問題につながってしまいます。

ふだん以上に空腹を訴えたり、のどが渇いている様子を見せたり、食欲を失ったり、体重が減ったように見えたら、獣医師に相談してください。排泄中に鳴いたり、体を緊張させたり、トイレ以外の場所で排泄するときは、内部疾患がある可能性もあるため、すぐに獣医師に診てもらうべきです。

行動の変化にも要注意。飼い主のところに来るのを嫌がったり、隠れたり、あまり活発ではなくなったり、異常に臆病になったり、攻撃的になったりするかもしれません。こうしたサインに気づいたら、すぐに獣医師に相談しましょう。

定期健康診断

少なくとも年に1回は健康チェックを行う必要があります。獣医師は頭から尾の先までチェックし、敏感なところやしこりがないかを確認して評価します。ワクチンの追加接種、内部寄生虫の検査、外部寄生虫やノミの処置についてのアドバイスももらえるでしょう。

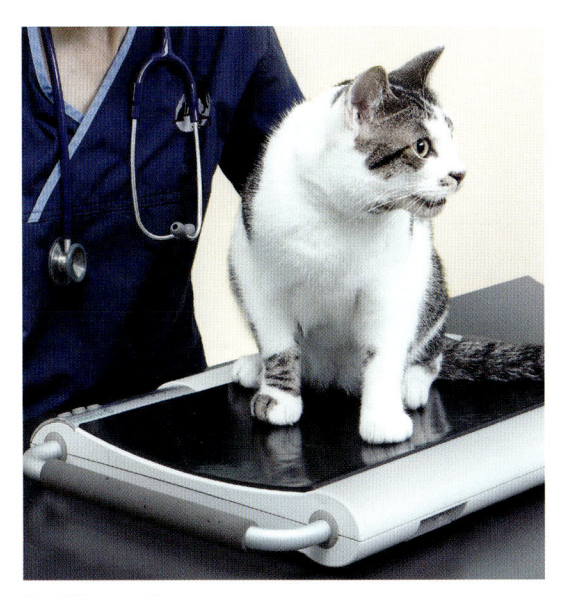

体重測定中の猫
全体的な健康の指標になるため、体重を記録し続けることは大切です。太りすぎや突然の体重減少が見られた場合は獣医師に相談しましょう。

日常的なチェック

目
潤っていて澄んでいることを確認し、瞼をやさしく上下に引っ張ります。結膜（まぶたの裏側）は薄いピンク色でなければいけません。

耳
耳の中を見ます。内部は清潔かつピンク色で、傷や痛む箇所、分泌物、寄生虫、黒い耳垢や悪臭があってはいけません。

歯と歯茎
やさしく唇を上げ、歯と歯茎と口の中を確認します。歯は損傷がなく、歯茎は薄いピンク色であることが健康の証です。

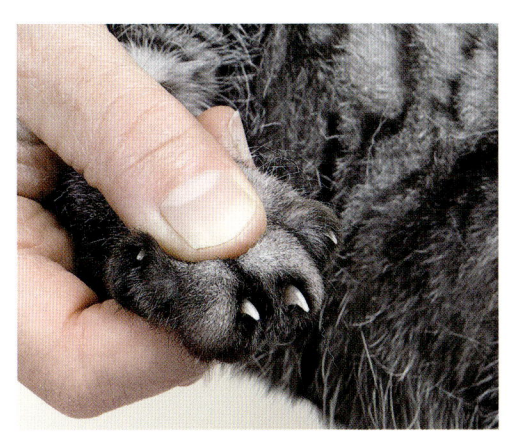

爪
それぞれの足先をやさしく押して爪を出します。傷ついた爪や爪がない指がないかを確認します。さらにポー（足指）の間に傷がないことも確認を。

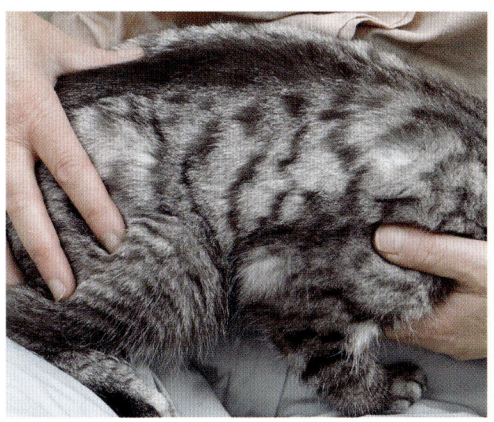

体型
手を背中、肋骨、腹部にやさしく這わせて、体型を調べます。肋骨はふれてすぐわからなければ太りすぎで、見ただけでわかるようではやせすぎです。

猫の飼い方｜病気のサイン

病気のサイン

自然界では弱みを見せると捕食者の注意を引きつけてしまうため、猫は本能的に痛みや病気の症状を隠そうとします。しかしこれは問題が深刻化するまで、飼い主が気づきにくいということでもあります。日ごろから愛猫の外見や行動に変化がないかを観察することで、早い段階で異常に気づくことができるでしょう。

よくある健康上の問題

生きているかぎり、どんな猫でも健康上の問題に遭遇します。たまにある嘔吐や下痢などはそれほど問題ではなく、獣医師に診てもらう必要もありません。腸内寄生虫やノミなど、獣医師の指示に従いつつ家で簡単に処置できる問題もあります。しかし、嘔吐や下痢を繰り返すようなら、すぐに診てもらうべき深刻な問題だといえるでしょう。またこれらの症状は、しばしば隠れた病気のサインでもあります。排尿時に痛みがある尿路感染や尿路閉塞もありますし、結膜炎や瞬膜が見えるなどの目の異常もあります。他の猫とケンカしてできた膿瘍、食餌ができないほどの歯の問題も同様です。

病気のサイン

- 元気喪失、隠れて出てこない
- 異常に速い呼吸、異常に遅い呼吸、苦しそうな呼吸
- くしゃみ、咳
- 傷、腫れ、出血
- 便や尿、嘔吐物に血が混じる
- 足を引きずる、体が硬い、家具に飛び乗ることができない
- 原因不明の体重減少、原因不明の体重増加（とくに腹部膨張がある場合）
- 食べる量の減少、食餌に手をつけない、過剰な食欲、食餌困難などの食欲の変化
- 嘔吐、あるいは食べた直後の未消化フードの原因不明の逆流
- のどの渇きが増す
- 下痢、排便困難
- 排尿困難、あるいは排尿時に鳴く
- かゆみ
- 場所を問わず、異常な分泌物
- 被毛の変化、過剰な脱毛

病気の前兆

猫は弱って攻撃されやすいと感じるときには静かに耐え、ことさら自分に注意を集めるようなことはしません。獣医師の診察が必要な場合があるため、飼い主は注意を怠らず、猫の習慣や行動の変化を見逃さないようにしてください。猫は寝たり休んでいる時間が多いので、活力の低下には意外と気づきにくいものです。ジャンプをしたがらないなどの活動レベルの低下や注意力の低下は、具合が悪いか痛みがある場合に見られます。活力低下は肥満と関連があることも多いため、体重を落とすことで元気になることもあります。

食欲の変化は、多くは病気が隠れているサインです。食欲がないのは歯や口内に痛みがあるせいかもしれませんし、腎機能障害などの深刻な病気の可能性もあります。食欲は増しているのに、体重が減り排尿が頻繁でよく水を飲む場合は、甲状腺機能亢進症や糖尿病が原因かもしれません。

異常な呼吸や苦しそうな呼吸は、胸にケガをしたときに見られます。気道閉塞や上気道（ウイルス）感染症が原因である場合もショック症状で起こります。また苦しそうに息をするのは喘息や気管支炎の可能性があるので、呼吸困難になったら急いで動物病院に行ってください。

命の危険がある脱水症状には、嘔吐、下痢、頻尿、熱中症などさまざまな原因が考えられます。まず脱水症状を起こしているかどうかを確認できる簡単なテストをしましょう。猫の首筋の皮膚をやさしく持ち上げて離したときに、皮膚がはね返るようにもとの状態に戻るなら心配ありませんが、戻るのに時間がかかるようなら脱水を起こしているサインです。指で歯茎にふれたときに乾いていてくっつくようなら、これも脱水症状を示唆します。緊急の際の水分補給は、獣医師が皮下あるいは直接静脈に液体を注入します。

食欲不振
ふだんよく食べる猫が食餌に興味を示さなくなると心配です。痛みや病気が原因で、早急に獣医師に診てもらう必要があるかもしれません。

行動の変化
病気はすぐに判明しないことがありますが、猫の行動が手がかりになることもあります。活動的な猫が元気をなくしていたり、のんびりした猫の反応がいつも以上に乏しい場合は、健康に問題があるかもしれません。

歯茎の色も目安になります。健康な場合はピンク色ですが、薄い色や白くなっていたらショック症状、貧血、失血などを意味します。黄色い歯茎は黄疸症状で、真っ赤な歯茎は一酸化炭素中毒、熱、口内出血によるものです。青い歯茎は血液の酸素化がうまくいっていないことを示しています。

皮膚にあるしこりも病気の指標のひとつですが、これはグルーミングのときに定期的にチェックできます。身づくろいをしない、被毛の感触が変わった、毛が抜ける、トイレ以外で排泄することなども、何らかのサインかもしれません。

緊急性の判断
深刻な病気の疑いがある場合、飼い主のすばやい行動が猫の生死を分けることがあります。かかりつけの動物病院の電話番号と病院の救急サービスへの連絡先は、わかりやすいところに置きましょう。以下のいずれかの症状が見られたら、すぐに獣医師に連絡してください。

- 意識消失（必ず気道がふさがれていないことを確認）
- 発作
- 浅速呼吸、苦しそうな呼吸
- 頻脈、弱い脈拍（後肢の内側、肢の付け根のあたりで脈を測る。正常なら1分間の脈拍は110〜180）
- 高体温、低体温（耳と肉球にふれて確認）
- 歯茎の色が薄い

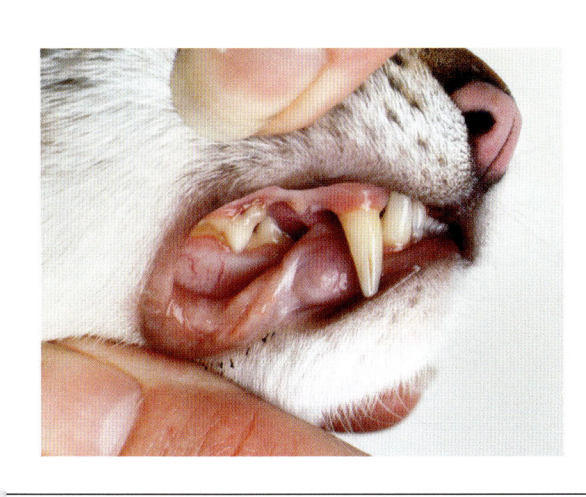

歯茎のチェック
歯茎の色の変化は健康状態の変化を意味します。歯と歯茎を見る方法を獣医師に聞き、通常の健康チェックの一環として口内チェックを定期的に行いましょう。

獣医師に診てもらう
愛猫の健康に不安があるときは、すぐに獣医師に連絡しましょう。突然ひどく具合が悪くなったり大ケガを負ってしまった場合も速やかに連絡し、病院に着くまでに獣医師が診療の準備をできるようにしましょう。

- 足を引きずる、歩行に困難がある、麻痺が見られる
- 立つのが困難、転倒する
- ひどいケガ（事故にあった場合、一見ケガがないようでも内出血の可能性もあるため、必ず獣医師の診察を受ける）

猫の飼い方｜健康とケア

健康とケア

飼い主の最大の責務はペットの健康を守ることです。病院で定期的に健康診断とワクチン接種を受けることと、獣医師に診せる必要のある変化に気づくことは、飼い主として必ず心がけたいことです。よくある猫の病気についての知識を深め、病気のときや手術の後や緊急時に、どのようなケアをすべきなのかを学びましょう。

どんな猫も生きている間にさまざまな健康上の問題に遭遇しますが、猫は静かに病気に耐え、弱っているときには周囲の注意を引くようなことをしません。愛猫の習慣や行動のいかなる変化も見逃さないようにしてください。活力の喪失や食欲の変化などは診察が必要な場合があります。家庭で定期的に健康チェックを行えば、猫に見られる病気や不調のサインに気づくのに役立ちますが、年に1回は動物病院での定期健診を受けることも大切です。詳しくチェックしてもらうことによって、さらに検査が必要な症状が見つかるかもしれません。

寄生虫と病気

外部寄生虫、内部寄生虫、感染症、歯や歯茎の病気など、早い段階で見つけることで簡単に対処できる問題があります。

外部寄生虫とは、皮膚に寄生するノミやダニなどの小さな生き物です。これらの寄生虫に噛まれると、唾液が皮膚を刺激します。なかにはサナダムシなど感染症の原因となる寄生虫もいて、マダニはライム病を媒介することがあります。

猫の体内組織に寄生する寄生虫もいます。寄生する器官は通常は腸ですが、肺など他の器官の場合もあります。内部寄生虫も外部寄生虫も、獣医師に相談すれば薬剤が処方されるか処置についての指示があり、予防のアドバイスなども得られるでしょう。

感染症は周囲の環境や他の猫から感染することがあり、高齢猫や子猫などは深刻な症状に陥ることもあります。予防にはワクチン接種が効果的です。多頭飼いの猫や他の猫と接触する機会のある猫は、ケンカ、互いへのグルーミング、トイレやフード・ボウルを共有することで感染することがあります。

食餌と毛づくろいに使う口は唾液を出すことで健康が保たれていますが、定期的なチェックや歯みがきで歯垢の蓄積などを予防できるでしょう。

病気とケガ

猫のケガや病気のサインに気づいたら、獣医師に連絡してください。薬は処方されたもののみを指示に従って与えます。緊急に獣医師の診察が必要となるような深刻な症状としては、繰り返しの嘔吐や下痢、尿路感染症、結膜炎や瞬膜の露出などの目の問題、皮膚の膿瘍、食餌の障害となる歯の問題があります。

病気やケガは目の組織やまぶた、場合によっては両方に影響がある場合があります。軽い障害でも放置すると失明につながりかねないため、目の異常はすべて早急に診てもらわなければなりません。

耳に現れる問題は外傷から内耳の病気までさまざまあり、遺伝性疾患により難聴を患うこともあります。

猫は生まれつき自分で身づくろいをして被毛や皮膚を健康に保つものですが、皮膚疾患は起こります。パサパサの皮膚や脂っぽい被毛はわかりや

しきりに体をかく
しきりに体をかいたりなめたりするときは、皮膚や被毛に疾患があるサインかもしれません。かけばかゆみが悪化し、爪にある細菌によって感染症が起こることもあります。

健康とケア

寄生虫
周囲の環境や他の猫から、寄生虫は簡単につきます。これらはよく見られる4種類の寄生虫です。

ノミ　　マダニ　　耳ダニ　　ツツガムシ

すいものですが、速やかに獣医師に診せる必要があります。

消化器系は食物を分解して栄養素を放出し、栄養素は細胞でエネルギーに変換されます。食餌や消化、老廃物の排出に問題があれば、健康全般に影響が及ぶ可能性があります。

異常な呼吸や苦しそうな呼吸は、胸にケガをしたときに見られることがあります。気道閉塞や上気道（ウイルス）感染症が原因である場合もショック症状で起こることがあります。苦しそうに息をするのは、喘息や気管支炎によるものかもしれませんので、呼吸困難になったら急いで病院に行ってください。

愛猫がケガを負った場合は、緊急措置として応急処置（P304～305）を施す必要があるかもしれません。

健康診断と検査

定期健康診断を受けるのは非常に良いことです。高齢猫の場合は、可能であれば年2回受けておくと安心でしょう。獣医師は猫の耳、目、歯、歯茎、心拍、呼吸、体重をチェックし、体全体を触診して異常がないかどうかを確認します。気になる症状や徴候が見られた場合は、追加の検査をすすめられることもあるでしょう。

遺伝性疾患（P296～297）は特定の猫種に起こる場合があり、スクリーニング検査で調べられる疾患もあります。

筋骨格系の疾患には骨折や靭帯損傷や関節炎があります。筋骨格系の疾患の疑いがある場合は、スキャンもしくはX線検査が必要になるかもしれません。

心臓、血管、赤血球の問題は衰弱の原因となることがあり、ひどい場合は倒れることもあり得ます。

ホルモンは体の機能を制御する、腺で産生され血流で運ばれる体内の化学物質です。ホルモンの産生が過剰または過少になると、糖尿病や甲状腺機能亢進症などが引き起こされることがあります。

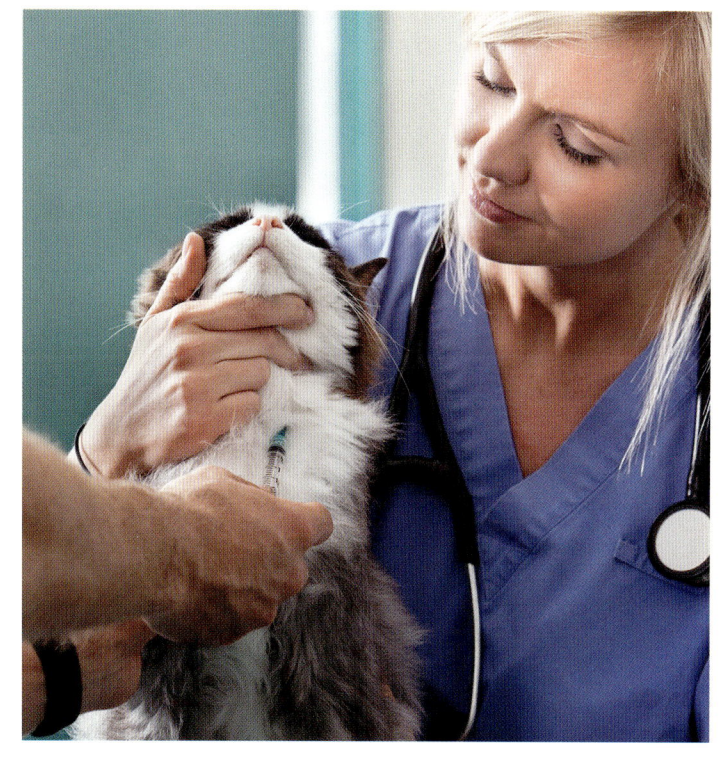

血液検査
さまざまな症状の原因となる病気を見つけるため、血液検査をすることがあります。たとえば発作がてんかんによるものかどうか調べたり、糖尿病の診断をするときに行います。

点耳薬
感染症治療のために点耳薬が処方されることがあります。点耳薬を差すには、差すほうの耳が上を向くようにして頭を持って薬を絞り出し、耳の根元のあたりをマッサージします。

便秘薬
便秘に処方される下剤には、ペースト状、ゼリー状、液状のものがありますが、指に塗ってなめさせるか注射器で注入します。獣医師に処方された薬だけを与えてください。

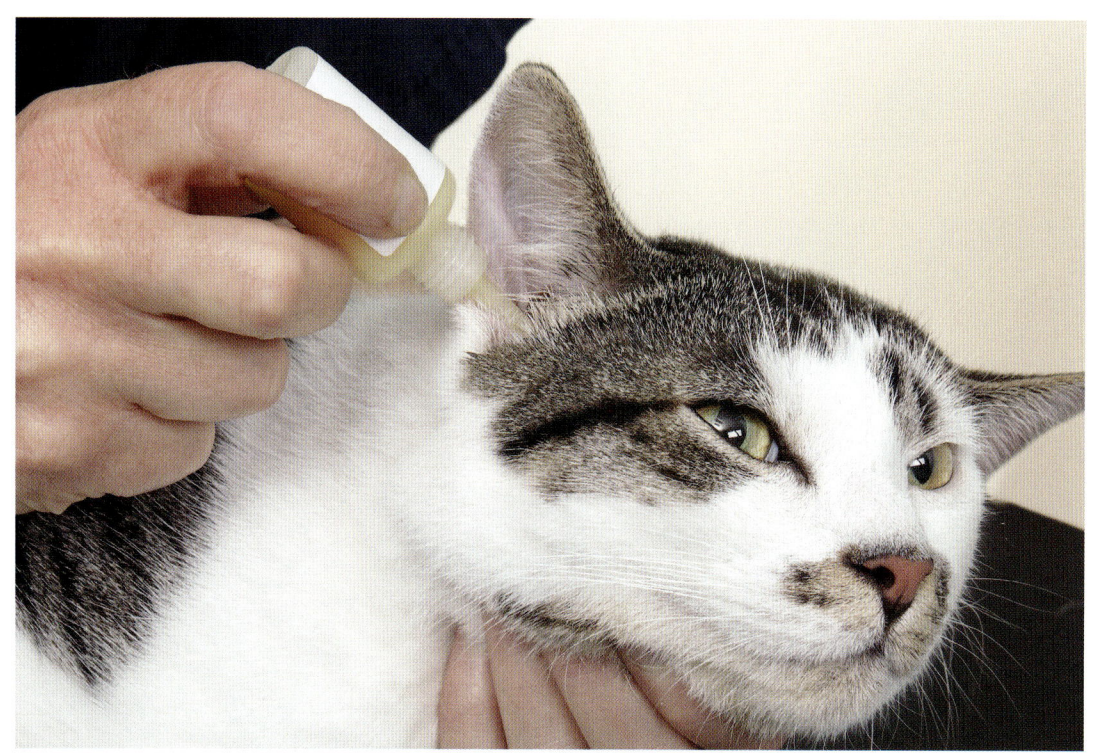

猫の飼い方｜健康とケア

ケガをした猫の扱い

まず、できるだけ動かさないようにして骨折、傷、出血がないかを確認します。どんなに慣れたペットでも、ひどい痛みがある場合は飼い主に噛みついたり激しく攻撃してくることがあるので気をつけましょう。

骨折やひどい傷がある場合は、ケガした部位が上になるようにして毛布の上に横たえ、傷をやさしく包みます。折れた骨に自分で添え木を当ててはいけません。

ひどい出血がある場合は、出血部位を心臓より高く上げ、布を押し当てて圧迫し出血を止める努力をします。

手を猫の脇の下と腰の下に入れ、注意して持ち上げてから、キャリー・ケースに入れてください。

応急処置

愛猫がケガをしたら、獣医師に診てもらう前に応急処置を施す必要がある場合があります。大量の出血がある傷や感染症の危険がある他の動物に負わされた咬傷や擦傷は、速やかに獣医師に診てもらう必要があります。あらかじめ連絡をしてから動物病院に向かうようにしましょう。

出血を止めるためには、ガーゼのパッドか清潔な布をきれいな冷たい水に浸して傷口に当てて圧迫します。ティッシュペーパーは傷口にくっつくので、使わないでください。2分圧迫しても止まらない場合は、傷口をきれいな乾いたパッド（あるいは布）で覆い、包帯をしましょう。

ガーゼや布が血だらけになっても、はがさずにそのままの状態で獣医師に診せてください。傷口に入ったものを無理に取りのぞくと出血がひどくなることがあるため、そのまま処置してもらいます。目に傷を負った場合は、目をガーゼ・パッドで覆ってテープで止めます。

意識がない場合は、気道がふさがれていないことと呼吸をしているかどうかを確認し、大腿動脈に指を当てて脈拍を見てください。大腿動脈は後肢の内側の肢の付け根のあたりにあります。呼吸をしていない場合は人工呼吸を試しましょう。猫の鼻孔からやさしく息を吹き込みます。心拍がない場合は、人工呼吸で2回息を吹き込むことと、1秒間に2回のペースで30回胸を圧迫することを交互に10分間続けます。それ以降は蘇生の可能性はほとんどありません。

軽傷

小さな切り傷やすり傷は自宅で処置できます。出血部位や被毛が湿っている部位、かさぶた、ひっきりなしになめている部位を見つけたら、食塩水

過熱状態
温室やサンルームや大きな窓のある部屋に日光が当たると、室内が非常に暑くなります。そこに閉じ込められた場合、熱中症になる危険があります。

ショック状態の対処
猫がショック状態にあるときは体温降下に苦しむことがあるため、毛布やフリースでやさしくくるみ、獣医師に診てもらいましょう。

正常なバイタルサイン

体温：38〜39℃
脈拍：毎分110〜180
呼吸：毎分20〜30回
毛細血管再充満時間*：2秒未満

*歯茎が、軽い圧迫で白くなってからもとのピンク色に戻るまでの時間

包帯を巻いた肢
肢の傷に包帯を巻く場合は、獣医師に巻いてもらわなければなりません。肢に包帯を巻いているときは外に出さないでください。包帯が汚れたり、湿ったり、ゆるくなったり、臭ったり、落ち着きが悪い場合は、病院で包帯をかえてもらいましょう。

（小さじ1杯の塩を500mlのきれいなぬるま湯に入れて溶かす）に浸した脱脂綿でやさしく血や汚れをふき取ってください。傷口周辺の毛は先のとがったハサミで切りましょう。

小さな傷であっても内部に広範囲の損傷がある場合があります。熱や腫れ、傷口周辺の皮膚に変色がないかを確認し、痛みやショックの有無に気をつけてください。また小さな傷にも感染症の危険があるので、腫れや膿など膿瘍を示す症状には注意が必要です。

やけど

火災、高温のもの、熱い液体、電気器具、化学薬品などが原因でやけどを負うことがあります。やけどは深部組織の損傷を伴い、非常に深刻な場合があるので、できるだけ早く獣医師に診てもらう必要があります。

火や熱湯によるやけどの場合は、飼い主がケガをしないように注意しつつ、猫を熱源から離しましょう。やけどの部位を冷たくきれいな水に10分間以上浸け、その後湿らせた滅菌包帯で覆います。病院に向かう間、愛猫を暖かくしておきましょう。電気コードを噛んで感電したときは、すぐに電源を切るか、ほうきの柄などを使って猫を電源から離し、応急処置をした上で病院に急行します。

薬品によるやけどの場合はすぐに獣医師に電話し、原因となった薬品を伝えます。洗うようアドバイスされたら、自分につかないようにゴム手袋をして、やけどの部位に水をかけてていねいに洗ってください。

刺傷と咬傷

もし猫がハチに刺されたら、ハチから遠ざけそれ以上刺されないようにします。獣医師に連絡してアドバイスをもらい、呼吸困難の症状が現れたりふらついたりするようなら病院に連れて行きましょう。ショック症状を起こしたときは、即座に連れて行く必要があります。

ミツバチに刺された場合はお湯で薄めた重炭酸ソーダで、スズメバチに刺された場合は水で薄めた酢で洗います。

蚊やブヨのような虫に刺された場合はたいてい軽い炎症で済みますが、なかには蚊にアレルギー反応を示す猫もいます。愛猫が蚊に過敏であれば、夜明けや夕暮れ時は室内にとどめるようにして、刺されないようにしてください。

有毒な動物

他の猫に噛まれることはありますが、猫以外の有毒動物に噛まれるとより深刻です。ヘビやヒキガエル、サソリやクモの危険は国によりまちまちですが、イギリスでは土着の毒ヘビはクサリヘビだけです（飼われているは虫類も危険な場合があります）。

クサリヘビに噛まれることはめったにありませんが、噛まれるとひどい腫れ、吐き気、嘔吐、目まいなどを引き起こします。猫は噛まれたところをなめ、皮膚には噛まれた跡の2つの穴があるかもしれません。

ヒキガエルの皮膚からは毒素が分泌されるため、口に入れると炎症を起こすことがあり、吐き気が出るかもしれません。

ヒキガエルなどの有毒動物を口に入れたら速やかに獣医師に連絡し、獣医師が正しい抗毒素を準備できるように何を口にしたかを伝え、できるだけ早く動物病院に連れて行きます。その動物の写真を持っていくとなお良いでしょう。

誤嚥と中毒

猫が誤嚥を起こすものはさまざまで、鳥の骨のように口の中でつかえるものもありますし、小石のようにのど（気道）をふさぐものもあります。金属糸、リボン、ひも、糸などは舌に絡みつくこともあり、飲み込めば腸に問題を起こすこともあるのです。

誤嚥でのどが詰まると咳をしてよだれを垂らし、吐きそうな様子で必死で前肢を口に当てるでしょう。気道がふさがれていれば息をしようともがき、意識を失うかもしれません。

そのようなときは獣医師に連絡し、すぐに動物病院に連れて行きます。猫をタオルでくるみ、片方の手で頭の上を押さえてもう片方の手で下顎を開け、詰まったものを簡単に出せそうならピンセットで取りのぞきましょう。

猫は獲物の動物、有害な植物、家庭にある化学物質、薬剤、時には人間の食べ物からも毒物を取り込むことがあります。毒物を口にした疑いがあるときは、たとえ症状が表れていなくても獣医師に連絡してください。中毒の症状がある場合は、飲み込んだものを持って病院に連れて行きます。

ケガとショック症状

車にひかれるなどの事故に遭った場合は、ケガをしていないように見えても動物病院に連れて行く必要があります。内出血があればショック症状を起こしかねませんし、そうなると血流が低下して組織が酸素不足になり、命にかかわる場合もあります。ショック症状の徴候としては、不規則な呼吸、不安、歯茎の色が薄くなるか青くなる、体温低下などが挙げられます。ショック状態の猫は暖かくした上で、後躯を上げて脳への血流を増やし、動物病院に連れて行きましょう。

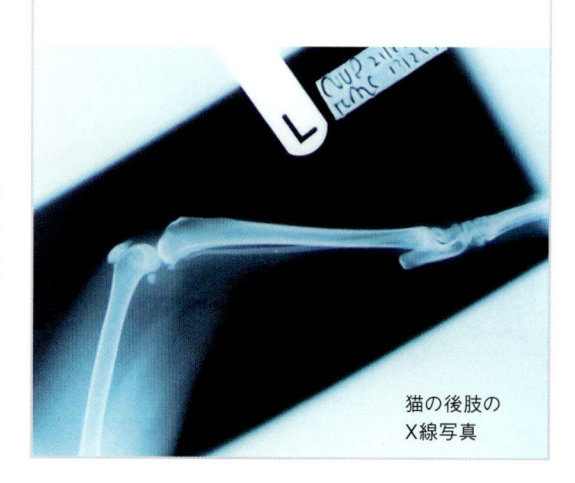

猫の後肢のX線写真

猫の飼い方｜健康とケア

休めるスペースを作る

病気やケガをした猫は、管理しやすいように室内で休ませる必要があるため、暖かく静かな部屋かワイヤーのケージに入れて出られないようにしてください。食餌と水を用意し、フードから離れたところにトイレを置きます。入りやすいように床に暖かいベッドを置きますが、汚れたら簡単に取り換えられるようにダンボール箱を利用しても良いでしょう。箱の一面を切り取り、底に新聞紙を敷いて暖かい毛布を入れますが、湯たんぽがあるとさらに良いかもしれません。

猫の状態は定期的に確認し、敷物が汚れていたら取り換えてください。ふだん外出させている猫の場合は、回復するまでは室内にとどめ、水とトイレを近くに置きましょう。

病気の猫の扱い

猫は病気やケガを負っているときは身を隠したがり、薬の投与やその他の処置によるストレスから逃れようとします。病気の猫は、やさしく慎重に落ち着いて扱うようにしてください。飼い主の不安は猫のストレスになってしまうため、治療を嫌がるようになるかもしれません。少しの間静かに話しかけ、可能なら少しなでると安心するため、飼い主と薬とをとくに関連付けることはないでしょう。

愛猫が病気のときや事故や手術後の回復期は、なでてかわりがりたいという気持ちは抑えてください。回復初期はふれられることを嫌がるので、かまってほしい様子を見せたときだけなでてかわいがります。暖かいベッドを準備して、静かに回復を見守りましょう。

安全なスペース
ワイヤー製のケージは、中で歩き回れるくらい大きくなければいけません。下に新聞紙を敷き、フードと水のボウル、ベッド、トイレを入れます。

投薬

薬は獣医師に処方されたものだけを与えてください。とくに抗生剤の場合は、投薬に関する指示をきちんと守ることや処方された薬を最後まで与えきることも大切です。点眼薬や点耳薬の差し方や注射器を使った投薬の方法（P303）がわからなかったら、実演してもらいましょう。

錠剤は、薬の他に食べ物を与えて良いときに限られますが、肉の塊に隠すか粘りのあるおやつに混ぜて飲ませる方法があります。この方法が使えない場合や薬を拒んだり吐き出したりする場合は、薬を口の中に入れる必要がありますが、誰かに押さえてもらうとうまくいきます。助けてくれる人がいないときは猫をタオルでくるみ、頭だけ出して動けないようにするとよいでしょう。

液状薬は、プラスチックの薬用スポイトか針のないプラスチックの注射器を使って、口内の奥歯と頬の間に注入します。点眼薬と点耳薬は頭をやさしく押さえて動かないようにしてから差します。薬の容器が直接目や耳にふれないように注意してください。

どのような薬もまったく受け付けず、家での投薬ができない場合は、毎日通院するか入院させることになるでしょう。

回復期のケア
静かな場所に居心地の良いベッドを用意し、電子レンジで温めるパッドかタオルに包んだ湯たんぽを入れます。

食餌とケア

病気の場合や嗅覚が衰えている場合、猫は食餌への興味を失くすことがありますが、丸1日以上食餌をしない場合は獣医師に相談してください。太りすぎの猫は食餌を取らないと肝臓を悪くすることがあるのでとくに注意が必要です。フードを室温にするか少し温め匂いを高めて食欲をそそったり、匂いの強いおいしそうなフードを少し与えたりしてみましょう。きちんと食べられないようなら、手で食べさせなければなりません。

嘔吐や下痢が見られたら獣医師に連絡してください。脱水を避けるため、皮をのぞいてゆでた鶏肉や療法食などの水気のある食べ物を1時間ごとに小さじ1杯与えます。胃腸が回復しても3〜4日はこの療法を続け、徐々に量を増やしながら通常食に戻します。湯冷ましをいつでも飲めるように置いておきましょう。

身づくろいにも助けが必要かもしれません。とくに目からの分泌物はきれいにふき取り、鼻と口は呼吸や食べ物の匂いを嗅ぐのに支障がないように清潔にして、下痢の場合は肛門の周りをきれいにしましょう。清潔にするにはきれいなぬるま湯で湿らせた脱脂綿を使用してください。皮膚にかゆみや小さな傷がある場合は、食塩水（小さじ1杯の塩を500mlのきれいなぬるま湯に入れて溶かす）で洗います。嫌がる場合は、痛みのあるところ以外をタオルでくるみましょう。

術後のケア

全身麻酔をすると術後しばらくはもうろうとするので、意識が完全に戻るまでは飼い主がそばにいてください。手術による傷が癒えて、包帯が取れて抜糸が済むまでは室内にとどめます。傷口にさ

健康とケア

エリザベス・カラー
手術後数日間はエリザベス・カラーを装着し、縫合した傷口を猫がなめたり噛んだりしないようにします。

わらないようにエリザベス・カラーを付ける必要がある場合でも、食餌のときは外してください。四肢の小さな傷には、なめないよう猫が嫌う味を染み込ませた包帯を獣医師が巻いてくれるでしょう。包帯やギプスは清潔で乾いた状態に保つよう1日に何度かチェックしてください。痛がっているときや包帯を取り換える際に傷口が痛そうに見えたり分泌物があるときは、獣医師に連絡しましょう。

錠剤を飲ませる

投薬は必ず大人が責任を持って行います。錠剤は他のペットが口にするのを防ぐため、飲み込みが確認できるように手で飲ませてください。砕いて味の濃い食べ物に混ぜると良いかもしれません。飲ませている間は猫を不安にさせないように注意し、飲んだらほめてごほうびを与えましょう。

1 親指と人差し指を口の両側に置いて頭を押さえ、頭をやさしく後ろに傾けて顎を上げさせます。

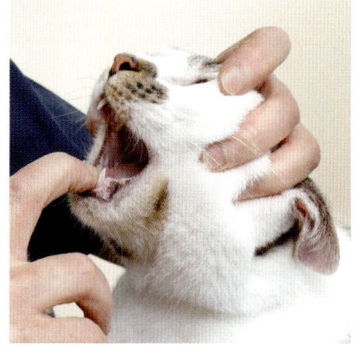

2 片方の手で頭をつかみ、もう一方の手で口を開かせます。嫌がるようなら誰かに手伝ってもらい、錠剤を飲ませる間、頭を押さえてもらいましょう。

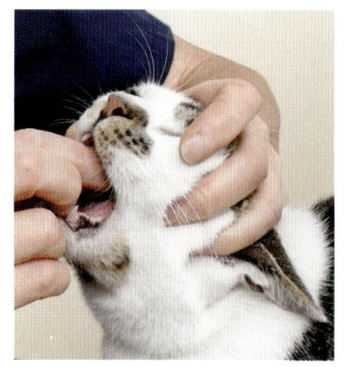

3 舌の上のなるべく奥に錠剤を置き、口を閉じやすくのどをさすって飲み込みを促します。

猫の飼い方｜高齢の猫

高齢の猫

十分にケアをされている猫はたいてい14〜15歳くらいまでは生きますし、20歳まで生きることもあります。病気予防の進歩や食餌内容の改善、薬剤や治療法の向上、危険のない室内飼いの猫が増えていることなどにより、猫の寿命は延びつつあります。

高齢期

猫が10歳を迎えるころには、老化の兆候が出てきます。体重の減少（あるいは増加）、視力の悪化、歯の病気、動きの減少、少々手抜きの感じられる身づくろい、薄くなり光沢の減った被毛などです。イライラしたり騒がしくなるなど、性格にも変化があるかもしれません。夜間はとくにそのような徴候が見られ、ときどき混乱してトイレ以外の場所で排泄することもあります。

高齢猫には頻繁な健康チェックが必要なため、動物病院での健康診断は年2回に増やすとよいでしょう。年齢に応じた病気の発見と対処のために、高齢猫の診療を行う動物病院もたくさんあります。また近年は、認知症などの慢性的な症状に役立つ治療も多くあります。

家庭でのケア

愛猫ができる限り健康で居心地良く過ごせるよう、年齢に合わせた食餌や住環境を整える必要があります。代謝や消化作用の変化に応じた栄養摂取のために、獣医師にシニア用の食餌をすすめられるかもしれません。少ない量のフードを頻繁に食べることを好むようになることが多いようですが、

食欲の減少に配慮する
高齢猫の多くは、若いころの旺盛な食欲を失います。高齢になった愛猫が健康的に栄養を摂取できるよう、少量を頻繁に与えたり味の濃いおやつを加えることで、食べるように促す必要があるかもしれません。

食餌に興味を示さなくなったら温かく味の濃いフードで誘ってみてください。体重は2週間ごとに量ると状態の管理に役に立ちます。老齢猫は活動レベルの低下により体重が増えることがありますし、食餌が困難になるため、あるいは甲状腺機能亢進症のような高齢猫によくあるホルモン障害により体重が減少することもあります。

体の柔軟性がなくなるため、届かないところが出てきてグルーミングに飼い主の助けが必要になるかもしれませんが、週に2〜3回やさしくブラッシングをすれば清潔で快適に過ごせます。爪は年齢とともに硬くなりますし、活動的でなければ伸びすぎてしまうため、定期的に爪を切るか獣医師に切ってもらいましょう。

若いころのように敏捷でなくなったら、ジャンプをしなければフードや水のボウルに届かないなどということは避けてください。ボウルやトイレは各階の静かなところに置き、食餌や排泄が安心してできるようにします。また、箱や家具で踏み台を作り、お気に入りの場所や窓辺に行けるようにしましょう。

よく眠る場所数カ所に暖かく居心地の良いベッドを置き、あまり歩かなくても快適な場所に行けるようにします。ベッドで粗相してしまうなら、洗濯可能なベッドか汚れたら捨てられるダンボール箱に新聞紙を敷いたものを使いましょう。

屋外の排泄を好む場合も、家の中にトイレを準備しましょう。他の猫との対立を避けたいのか狩りや探検への欲求がないのかわかりませんが、高齢になるとあまり外に出たがらなくなります。

高齢でも遊ぶことは好きなので、おもちゃを与えると良いでしょう。飼い主が一緒に遊ぶと元気に本能を発揮することもありますが、若いころより穏やかに遊ぶ必要があります。

寿命の比較

猫の1年は人間の7年に相当するといわれますが、近年ペットの平均寿命が延びていることをふまえると、信頼できる数字ではありません。さらに、猫と人間の成長速度の違いも考慮されていません。猫は1歳で繁殖と子育てができますが、これは人間の7歳では無理なことで、猫のほうがはるかに成熟しています。3歳くらいまでには猫は人間の40代初めくらいになり、その後の猫の1年は人の3年くらいに相当すると考えたほうが良いでしょう。下のチャートで、愛猫が人間でいうと何歳くらいなのか見てみましょう。

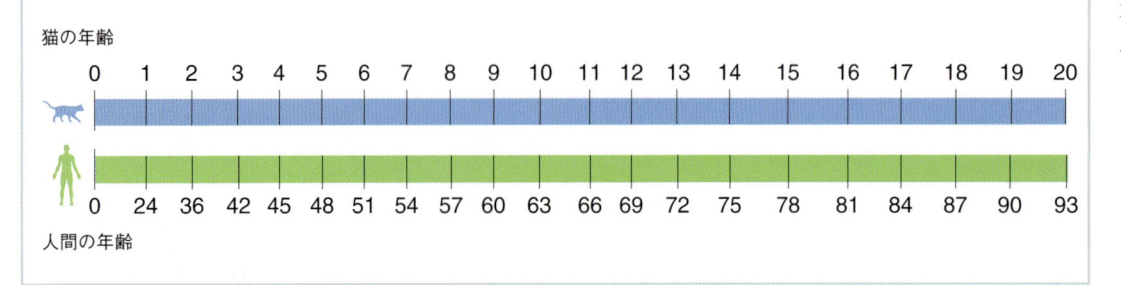

猫の年齢	0	1	2	3	4	5	6	7	8	9	10	11	12	13	14	15	16	17	18	19	20
人間の年齢	0	24	36	42	45	48	51	54	57	60	63	66	69	72	75	78	81	84	87	90	93

高齢の猫

動き回る
関節が硬くなり始めた高齢猫にとって、階段の上り下りは大変です。高齢になった愛猫がどの階でもフード・ボウルやベッド、トイレに行けるように配慮しましょう。

病気のサイン

愛猫が年を取ってきたら、日常習慣のいかなる変化にも気づくよう、これまで以上に注意深く観察する必要があります。とくに以下のいずれかの変化に気づいたら、獣医師に相談してください。

異常な食欲の増進にもかかわらず、体重が減るようなときは注意が必要です。反対に空腹なのに特定のフード（とくに硬いフード）に手をつけなかったり前肢で口をさわるような場合は、歯がグラグラしている、痛みがある、飲み込みに問題があるなどの原因が考えられます。

のどの渇きが増すと排泄の頻度が増し、池や浴室の蛇口など水飲み場以外のところで水を飲むようになります。高齢猫は脱水を起こしやすいため、首筋の皮膚をつかんで離してみて、脱水を起こしていないかを確認しましょう。皮膚がすぐに戻らない場合は水分不足の可能性があります。

排泄の際に力んだり鳴いたり、トイレ以外の場所で粗相をするようになったら、すぐに獣医師に連絡してください。腸や膀胱の病気かどうか調べる必要があるかもしれません。

高齢猫は関節が固くなったり関節炎を患ったりして、走ること、ジャンプすること、階段を上がることなどが難しくなります。視覚も衰え、ものにぶつかったり高さを見誤ったりもします。

異常な水飲みの習慣
愛猫がいつも以上に水を飲んだり、ボウル以外の水たまりや蛇口から水を飲んでいたら、獣医師に相談を。高齢猫に見られる病気が原因で、過剰にのどが渇く場合があります。

かなり具合が悪い猫や認知症の兆候が出てきた猫は、より内に引きこもる、攻撃的になる、隠れる、いつもより鳴くなどの症状を見せます。

安楽死

非常に高齢で深刻な病気があるとき、尊厳のある穏やかな死を迎えさせるのが最もやさしい方法だという場合があります。安楽死は通常動物病院で行われるものですが、事前の予約は必要なものの家庭でも可能です。獣医師によって前肢の静脈に麻酔剤が注入されると、過剰投与により、痛みもなく息を引き取る前に意識を失います。無意識の動きや膀胱や腸からの排泄があるかもしれません。

遺体は火葬することも家に持ち帰ることもできます。多くの飼い主が愛猫のお気に入りの場所への埋葬を希望しますが、ペット霊園への埋葬を希望する人もいるでしょう。

用語解説

猫の体について
猫によって多少の違いはあるものの、体のつくりは基本的には同じです。選択育種（品種改良）によって、短足やボブテイルなどのバリエーションが生み出されました。

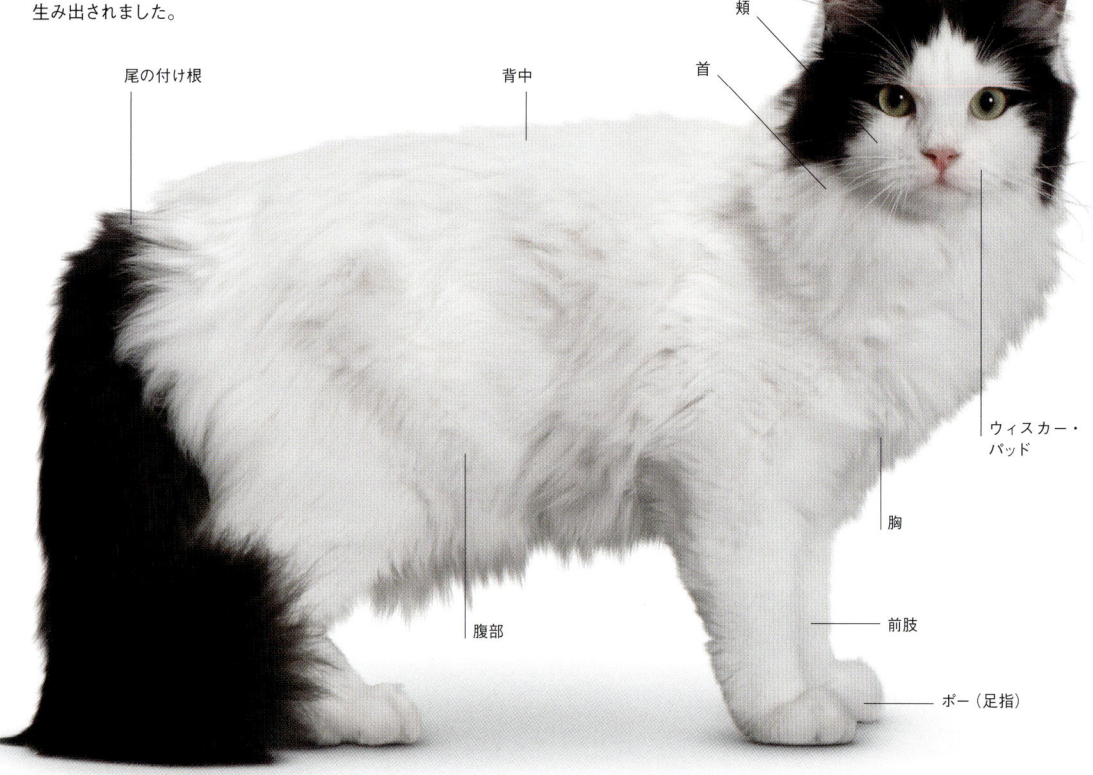

画像ラベル：耳介、頬、首、背中、尾の付け根、腹部、ウィスカー・パッド、胸、前肢、ポー（足指）

「M」マーク タビーの猫の額に見られる典型的な「M」の形をした模様。「フラウン（しかめ面）・マーク」ともいう。

CFA The Cat Fanciers' Association。北米に拠点を置く、世界最大の純血種の登録団体。

FIFe Federation Internationale Feline。ヨーロッパ有数の猫種登録団体の連盟。

GCCF The Governing Council of the Cat Fancy。イギリス最大の猫種登録団体。

TICA The International Cat Association。アメリカの世界的な猫種登録団体。

アーモンド形の目 目尻が平たくなった楕円形の目。アビシニアンやシャムに見られる。

アルビノ（色素欠乏症） 皮膚や被毛、目の色を出す色素が欠乏していること。全体的なアルビノは珍しく、部分的なアルビノによって、シャムに見られるようなポインテッドの被毛のパターンや、シルバー・タビーのような色のバリエーションが生まれた。

アンダー・コート トップ・コートの下にある毛の層。通常は短くやわらかい。

イエネコ 純血種、雑種を問わず、すべての猫のこと。学名は「Felis Silvestris Catus」。

ウィスカー・パッド 猫のマズルの両側にある肉厚の部分。ひげが生えているところ。

オーンヘア（剛毛） やや長めで硬い毛のアンダー・コート。

ガード・ヘア（主毛） トップ・コートを構成する長めで先細りの毛。防寒、防水、断熱などに役立つ。

カールした耳 アメリカン・カールに見られるような、後ろにカールした耳。

カメオ 毛幹の2/3がホワイトの毛の先端に、レッド、もしくはレッドが薄められたクリームが入った被毛。

カラー・ポイント 「ポインテッド」の項目参照。

キャット・ファンシャー 純血種の繁殖やキャット・ショー出陳に熱心な猫愛好家。

キャリコ トーティ・アンド・ホワイトのパターンの被毛の猫。アメリカでの呼び名。

くさび形 くさびのような三角形の顔の形。平たい顔のペルシャをのぞくほとんどの猫に見られる。シャムやオリエンタルでは長くなる。

クラシック・タビー 「タビー」の項目参照。

クロスブリード（雑種） 異なる2種の交配で生まれた猫。「ハイブリッド」の項目参照。

ゴースト・マーキング セルフ・カラーの猫の被毛に見られるかすかなタビー・マーキング。光線の加減で現れる。子猫のときに見られることが多い。

コビー 筋肉質で骨ががっしりしたコンパクトな体型。ペルシャなどに見られる。

シェーデッド 1本1本の毛先1/4ほどに色が付いた被毛のパターン。

シングル・コート 1層のみの被毛。通常はガード・ヘア（主毛）のトップ・コートで、バリニーズやターキッシュ・アンゴラなどに見られる被毛のパターン。

ストップ マズルと頭頂部の間にあるくぼんだ部分。「ブレーク」ともいう。

スポッテッド・タビー 「タビー」の項目参照。

スモーク 1本1本の毛の根元の色が薄く、上半分に色が付いている被毛のパターン。

セピア 薄い色の地色に、濃いブラウンのティッキングが入るもの。シンガプーラに見られる毛色。

セミロングヘア 中くらいの長さの被毛。通常薄いアンダー・コートがある。

セルフ 1本1本の毛の毛幹に、単色が均一に広がった被毛。アメリカでは「ソリッド」という。

ソレル 赤みがかったブラウン。アビシニアンやソマリの色を表現するときに使われる。アメリカでは「レッド」と表現する。

ダイリュート 希釈遺伝子により薄められた色。希釈されるとブラックはブルーに、レッドはクリームになる。

用語解説

ダウン・ヘア（柔毛）　アンダー・コートの一部で、保温効果があるやわらかい短毛。

タビー　遺伝的に優性な被毛のパターンで4つのタイプがある。クラシック・タビーはブロッチト（不規則な斑点が入る）もしくはマーブルの模様、マッカレル・タビーはサバ（マッカレル）のような細い縦じまの模様、ティックト・タビーは被毛の1本1本が帯状に色分けされている。肢などにかすかなしま模様。スポッテッド・タビーはボディが斑点模様で頭部・四肢・尾にしま模様がそれぞれある。

タフト（房毛）　指の間や耳などに見られる、長い房毛。

ダブル・コート　厚くやわらかいアンダー・コートと、それを覆う長い主毛からなるトップ・コートの2層で構成される被毛。

チョコレート　茶褐色。いわゆるチョコレート色。

ティックト　それぞれの毛の毛幹に薄い色と濃い色の帯が交互に入った被毛のパターン。「アグーティ」ともいう。

ティップド　1本1本の毛の先端にのみ色がついた被毛のパターン。

トータスシェル　ブラック・アンド・レッド、もしくはブラックとレッドの希釈された色がまだら状に混ざり合う被毛のパターン。

トーティ　トータスシェルの略語。

トーティ・アンド・ホワイト　トータスシェルに高い割合でホワイトが入った被毛のパターン。アメリカではキャリコという。

トーティ・タビー　タビー・マーキングの入ったトータスシェル。アメリカではパッチド・タビーという。

トップ・コート　ガード・ヘア（主毛）からなる外側の被毛。

トライカラー　2つの色にホワイトが組み合わされた被毛を表現する用語。

ノーズ・レザー　鼻の先端の無毛の部分。その色は毛色によって異なり、純血種の場合は猫種スタンダードで規定される。

パーティカラー　2色またはそれ以上の色の入った被毛のパターンを指す。しばしばホワイトが含まれる。

バイカラー　ホワイトと別の色が組み合わされた2色の被毛のパターン（模様）。

ハイブリッド　繁殖者が目的を持って2つの異なる種を交配して生まれた子孫。イエネコ（Felis Silvestris Catus）とアジアン・レオパード・キャット（ベンガルヤマネコ／Felis bengalensis）との異種交配で生まれたベンガルは、ハイブリッドの例のひとつ。

バン・パターン　ターキッシュ・バンのように頭部及び尾にのみ色が入るポインテッドの被毛パターン。

ブリーチ　後肢の裏側上部に生えた、とくに長い被毛。長毛種に見られる。

ブリード・スタンダード（猫種スタンダード）　純血種に必要とされる体型、被毛、色の基準に関する詳細な規定。猫種登録団体が作成する。

ブルー　ブラックが薄められた、中くらい～明るい青みがかったグレーの毛色。ブルーのみ認められる猫種には、ロシアン・ブルー、コラット、シャルトリューがある。

ブレーク　「ストップ」の項目参照。

ブレスレット　タビーの猫の肢に水平に入った、色の濃いタビー・パターン。

ブロッチト・タビー　クラシック・タビーのバリエーション。

ポインテッド　体の色が薄く、四肢や頭部、尾などの色が濃い被毛のパターン。シャムに典型的。

マーブル　クラシック・タビーのバリエーション。ベンガルなどのヤマネコとのハイブリッド種に多く見られる。

マスカラ・ライン　目尻、あるいは目の周りの黒いライン。

マスク　ポイント・カラーの猫に見られる、顔の色の濃い部分。通常はマズルと目の周囲を指す。

マッカレル・タビー　「タビー」の項目参照。

ミテッド　ポー（足指）がホワイトの被毛の色。ミトン、ソックスともいう。

ライラック　暖かみのあるピンク・グレー。

ラフ　首の周りや胸に見られる長い毛のフリル。

ルディ　赤レンガ色で、毛先にブラック（もしくはダークブラウン）のティッキングが入る。アビシニアンやソマリの色を表現するときに使われる。

レックス・コート　巻き毛またはウエーブがかった被毛。デボン・レックスやコーニッシュ・レックスに見られる。

ワイアーヘア　遺伝子突然変異によって起こる珍しい被毛のタイプ。毛先がねじれ、粗く弾力性のある手ざわり。アメリカン・ワイアーヘアに見られる。

遺伝子プール　互いに繁殖可能な個体からなる集団が持つ遺伝子の総体。

飾り毛　肢や尾などに見られる、周囲の毛より長めの毛。

折れ耳　前方下に折れた耳。スコティッシュ・フォールドに見られる。

染色体　細胞核にある棒状の組織で、DNAのらせん構造に沿って配列される遺伝子を含む。イエネコには、19ペア38個の染色体がある（人間は23ペア46個）。

選択育種／品種改良　特定の被毛の色やパターンなど、望ましい形質を持つ動物を交配すること。

多指症　遺伝子突然変異により指が多くなる疾患。よく見られる猫種はいくつかあるが、猫種スタンダードで認められているのはピクシーボブのみ。

地色　タビーの背景色。ブラウン、レッド、シルバーが最もよく見られる。

突然変異　偶然に起こるDNAの変異。猫の遺伝子突然変異には、無毛、後ろか前に折れた耳、巻き毛、短い尾などがある。

肉食動物　肉を食べる動物。

猫種登録団体　猫種スタンダードを規定し、純血種の登録を行う組織。CFA、FIFe、GCCF、TICAなどが代表的。

無作為繁殖種（雑種）　血統に複数の血が混じる猫。

野生化　家畜化された種で、野生の状態に戻った動物。

優性遺伝子　一方の親から受け継がれた遺伝子で、劣性遺伝子より優先的に発現する形質の遺伝子。タビー・コートを作る遺伝子など。

劣性遺伝子　両方の親から受け継がれたときだけその形質が発現する可能性がある遺伝子。

索引

※太字の数字は猫種の主な掲載ページを示します（複数ページに掲載されている場合）。

あ

アークティック・カール	65
アーモンド形の目	45
IDタグ	256
アグーティ	51,52
アジアン・レオパード・キャット（ベンガルヤマネコ）	9,65,142
アッティカ（Felis attica）	10,12
アドレナリン	62
アナトーリ	128
アナトリアン	128
アナドル・ケディシ	128
アビシニアン	64,66,70,**132～133**,218
アミノ酸	270
アメリカン・カール（ショートヘア）	159
アメリカン・カール（ロングヘア）	238～239
アメリカン・ショートヘア	71,**113**
アメリカン・バーミーズ	84,**88**
アメリカン・ボブテイル（ショートヘア）	163
アメリカン・ボブテイル（ロングヘア）	247
アメリカン・リングテイル	167
アメリカン・ワイアーヘア	67,**181**
アラビアン・マウ	131
アレルギー	62～63
アンゴラ	33,65,185,229
暗視	44,47
アンダー・コート	71,185,277
安楽死	309
胃	60～61
イースタン・カラー（東洋色）	52
イエネコ	8,65,71
家に迎える準備	256～257
意識消失	168,301
異種交配	65,147
異常な分泌物	278,300,307
胃腸炎	269
一酸化炭素中毒	301
遺伝学	64～65,292
遺伝子検査	296～297,303
遺伝性疾患	296～297
色とパターン（模様）	51,52～53,64
陰茎	61
ウイルス	269
ウエーブがかった被毛	71,185
ウエスタン・カラー（西洋色）	52
ウエット・フード	271
ウラル・レックス（ショートヘア）	172
ウラル・レックス（ロングヘア）	249
ウンピョウ	8
エイジアン・シェーデッド（バーミラ）	**78**,180～181
エイジアン・スモーク	79
エイジアン・セルフ	82
エイジアン・タビー	83
エイジアン・ロングヘア	210
エキゾチック・ショートヘア	71,**72～73**
エジプシャン・マウ	66～67,99,**130**
X線検査	303
エリザベス・カラー	307
エンドルフィン	62
尾	48～49
横隔膜	58
応急処置	304
嘔吐	300,302,306
横紋筋	54
オーストラリアン・ミスト	134～135
オオヤマネコ	9,12,65
オシキャット	137
オシキャット・クラシック	138
オセロット	8,12,64,140
オッド・アイ	45,188,227
オホサスレス	129
おもちゃ	284～285,290
おやつ	273,285,288
オリエンタル・ショートヘア（シナモン、フォーン）	95
オリエンタル・ショートヘア（シェーデッド）	97
オリエンタル・ショートヘア（スモーク）	96
オリエンタル・ショートヘア（セルフ）	94
オリエンタル・ショートヘア（タビー）	99
オリエンタル・ショートヘア（トーティ）	100
オリエンタル・ショートヘア（バイカラー）	101
オリエンタル・ショートヘア（フォーリン・ホワイト）	91

オリエンタル・ロングヘア	209	キンカロー（ショートヘア）	67,**152**
折れ耳	185	キンカロー（ロングヘア）	234
		筋骨格系疾患	303
		筋疾患	297

か

カールした耳	185	近親交配	64
外部寄生虫	302〜303	筋線維	54
回復期	306〜307	筋肉	54〜55,59
カオマニー	74〜75	クーガー（マウンテン・ライオン）	59
下垂体	42	くしゃみ	62,300
家畜化	14〜15,71	薬の投与	306
活力／元気喪失	300〜302	駆虫	67,292,299
カナーニ	144〜145	首輪	260,263
カメオ	52,126,189,193	クラシック	53
カラー・ポイント	53,205	クラシック・タビー	53,123,125
カラーポイント・ショートヘア	**110**,120,207	クリッカー・トレーニング	288〜289
カラカル	9,12,64	クリリアン・ボブテイル（ショートヘア）	161
カリフォルニア・スパングル	67,**140**	クリリアン・ボブテイル（ロングヘア）	67,**242〜243**
カルシウム	270〜271	グルーミング	185,276〜279
ガン	63	クローン	214
感覚毛	50,51	クロスブリード（雑種）	19,65
カンガルー・キャット	150	ケガ	261,300〜303
関節炎	303	毛玉	276〜277
汗腺	50	血液型	58
感染症	62〜63,261,302	毛づくろい	276,279,302
肝臓	60〜61	血小板	59
気管	58〜59	結石	270
気管支	58	結膜炎	269,300,302
傷の処置／治療	304〜307	下痢	273,300,302,306
寄生虫	302〜303	肩甲骨	48
キムリック	165,**246**	犬歯	8
キャット・クラブ	19,67	原発性遺伝性油性脂漏症	297
キャット・クラブ・オブ・イングランド	187	攻撃性	282,290,299
キャット・サーカス	39	抗酸化物質	271
キャット・ショー	64,67,119	好酸球	62
キャット・ドア	260,261,288	後肢	49
キャット・ファンシャーズ・アソシエーション（CFA）	64	咬傷（動物／昆虫）	305
キャット・フード	270〜273	甲状腺機能亢進症	303,308
キャットタワー	285	抗生物質	306
キャビット	165	抗体	62
キャリー・ケース	264,268,282	好中球	62
キャリコ	53,127	交通事故	21,257,260,305
嗅覚	45,47,280	喉頭	48,59
胸郭	48,272	交配	292
狂犬病	269	抗ヒスタミン剤	62
暁新世	10	高齢猫	308〜309
		コーニッシュ・レックス	**176〜177**,178,180

索引

ゴールデンシャム	90
呼吸器感染症	269, 300, 303
呼吸器系	58〜59
骨格	48〜49, 54
骨格筋	54
骨折	303〜304
骨軟骨異形成症	297
子猫の健康チェック	268
子猫の社会化	66, 282〜283
子猫の食餌	272〜273, 295
子猫の入手方法	67
コビー体型	49
コラット	**76**, 297
コルチゾール	43, 62

さ

ザ・インターナショナル・キャット・アソシエーション（TICA）	64, 150
サーバル	64, 65, 147
細気管支	58〜59
サイベリアン	67, **230〜231**, 232
先のとがった耳	45
刺し傷	305
サナダムシ	302
サバンナ	66, **146〜147**
漸新世	10
酸素	58〜59
産箱	292〜293
シール・ポイント	104
耳介	45
視覚	43, 44
自家製フード	270〜271
色素／色素定着	51〜53, 65
自己免疫疾患	62〜63
しこり	298, 299, 301
視床下部	42
始新世	10
舌	45
しつけ／トレーニング	288〜289
室内飼い	258〜259
自動給餌器	262
シナモン	52, 95
脂肪酸	270
ジャーマン・レックス	180
ジャガー	8
社会化	282
ジャパニーズ・ボブテイル（ショートヘア）	160
ジャパニーズ・ボブテイル（ロングヘア）	241
シャム（サイアミーズ／セルフ・ポインテッド）	**104〜105**, 185
シャム（サイアミーズ／タビー・ポインテッド）	**108**, 185
シャム（サイアミーズ／トーティ・ポインテッド）	**109**, 185
シャルトリュー	64〜66, **115**
ジャングル・キャット	149
シャンティー／ティファニー	210, **211**
シャンプー	279
柔毛	50〜51
手術	306〜307
出産	292〜293
主毛	50〜51
循環器系	58〜59
純血種	66〜67
瞬膜	298, 300, 302
シェーデッド	51, 52
シェル・カメオ	126
消化器系	60〜61, 270, 303
松果腺	42
触覚	45
食餌	270〜273
食物アレルギー	62〜63, 273
シンガプーラ	49, 66, **86**
シングル・コート	71
神経系	42〜43
人工呼吸	304
進行性網膜萎縮症	297
新石器時代	14
腎臓	60〜61
真皮	50
すい臓	60
頭蓋骨	48〜49
頭蓋骨形成不全	129
スクーカム	67, **235**
スコグカット	223
スコティッシュ・ストレート	156
スコティッシュ・フォールド（ショートヘア）	156〜157
スコティッシュ・フォールド（ロングヘア）	237
スノーシュー	112
スフィンクス	64, 66, 71, **168〜169**
スプレー	259, 268〜69, 280, 291〜292
スポッテッド	53
スポット	53
スミロドン	11

スモーク	52,79,96,124,196
スリッカー・ブラシ	276〜277
性感染症	269
セイシェルワ	111
生殖	61
声帯	59
性的成熟	268,292
セイロン	136
脊髄	43
脊髄性筋萎縮症	297
脊椎	42,48,55
赤血球	58〜59,269,303
舌骨	48,59
セミロングヘア	185
セルカーク・レックス（ショートヘア）	174〜175
セルカーク・レックス（ロングヘア）	185,**248**
セルフ	51,52,82,94,104〜105,118〜119,186〜187
セルフ・ポインテッド	53,104〜105
セレン	270
セレンゲティ	148
鮮新世	12
前肢	48〜49,55
全身性エリテマトーデス（SLE）	63
喘息	62,300
選択育種（品種改良）	118
先天性貧毛症	297
創始者効果	64
ソコケ	67,**139**
ソマリ	185,**218〜219**
ソリッド	51,52

た

ターキッシュ・アンゴラ	19,128,185,209,**229**
ターキッシュ・ショートヘア	128
ターキッシュ・バン	19,53,66,128,**226〜227**,228
ターキッシュ・バンケディシ	228
タイ	103
体温	301,305
体重のチェック	272〜273,299
大動脈	59
体内時計	43
平らな顔	49
タウリン	60,270
唾液	60,302
多指症	19,166,245

立ち直り反射	55
脱水（症状）	300,306,309
ダニ	268,278,302〜303
多発性嚢胞腎	296〜297
タビー	53,65,83,99,108,125,182,195,198〜199
ダブル・コート	73,205
タペタム	44
タルカム・パウダー	277
胆汁	61
胆嚢	61
たんぱく質	270,272〜273
短毛種（ショートヘア）	70〜183
短毛種の開発	71
短毛種のグルーミング	71,276〜277
チーター	12,15,59
膣	61
窒息	285
チャイニーズ・リー・ファ	77
チャウシー	49,64〜65,67,**149**
中新世	10,11
中毒	305
聴覚	8,44〜45,47
長毛種（ロングヘア）	184〜253
長毛種のシャンプー	279
チョコレート	208
チンチラ・ゴールデン	191
チンチラ・シルバー	**190**,194
爪切り	276,278
爪とぎポスト	257,259,263,264,285,288,290〜291
爪のチェック	298〜299
低カリウム性多発生筋障害	297
定期健康診断	269,299,303
T細胞	62〜63
ティックト	52〜53
ティプト（ティッピング）	52
ティファニー	210
デザイナー・キャット	67,152
テディ・ベア・キャット	73
デボン・レックス	**178〜179**,185
デボン・レックス遺伝性筋障害（ミオパシー）	297
てんかん	303
点耳薬	303,306
天疱瘡	63
トイガー	141
トイレのしつけ	256

索引

トイレの砂	262,265,291
トイレの掃除	298
糖原病	297
瞳孔	44,298
糖尿病	300,303
投薬	306〜307
トーティ（トータスシェル）	27,53,100,109,127,202〜203
ドール・フェイス	49
突然変異	64,156,185,239
ドメスティック・ショートヘア	113
トラ	8,59
ドライ・シャンプー	279
ドライ・フード	271
トライカラー	53,188,197
ドライヤー	279
ドラゴンリー	77
トンキニーズ	66,**90**,92〜93
ドンスコイ	170
ドン・スフィンクス	170

な

内部寄生虫	302
内分泌系	42
ナトリウム	270
ナナス・レックス	153
ナポレオン	236
涙の過剰	278
なわばり争い	261,280,281
軟骨	48
難聴	91
肉食動物	8,10,60,270
肉歯類	10〜11
ニムラブス	10〜11
ニューロン	42〜43
尿路感染症	300,302
尿路閉塞	300
妊娠	61,292〜293
認知症	309
抜け毛	71,185,257
ネヴァ・マスカレード	232
ネコ亜科（Felinae）	8,11,12
猫インフルエンザ／猫カゼ	269
猫ウイルス性鼻気管炎（FHV）	269
ネコ科（Felidae）	8,12,64
ネコ科の動物	64〜65

猫カリシウイルス感染症（FCV）	63,269
猫草	258,260
猫クラミジア	269
猫コロナウイルス	269
猫種登録団体	64
猫種の作出	64
猫種の定義	64
ネコ属	10,12
猫伝染性腹膜炎（FIP）	269
猫白血病ウイルス感染症（FeLV）	63,269
猫汎白血球減少症（FPV）	269
猫免疫不全ウイルス（FIV）	63
猫用トイレ	262,263,264,265
熱中症	261,300,304
ネベロング	221
粘液	278,298
脳	42〜43,59
膿瘍	300,302,304
のどの渇き	300,309
のどをゴロゴロ鳴らす	8,59,281
ノミ	62,268,292,299,300,302,303
野良猫	20〜21,247
ノルウェージャン・フォレスト・キャット	24,66,184,**222〜223**,224〜225

は

歯	61
パーティカラー	53
バーマン	67,**212〜213**
バーモア	79
肺	58〜59
バイカラー	53,101,121,188,197
排泄の問題	259,291
排尿時の痛み	299,300,309
排尿量の増加	300
ハイブリッド	65,67,149
肺胞	58,59
ハイランダー（ショートヘア）	49,66,**158**
ハイランダー（ロングヘア）	240
破壊的な行動	290〜291
白亜紀	10〜11
パターン（模様）	52〜53
白血球	59,62,269
発情	61
発声／音声による合図	8,59,281

鼻	45
鼻のチェック	298
歯の手入れ	300〜302
ハバナ	66,94,95,99,**102**
ハバナ・ブラウン	94,99,**102**
歯ブラシ	278
バリニーズ	185,**206**,209
バリニーズ（ジャバニーズ）	**207**,209
繁殖	292〜293
バンビーノ	66,**154〜155**
ピークフェイス・キャット	203
ピーターボールド	67,71,**171**
ピクシー・キャット	178〜179
ピクシーボブ（ショートヘア）	166
ピクシーボブ（ロングヘア）	244〜245
ひげ	44,45,47,51
皮脂腺	50〜51
肥大型（性）心筋症	296〜297
ビッグ・キャット	8,12,59
皮膚疾患	62〜63,279,297〜298,303,306
ビベーラビネス	10,11
ヒマラヤン	205
肥満	273,299,300
被毛	51
被毛の遺伝学	64〜65
被毛の健康チェック	298
被毛のタイプ	50〜51
日焼け	261
ピューマ	8,12
ヒョウ	8,140
ヒョウ亜科	8,11
氷河期	12
病気のサイン	273,298〜301
病気の猫／ケガをした猫のケア	306〜307
病原体	50
表皮	50
ピルビン酸キナーゼ欠損症	297
貧血	269,297,301
敏捷性	48,57,64
フード・ボウル	263,265,271,272,291
フェオメラニン	51
フェリス・マヌル（Felis manul）	10
フェリス・ルネンシス（Felis Lunensis）	10,12
フォーリン	99
フォーン	52,95
副腎	43

プセウダエルルス	10〜11
不妊・去勢手術	261,268〜269
ブラック	52
ブリタニカ	220
ブリティッシュ・アンゴラ	209
ブリティッシュ・ショートヘア（カラーポインテッド）	**120**,220
ブリティッシュ・ショートヘア（スモーク）	**124**,220
ブリティッシュ・ショートヘア（セルフ）	**118〜119**,220
ブリティッシュ・ショートヘア（タビー）	**125**,220
ブリティッシュ・ショートヘア（ティップト）	**126**,220
ブリティッシュ・ショートヘア（トーティ）	**127**,220
ブリティッシュ・ショートヘア（バイカラー）	**121**,220
ブリティッシュ・ロングヘア	220
ブルー	52,116〜117,182,188,192
ブルー・チンチラ	192
フレーメン反応	45
プロアイルルス	11
ブロッチト・タビー	199
ヘアレス・キャット	67,71,155,170,171
平衡感覚（バランス）	45
ペルシャ（カメオ）	**189**,193
ペルシャ（カメオ・バイカラー）	193
ペルシャ（カラーポイント／ヒマラヤン）	205
ペルシャ（シェーデッド・シルバー）	194
ペルシャ（シルバー・タビー）	195
ペルシャ（スモーク）	196
ペルシャ（スモーク・バイカラー）	197
ペルシャ（セルフ）	186〜187
ペルシャ（タビー・アンド・ホワイト）	199
ペルシャ（タビー、トーティ・タビー）	198
ペルシャ（チンチラ・ゴールデン）	191
ペルシャ（チンチラ・シルバー）	**190**,191,210
ペルシャ（トーティ、トーティ・アンド・ホワイト）	202〜203
ペルシャ（バイカラー）	204
ペルシャ（バイカラー［ブルー・アイ／オッド・アイ］）	188
ペルシャ（ピューター）	192
ベンガル	64,65,66,67,**142〜143**
ベンガルヤマネコ	9
便秘	303
ポインテッド（カラー・ポイント）	53
ポインテッド・パターン	104〜105,107,108,109,110,120,205
発作	301,303
ボディ・ランゲージ	275,280〜281
ボブキャット	59
ボブテイル	19,49,185

索引

317

索引

歩様	54,55
ホルモン	42,62
ホワイト	26,91,261
ホワイト・スポット	53
ボンベイ	66,82,**84〜85**

ま

マーブル	53
マーブルキャット	9
マイクロチップ	256,261,263,268,269
巻き毛	51,185
マグピー	204
マクロファージ	62
麻酔	306
マタタビ	260,284〜285,291
マッカレル	53
マッカレル・タビー	53,199
末梢神経系（PNS）	43
招き猫	26
麻痺	301
マンクス	29,49,64,**164〜165**,246
マンクス症候群	297
マンダレイ	89
マンチカン（ショートヘア）	150〜151
マンチカン（ロングヘア）	233
ミアキス	10〜11
味覚	45
ミネラル	270
耳ダニ	278
耳の手入れ	278
脈拍	301,304,305
ミンスキン	150,155
メインクーン	19,64,66,185,**214〜215**
メコン・ボブテイル	162
目の色と形	45,292
目のチェック	298〜299
目の手入れ	278,306
メラニン	51
免疫システム	50,62〜63,269
毛幹	51
毛細血管	58,59
毛包	51
網膜	44

や

やけど	305
ヤコブソン器官	45
ヤマネコ（Felis silvestris）	9,12,14〜17
優性遺伝子	64〜65
幽門括約筋	61
ユーメラニン	51
ユキヒョウ	8
ヨーク・チョコレート	208
ヨーロッパオオヤマネコ	9
ヨーロッパホラアナライオン	12
ヨーロピアン・ショートヘア	114
ヨーロピアン・バーミーズ	**87**,210

ら

ライオン	8,25,29,59
ライム病	302
ライラック	78
ラガマフィン	67,**217**
ラグドール	67,185,**216**,217
ラパーム（ショートヘア）	173
ラパーム（ロングヘア）	67,185,**250〜251**
ラムキン・ドゥワーフ	66,67,**153**
リー・ファ	77
リソソーム蓄積症	297
離乳	292〜293
リビアヤマネコ（Felis silvestris lybica）	12〜15,65,145
療法食	273
リング・テイル	49
リンクス・ポイント	108
リンパ系	62〜63
レオパード・キャット	9,12,65,142〜143
レックス種の被毛	67,71,178
劣性遺伝子	64,65,178
裂肉歯	61
ローランダー	220
ロシアン・ショートヘア	117
ロシアン・ブルー	67,71,**116〜117**,221
ロング・テイル	49
ロングヘアード・マンクス	246

わ

ワクチン接種	63,67,261,268〜269,293,302

Acknowledgments

Dorling Kindersley would like to thank the following people for
their assistance with this book:
Suparna Sengupta, Vibha Malhotra for editorial assistance; Jacqui Swan, Chhaya Sajwan, Ganesh Sharma, Narender Kumar, Niyati Gosain, Rakesh Khundongbam, Cybermedia for design assistance; Saloni Talwar for work on the Jacket; Photographer Tracy Morgan, Animal Photography, and her assistants Susi Addiscot and Jemma Yates; Anthony Nichols, Quincunx LaPerms, for help and advice on some of the cat breeds. Caroline Hunt for proofreading;
and Helen Peters for the index.

The publisher would like to thank the following owners for allowing us to photograph their cats:
Valerie and Rose King, Katsacute Burmese and Rose Valley: Australian Mist Cats (www.katsacute.co.uk); Liucija Januskeviciute, Sphynx Bastet: Bambino cats (www.sphynxbastet.co.uk); Chrissy Russell, Ayshazen: Burmese and Khao Manee cats (www.ayshazencats.co.uk); Anthony Nichols, Quincunx: LaPerm cats (www.quincunxcats.co.uk); Karen Toner: Munchkin Longhair and Shorthair, Kinkalow, and Pixibob cats (Kaztoner@aol.com); Fiona Peek, Nordligdrom: Norwegian Forest cats (www.nordligdrom.co.uk); Russell and Wendy Foskett, Bulgari Cats: Savannah cats (www.bulgaricats.co.uk); Maria Bunina, Musrafy Cats: Kurilian Bobtail – Longhair and Shorthair, and Siberian cats (www.musrafy.co.uk); Suzann Lloyd, Tansdale Pedigree Cats: Turkish Van and Vankedisi cats (www.tansdale.co.uk).

PICTURE CREDITS
The publisher would like to thank the following for their kind permission
to reproduce their photographs:

(Key: a-above; b-below/bottom; c-centre; f-far; l-left; r-right; t-top)
2-3 Getty Images: o-che / Vetta.
4-5 Alamy Images: Vincenzo Iacovoni. 6-7 Corbis: Mother Image / SuperStock. 8 Dreamstime.com:
Nico Smit / Jeff Grabert (br).
9 Dreamstime.com: Mirekphoto (tl). FLPA: Terry Whittaker (cr). Getty Images: Daryl Balfour / Gallo Images (ca). Science Photo Library: Art Wolfe (crb). 10 Science Photo Library: Natural History Museum, London (cr).
11 Dorling Kindersley: Jon Hughes and Russell Gooday (br); Natural History Museum, London (tc). 12 Science Photo Library: Mark Hallett Paleoart (tr). 13 FLPA: Ariadne Van Zandbergen. 14 Corbis: Brooklyn Museum (tr); The Gallery Collection (b). 15 Alamy Images: World History Archive / Image Asset Management Ltd. (tr). Getty Images: Gustavo Di Mario / The Image Bank (bl). 16-17 Corbis: Terry Whittaker / Frank Lane Picture Agency. 19 Corbis: Hulton-Deutsch Collection (cl). http://nocoatkitty.com/: (br). 20 Alamy Images: Sorge / Caro (crb); Terry Harris (bl).
21 Alamy Images: Larry Lefever / Grant Heilman Photography (tr); ZUMA Press, Inc. (cr). Photoshot: NHPA (bl). 22-23 SuperStock: Robert Harding Picture Library.
24 Dorling Kindersley: Christy Graham / The Trustees of the British Museum (r). 25 Alamy Images: BonkersAboutAsia (br). The Bridgeman Art Library: Walker Art Gallery, National Museums Liverpool (tr). Dorling Kindersley: Museo Tumbas Reales de Sipan (c). 27 Alamy Images: Mary Evans Picture Library (bl). Mary Evans Picture Library: (r). 28 Getty Images: Universal History Archive / Universal Images Group (bl). 29 123RF.com: Neftali77 (tc). Getty Images: British Library / Robana / Hulton Fine Art Collection (br).
30 Alamy Images: Mary Evans Picture Library (tr); Pictorial Press
Ltd (bl). 31 Alamy Images: Mark Lucas (br). Getty Images: Tore Johnson / TIME & LIFE Images (tr). PENGUIN and the Penguin logo are trademarks of Penguin Books Ltd: (bl). 32 Alamy Images: Collection Dagli Orti / The Art Archive (cr).
The Bridgeman Art Library: Utagawa Kuniyoshi / School of Oriental & African Studies Library, Uni. of London (bl). Dorling Kindersley: (tr). 33 The Bridgeman Art Library: Marguerite Gerard / Musee Fragonard, Grasse, France (tr). Corbis: (bl); Blue Lantern Studio (crb). 34 akg-images: Franz Marc / North Rhine-Westphalia Art Collection (tl). Getty Images: Henri J.F. Rousseau / The Bridgeman Art Library (br).
35 Corbis: Found Image Press.
36-37 Getty Images: DEA Picture Library. 38 Alamy Images: AF archive (crb, bl). 39 The Advertising Archives: (cra). Alamy Images: AF archive (bc). 40-41 Alamy Images: Oberhaeuser / Caro. 46-47 Corbis: Tim Macpherson / cultura. 49 Dorling Kindersley: Natural History Museum, London (cla). Dave Woodward: (bc). 56-57 Alamy Images: Juniors Bildarchiv GmbH. 65 Alamy Images: Blickwinkel (br). Dorling Kindersley: Jerry Young (bl). 66 Getty Images: Mehmet Salih Guler / Photodisc (b). 67 Alamy Images: ZUMA Press, Inc. (cb). Dreamstime.com: Jura Vikulin (br). 68-69 Alamy Images: Phongdech Kraisriphop. 70 Alamy Images: Juniors Bildarchiv GmbH. 72 Alamy Images: Arco Images / De Meester, J. 73 Dreamstime.com: Isselee (c). SuperStock: Biosphoto (cl). 75 Corbis: Luca Tettoni / Robert Harding World Imagery (tc). 77 Larry Johnson: (cra, b, tr). 80-81 Animal Photography: Alan Robinson. 84 Alamy Images: Tierfotoagentur / R. Richter (ca). SuperStock: Biosphoto (cr). 85 Dreamstime.com: Sheila Bottoms.
88 Ardea: Jean-Michel Labat (cla, tr); Jean Michel Labat (b). 89 Alamy Images: Tierfotoagentur (cra, tr, b).
92-93 SuperStock: imagebroker.net. 97 Animal Photography: Alan Robinson (cra, tr, b). 98 Alamy Images: Top-Pet-Pics. 99 Alamy Images: Juniors Bildarchiv GmbH (c). 102 Animal Photography: Helmi Flick (cl, tr, b). 103 Alamy Images: Juniors Bildarchiv GmbH (cla, b, tr).
104 Taken from The Book of the Cat by Frances Simpson (1903): (bl). 106-107 Corbis: D. Sheldon / F1 Online. 110 Chanan Photography: (cl, b, tr). 111 Animal Photography: Alan Robinson (cla, tr). Chanan Photography: (b).
113 Animal Photography: Tetsu Yamazaki (b). Dreamstime.com: Vladyslav Starozhylov (cl, tr, cra). 115 Fotolia: Callalloo Candcy (b). 116 123RF.com: Nailia Schwarz. 117 Animal Photography: Sally Anne Thompson (cr). Dreamstime.com: Anna Utekhina (c). 119 Image courtesy of Biodiversity Heritage Library.
https://www.biodiversitylibrary.org: Taken from Our Cats and All About Them by Harrison Weir (tc). 122-123 Alamy Images: Juniors Bildarchiv GmbH. 128 Alamy Images: Juniors Bildarchiv GmbH (cra); Tierfotoagentur (tr, b).
129 Animal Photography: Tetsu Yamazaki (cra, tr, b). 131 Petra Mueller: (cl, clb, br, tr). 133 SuperStock: Biosphoto. 136 SuperStock: Marka (b, cl, cra, tr).
137 Alamy Images: Tierfotoagentur / R. Richter (cl). 138 Chanan Photography: (cla, tr). Robert Fox: (b). 139 Animal Photography: Helmi Flick (cra, tr, c, b). 141 Animal Photography: Tetsu Yamazaki (cra, tr, b). Dreamstime.com: Sarahthexton (cl). 142 Alamy Images: Sergey Komarov-Kohl (bc). 144 Alamy Images: Juniors Bildarchiv GmbH. 145 Alamy Images: Juniors Bildarchiv GmbH (cr, b). naturepl.com: Ulrike Schanz (bl). Rex Features: David Heerde (fcr).
147 Bulgari Cats / www.bulgaricats.co.uk: (cla).
148 Animal Photography: Helmi Flick (b, tr). SuperStock: Juniors (cla). 149 Animal Photography: Helmi Flick (b).
Ardea: Jean-Michel Labat (cra, tr). 150 Alamy Images: Idamini (cra). Barcroft Media Ltd: (bl).
152 Animal Photography: Helmi Flick (cra, b, tr). 153 Animal Photography: Helmi Flick (cra, tr, b). 155 Fred Pappalardo / Paul McSorley: (cr). 156 Alamy Images: Life on white (clb). The Random House Group Ltd: EBury press (bc).
158 Animal Photography: Helmi Flick (cra, tr, b). 159 Animal Photography: Tetsu Yamazaki (cl, tr, b). 160 Animal Photography: Alan Robinson (cra). 161 Animal Photography: Helmi Flick (cra, tr, b). 162 Dreamstime.com: Elena Platonova (tr, b); Nelli Shuyskaya (cla).
163 Animal Photography: Helmi Flick (cla, b, tr). 164 Animal Photography: Sally Anne Thompson. 165 Alamy Images: Creative Element Photos (ca). Taken from An Historical and Statistical Account Of The Isle Of Man: (cl).
167 Dave Woodward: (cla, b, tr).
168 Alamy Images: AF archive (bl). 170 Fotolia: Artem Furman (cla, tr, b). 171 Fotolia: eSchmidt (cla, tr, b). 172 Alamy Images: Tierfotoagentur (cla, tr, b). 173 FLPA: S. Schwerdtfeger / Tierfotoagentur (b, cla, tr).
176 Animal Photography: Helmi Flick (cl). Dreamstime.com: Oleg Kozlov (cr). 177 Dreamstime.com: Sikth. 179 Dreamstime.com: Jagodka (cla). 180 Alamy Images: Juniors Bildarchiv GmbH (tr, b); Tierfotoagentur (cla).
181 Animal Photography: Tetsu Yamazaki (cla, tr, b). 183 Dorling Kindersley:
Tracy Morgan. 184-185 Dorling Kindersley: Tracy Morgan-Animal Photography. 184 Alamy Images: Top-Pet-Pics. 187 Image courtesy
of Biodiversity Heritage Library. http://www.biodiversitylibrary.org: Taken from Cats and All About Them, by Frances Simpson (tc).
188 Chanan Photography: (b, tr,
cla). 193 Alamy Images: Juniors Bildarchiv GmbH (b). Dreamstime.com: Petr Jilek (cla, tr).
195 Chanan Photography: (b, cla, tr). 197 Dreamstime.com: Isselee (cla,
tr, b). 199 Chanan Photography:
(b, tr, cra). 200-201 Dreamstime.com: Stratum. 202 Alamy Images: Petra Wegner. 203 123RF.com: Vasiliy Koval (c). Getty Images: Martin Harvey / Photodisc (cr).
208 Chanan Photography: (tr, cra, b). 210 Alamy Images: Petographer (clb). 212 Alamy Images: PhotoAlto. 213 Corbis: Maurizio Gambarini / epa (cra). 214 123RF.com: Aleksej Zhagunov (cra). Press Association Images: Tony Gutierrez / AP (bl).
217 Animal Photography: Tetsu Yamazaki (cla, tr, b). 218 Dreamstime.com: Nataliya Kuznetsova (cr). Photoshot: MIXA (ca). 219 Getty Images: Lisa Beattie / Flickr Open. 220 Alamy Images: Petra Wegner (cra, tr, b). 221 Animal Photography: Tetsu Yamazaki (cla, tr, b).
223 Alamy Images: Juniors Bildarchiv GmbH (c). Caters News Agency: (cra). 224-225 Corbis: Envision. 231 Image courtesy of Biodiversity Heritage Library.
https://www.biodiversitylibrary.org: Taken from Our Cats and All About Them, by Harrison Weir (cr). 232 Animal Photography: Tetsu Yamazaki (cra, b, tr). Dreamstime.com: Jagodka (cla). 235 Alamy Images: Idamini (cra, tr, b). 236 Animal Photography: Helmi Flick (cra, tr, b). 239 Dreamstime.com: Eugenesergeev (tr); Isselee (br).
240 Alamy Images: Idamini (cla, tr, b). 241 Chanan Photography: (cla,
tr, b). 245 www.ansonroad.co.uk: (tr). 247 Animal Photography: Helmi Flick (tr, b); Tetsu Yamazaki (cra).
248 Animal Photography: Tetsu Yamazaki (cla, tr, b). 249 Olga Ivanova: (cla, tr, b). 251 Alamy Images: Tierfotoagentur / L. West (ca). Corbis: Rachel McKenna / cultura (cra). 252 Dreamstime.com: Nataliya Kuznetsova (cr).
253 Dreamstime.com: Ijansempoi. 54-255 Corbis: Silke Klewitz-Seemann / imagebroker.
256 Fotolia: Tony Campbell (tr). 257 Alamy Images: imagebroker (br). 258 Dorling Kindersley: Kitten courtesy of The Mayhew Animal Home and Humane Education Centre (br). Dreamstime.com: Joyce Vincent (bl). 259 Getty Images: Marcel ter Bekke / Flickr (b). 260 Dreamstime.com: Celso Diniz (b). SuperStock: Biosphoto (tr). 261 Corbis: Michael Kern / Visuals Unlimited (fbr). Dorling Kindersley: Rough Guides (bc/Fireworks); Jerry Young (br). Getty Images: Imagewerks / Imagewerks Japan (bc). 262 Dorling Kindersley: Kitten courtesy Of Betty (tr). Dreamstime.com: Stuart Key (b). 264 Alamy Images: Isobel Flynn (bl). 265 Corbis: Image Source (tr). 266-267 Corbis: C.O.T /
a.collectionRF / amanaimages.
268 Getty Images: Fuse (bl).
269 Photoshot: Juniors Tierbildarchiv (cra).
270 Alamy Images: Juniors Bildarchiv GmbH (b). 271 Dreamstime.com: Llareggub (tr). 272 Alamy Images: Tierfotoagentur / R. Richter (tl). Corbis: Splash News (cra).
273 Alamy Images: Juniors Bildarchiv GmbH (crb). 274 Alamy Images: Bill Bachman (bl). 275 Alamy Images: Juniors Bildarchiv GmbH (crb).
280 Fotolia: Callalloo Candcy (bl). 281 Alamy Images: Juniors Bildarchiv GmbH (bl). 282 Alamy Images: Tierfotoagentur / R. Richter (tr).
283 Alamy Images: Juniors Bildarchiv GmbH (tr). Dorling Kindersley: Kitten courtesy of Betty (tl). 284 Dorling Kindersley: Kitten courtesy of Helen (ca). Dreamstime.com: Miradrozdowski (bl). 286-287 Alamy Images: Arco Images / Steimer, C. 288 Getty Images: Les Hirondelles Photography (bl). 289 Alamy Images: Juniors Bildarchiv GmbH. 290 Alamy Images: Juniors Bildarchiv GmbH (b). 291 Alamy Images: Juniors Bildarchiv GmbH (tr); Rodger Tamblyn (tl). 294-295 Corbis: Mitsuaki Iwago / Minden Pictures. 296 Alamy Images: Juniors Bildarchiv GmbH (b).
300 Fotolia: Callalloo Candcy (bl). 301 Alamy Images: Graham Jepson (tl). Fotolia: Kirill Kedrinski (tr).
302 Alamy Images: FB-StockPhoto (bl). 303 Alamy Images: Nigel Cattlin
(tc/Tick); R. Richter / Tierfotoagentur (bl). Corbis: Bill Beatty / Visuals Unlimited (tc); Dennis Kunkel Microscopy, Inc. / Visuals Unlimited (tc/Ear Mite). Dreamstime.com: Tyler Olson (tr). 304 Alamy Images: Brian Hoffman (tc). 306 Alamy Images: FLPA (tc). 307 Getty Images: Danielle Donders - Mothership Photography / Flickr Open (t).
308 Dreamstime.com: Brenda Carson (ca). 309 Fotolia: Urso Antonio (bl). Getty Images: Akimasa Harada / Flickr (t). 310 Animal Photography: Tetsu Yamazaki

All other images © Dorling Kindersley
For further information see:
www.dkimages.com

監修者　小島正記(こじままさのり)

麻布獣医科大学（現・麻布大学）卒業後、主にアメリカのキャット・ショーを数多く視察。その先進的なシステムやまだ知られていない珍しい猫種を日本に紹介する一方、王子動物病院（東京都北区）を開業。獣医師として、そしてキャット・ショーの審査員として、雑種・純血種を問わず、猫の健康や交配に関するアドバイスを発信し続けている。クラブ・キャット・ジャパン（CCJ）元会長。

ビジュアル猫種百科図鑑

Midori Shobo Co.,Ltd

2016年3月10日　第1刷発行
2018年1月10日　第2刷発行©

編　者──ドーリング・キンダースリー社編集部
監修者──小島正記
発行者──森田　猛
発行所──株式会社緑書房
　　　　　〒103-0004
　　　　　東京都中央区東日本橋2丁目8番3号
　　　　　TEL 03-6833-0560
　　　　　http://www.pet-honpo.com/

翻訳──田村明子
日本語版編集──川田央恵、糸賀蓉子
編集協力──OFFICE-SANGA（山河宗太・大村優季）、クアドラ（渡邊健一郎）
カバーデザイン・DTP──ichiru024（鈴木まさみ）

落丁・乱丁本は弊社送料負担にてお取り替えいたします。
ISBN 978-4-89531-238-7　Printed and bound in China

本書の複写にかかる複製、上映、譲渡、公衆送信（送信可能化を含む）の各権利は株式会社緑書房が管理の委託を受けています。

JCOPY <（一社）出版者著作権管理機構　委託出版物>

本書を無断で複写複製（電子化を含む）することは、著作権法上での例外を除き、禁じられています。
本書を複写される場合は、そのつど事前に、（一社）出版者著作権管理機構（電話03-3513-6969、FAX03-3513-6979、e-mail:info@jcopy.or.jp）の許諾を得てください。また本書を代行業者等の第三者に依頼してスキャンやデジタル化することは、たとえ個人や家庭内の使用であっても一切認められておりません。